高等数学教程

第二卷　第一分册

（初稿）

关肇直　编

高等教育出版社·北京

内容提要

本书是《高等数学教程》（初稿）的一部分——第二卷第一分册。内容有：多重积分、线积分与面积分、无穷级数，共三章。在叙述时比较注意理论联系实际，材料也比较丰富。

本书是中国科学技术大学应用数学专业的高等数学教材，对于数学水平较高的高等学校的学生，以及担任基础数学课的教师，均可以作为参考书籍。

本套《高等数学教程》（初稿）于1959—1960年共出版了三册，虽因故并未出全，但仍是体现关肇直院士数学教学思想的遗珍，辛丑重印，以飨读者。

图书在版编目（CIP）数据

高等数学教程：初稿. 第二卷. 第一分册 / 关肇直编. --北京：高等教育出版社，2021. 9

ISBN 978-7-04-055838-8

Ⅰ. ①高… Ⅱ. ①关… Ⅲ. ①高等数学-高等学校-教材 Ⅳ. ①O13

中国版本图书馆CIP数据核字（2021）第037207号

Gaodeng Shuxue Jiaocheng

策划编辑 田 玲　责任编辑 田 玲　封面设计 杨立新　版式设计 杨 树
插图绘制 于 博　责任校对 窦丽娜　责任印制 赵义民

出版发行 高等教育出版社
社 址 北京市西城区德外大街4号
邮政编码 100120
印 刷 北京中科印刷有限公司
开 本 787mm×1092mm 1/16
印 张 15.75
字 数 210千字
购书热线 010-58581118
咨询电话 400-810-0598
网 址 http://www.hep.edu.cn
http://www.hep.com.cn
网上订购 http://www.hepmall.com.cn
http://www.hepmall.com
http://www.hepmall.cn
版 次 2021年9月第1版
印 次 2021年9月第1次印刷
定 价 39.00元

物 料 号 55838-00

目　录

第九章

多重积分

引言

在第五章中，定义了单变量函数的积分，并且介绍了这概念的许多应用.但对于很多问题，这积分还是不够用的.例如具有特殊形状的体的体积固然可以在第五章中求出，但是一般些的体积就不能这样做了.例如考察曲面 $z=f(x,y)$ 与 xOy 平面上的区域 $\mathscr{D}$ 与通过沿 $\mathscr{D}$ 的边界 C 的点垂直于 xOy 平面的诸直线所夹的体积.我们把 $\mathscr{D}$ 用平行于 x 轴与 y 轴的直线分成小长方形与一些曲边四边形（图 9.1）.以每个这种四边形为底，作一轴平行于 z 轴的柱体.设分割 $\mathscr{D}$ 的那些平行于 x 轴与 y 轴的直线依次序各表示成

$$x=a=x_0, x=x_1, \cdots, x=x_n=b,$$

$$y=c=y_0, y=y_1, \cdots, y=y_m=d.$$

如果(ξ_i,η_k)表示长方形 $x=x_i, x=x_{i+1}, y=y_k, y=y_{k+1}$之中的任意一点，那么以这个小四边形为底的柱体体积近似地等于 $f(\xi_i,\eta_k)S_{ik}$，这里 S_{ik}表示 $\mathscr{D}$ 的夹在直线 $x=x_i$, $x=x_{i+1}$; $y=y_k, y=y_{k+1}$之间的那一小块的面积.于是，整个所求的体积就近似地等于

$$(1)\qquad \sum_{k=0}^{m-1}\sum_{i=0}^{n-1} f(\xi_i,\eta_k)S_{ik},$$

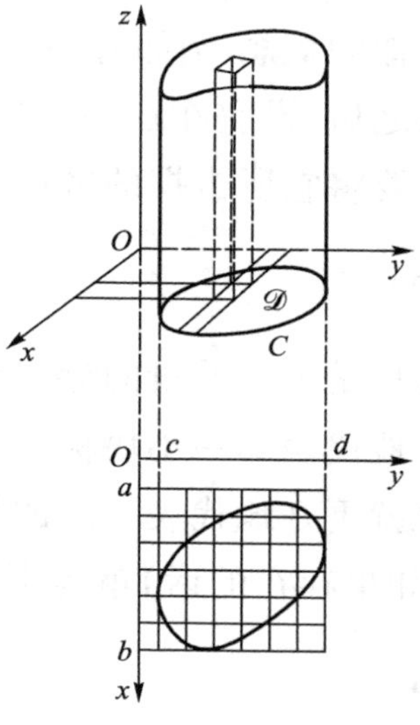

图 9.1

与单变量的函数的积分一样，我们为了更

精确地求到所要的体积，就要更细地分割 $\mathscr{D}$，也就是把$[a,b]$的分割 $a=x_0<x_1<\cdots<x_n=b$ 与$[c,d]$的分割 $c=y_0<y_1<\cdots<y_m=d$ 加细. 这就是把 $\mathscr{D}$ 的分割加细. 这里所谓 $\mathscr{D}$ 的分割，是指用平行于 x 轴、y 轴的直线（叫做分割线）把 $\mathscr{D}$ 分成小长方形和一些曲边四边形的分割，而分割 $\mathscr{P}_1$ 比分割 $\mathscr{P}_2$ 细，是指凡 $\mathscr{P}_2$ 中的分割线也必是 $\mathscr{P}_1$ 中的分割线. 这样，如果把(1)中的相应分割表示 $\mathscr{P}$，那么(1)中的和可以写成

$$\sigma_{\mathscr{P}}=\sum_{k=0}^{m-1}\sum_{i=0}^{n-1}f(\xi_i,\eta_k)S_{ik}.$$

当然，$\sigma_{\mathscr{P}}$ 不只是依赖于分割 $\mathscr{P}$，而且也依赖于诸点(ξ_i,η_k)的选择. 如果当无限细分时，$\sigma_{\mathscr{P}}$ 有极限，而且这极限不依赖于诸点(ξ_i,η_k)的选择，那么仿照单变量的情形，我们说 $f(x,y)$ 在 $\mathscr{D}$ 上可积分，而且这个极限值表示成

$$\iint_{\mathscr{D}}f(x,y)\,\mathrm{d}x\mathrm{d}y$$

或

$$\int_{\mathscr{D}}f(x,y)\,\mathrm{d}\sigma,$$

叫做 $f(x,y)$ 在 $\mathscr{D}$ 上的重积分.

以上是由求体积的问题谈起的. 当然，实际上有很多问题也引出类似的概念. 例如有一平板，取它所在的平面为坐标平面而建立坐标系之后，设它在点(x,y)处的面密度为 $\rho(x,y)$，那么为了计算其质量，就要将它所占据的区域 $\mathscr{D}$ 分割，且作和

$$\sum_{k=0}^{m-1}\sum_{i=0}^{n-1}\rho(\xi_i,\eta_k)S_{ik},\tag{2}$$

这只是平板质量的近似值. 如果把 $\mathscr{D}$ 分割得愈细，则 $\rho(\xi_i,\eta_k)$ 愈能更好地代表那一小块板 $x_i\leqslant x\leqslant x_{i+1}$，$y_k\leqslant y\leqslant y_{k+1}$ 的平均面密度，从而(2)也就更好地代表了总的质量. 把 $\mathscr{D}$ 无限细分下去，那么(2)的极限值（如果存在的话）就是平板质量的准确值，依上述，这个值正是

$$\iint_{\mathscr{D}}\rho(x,y)\,\mathrm{d}x\mathrm{d}y.$$

上面只是很粗糙地引入重积分的概念. 但仔细分析起来，会发

现问题并不那么简单.如果在单变量的情形,闭区间是被分割成相邻的小区间,那么这里,平面区域的分割就有更多的可能,即不只是用平行于坐标轴的两组直线细分,而还可以用两组曲线细分.为此,有必要对于这些问题作更仔细的考虑.下面首先考察重积分的定义,然后讨论它的演算法则及应用.

§1 重积分的定义

为简单起见,首先考察定义在 xOy 平面的闭长方形 $\mathscr{D}$:

$$a\leqslant x\leqslant b,\quad c\leqslant y\leqslant d$$

上的有界函数 $f(x,y)$.取 $[a,b]$ 的分割 $\mathscr{P}_1$ 与 $[c,d]$ 的分割 $\mathscr{P}_2$,合并成长方形 $\mathscr{D}$ 的分割 $\mathscr{P}=\mathscr{P}_1\times\mathscr{P}_2$,

$$\mathscr{P}:\begin{aligned}&a=x_0<x_1<\cdots<x_m=b,\\&c=y_0<y_1<\cdots<y_n=d.\end{aligned}\tag{1}$$

于是 $\mathscr{D}$ 被分成 $m\times n$ 个小长方形 $\mathscr{D}_{ij}$,令 σ_{ij} 表示它的面积($1\leqslant i\leqslant m$, $1\leqslant j\leqslant n$).定义

$$M_{ij}=\sup_{\substack{x_{i-1}\leqslant x\leqslant x_i\\y_{j-1}\leqslant y\leqslant y_j}}f(x,y),$$

$$m_{ij}=\inf_{\substack{x_{i-1}\leqslant x\leqslant x_i\\y_{j-1}\leqslant y\leqslant y_j}}f(x,y),$$

而作和

$$S_{\mathscr{P}}=\sum_{\substack{1\leqslant i\leqslant m\\1\leqslant j\leqslant n}}M_{ij}\sigma_{ij},\quad s_{\mathscr{P}}=\sum_{\substack{1\leqslant i\leqslant m\\1\leqslant j\leqslant n}}m_{ij}\sigma_{ij}.$$

又取 $\mathscr{D}_{ij}$ 中的任意点 (ξ_i,η_j),作和

$$\sigma_{\mathscr{P}}=\sum_{\substack{1\leqslant i\leqslant m\\1\leqslant j\leqslant n}}f(\xi_i,\eta_j)\sigma_{ij}.$$

如果存在一个数 J,使对于任意正数 ε,存在一个分割 $\mathscr{P}=\mathscr{P}_1\times\mathscr{P}_2$((1)式),使对于 $[a,b]$ 的每个比 $\mathscr{P}_1$ 细的分割 $\mathscr{P}_1'$ 与 $[c,d]$ 的每个比 $\mathscr{P}_2$ 细的分割 $\mathscr{P}_2'$,以及从分割 $\mathscr{P}'=\mathscr{P}_1'\times\mathscr{P}_2'$ 的小长方形 $\mathscr{D}_{ij}$ 选出的任意

点(ξ_i,η_j)和$\sigma_{\mathscr{P}'}$总满足

$$|\sigma_{\mathscr{P}'}-J|<\varepsilon,$$

那么,我们称 J 为$f(x,y)$在 $\mathscr{D}$ 上的重积分,表示成

$$J=\int_{\mathscr{D}} f(x,y)\,\mathrm{d}\sigma=\iint_{\mathscr{D}} f(x,y)\,\mathrm{d}x\mathrm{d}y.$$

仿单变量的情形不难证明,为了$f(x,y)$在 $\mathscr{D}$ 上的重积分存在(这时我们称作:$f(x,y)$在 $\mathscr{D}$ 上可积分),必须且只需对于每个 $\varepsilon>0$,存在 $\mathscr{D}$ 的一个如上的分割 $\mathscr{P}=\mathscr{P}_1\times\mathscr{P}_2$,使

$$S_{\mathscr{P}}-s_{\mathscr{P}}<\varepsilon.$$

由此不难证明,$\mathscr{D}$ 上的任意一个连续函数必定在 $\mathscr{D}$ 上可积分.注意对于上述的分割 $\mathscr{P}$,$(S_{\mathscr{P}})$是单调递减定向列,$(s_{\mathscr{P}})$是单调递增定向列:当 $\mathscr{P}$ 比 $\mathscr{P}'$ 细($\mathscr{P}\succ\mathscr{P}'$)时,$S_{\mathscr{P}}\leqslant S_{\mathscr{P}'}$,$s_{\mathscr{P}}\geqslant s_{\mathscr{P}'}$.由此,仿单变量的情形不难看出,上述两定向列的极限

$$\overline{J}=\lim_{\mathscr{P}} S_{\mathscr{P}}$$

与

$$\underline{J}=\lim_{\mathscr{P}} s_{\mathscr{P}}$$

存在,并且

$$\underline{J}\leqslant\overline{J}.$$

为了考察任意区域 $\mathscr{D}$ 上的重积分,首先要明确 $\mathscr{D}$ 的面积的概念.为此,考察有界区域 $\mathscr{D}$.取包含 $\mathscr{D}$ 的一个长方形 K,使 K 的边平行于坐标轴,所谓 $\mathscr{D}$ 的特征函数$\chi_{\mathscr{D}}(x,y)$,是指定义如下的函数:

$$\chi_{\mathscr{D}}(x,y)=\begin{cases}1, & (x,y)\in\mathscr{D},\\ 0, & (x,y)\notin\mathscr{D}.\end{cases}$$ ①

考察$\chi_{\mathscr{D}}(x,y)$在 K 上的积分.取 K 的分割(1),并设$\chi_{\mathscr{D}}(x,y)$在小长方形 $\mathscr{D}_{ij}$中的上、下确界为 M_{ij},m_{ij}.由$\chi_{\mathscr{D}}(x,y)$的定义可知,如果 $\mathscr{D}_{ij}$ 与 $\mathscr{D}$ 有公共点,那么 $M_{ij}=1$,而如果 $\mathscr{D}_{ij}$整个包含在 $\mathscr{D}$ 中,$m_{ij}=1$,又如果 $\mathscr{D}_{ij}$与 $\mathscr{D}$ 不相交.那么 $M_{ij}=0$,而如果 $\mathscr{D}_{ij}$不整个含在 $\mathscr{D}$ 中,必有 $m_{ij}=$

① 符号$\in$表示“属于”,即“$(x,y)\in\mathscr{D}$”表示点(x,y)在 $\mathscr{D}$ 中,而“$(x,y)\notin\mathscr{D}$”表示点(x,y)不在 $\mathscr{D}$ 中.

0. 于是 $s_{\mathscr{P}}$ 实际上等于包含在 $\mathscr{D}$ 中的小长方形 $\mathscr{D}_{ij}$ 的面积之和，而 $S_{\mathscr{P}}$ 等于一切与 $\mathscr{D}$ 有公共点的小长方形 $\mathscr{D}_{ij}$ 的面积之和.

$$\overline{J}=\lim_{\mathscr{P}} S_{\mathscr{P}}\ (=\inf_{\mathscr{P}} S_{\mathscr{P}}),$$
$$\underline{J}=\lim_{\mathscr{P}} s_{\mathscr{P}}\ (=\sup_{\mathscr{P}} s_{\mathscr{P}})$$

各叫做区域 $\mathscr{D}$ 的外面积与内面积. 如果 $\mathscr{D}$ 的内、外面积相等，$\mathscr{D}$ 叫做有面积的区域，而这时 $\underline{J}$ 与 $\overline{J}$ 的公共值叫做 $\mathscr{D}$ 的面积.

不难看出，内、外面积的值与包含 $\mathscr{D}$ 而边平行于坐标轴的长方形 K 的选择无关，从而面积也是与这样的长方形的选择无关.

依上述，$S_{\mathscr{P}}-s_{\mathscr{P}}$ 表示分割 $\mathscr{P}$ 所造成的小长方形中包含 $\mathscr{D}$ 的边界点的那些小长方形的面积之和，从而 $\lim\limits_{\mathscr{P}}(S_{\mathscr{P}}-s_{\mathscr{P}})=\overline{J}-\underline{J}$ 可以看作是 $\mathscr{D}$ 的边界 C 的外面积. 于是为了 $\mathscr{D}$ 是有面积的区域，必须且只需它的边界的外面积为 0.

注 乍一看来，集的边界自然应该是没有面积的. 但这是在假定边界具有某些（直观上看来必然有的）属性时才是真的. 例如设 $\mathscr{D}$ 为正方形 $0\leqslant x\leqslant 1, 0\leqslant y\leqslant 1$ 中一切有理点（即坐标都是有理数的点）全体所形成的集，那么 $\mathscr{D}$ 的边界是整个正方形，从而它的边界的面积不是零！这样 $\mathscr{D}$ 是无面积（即面积不确定的）点集.

下面举出几个有面积的区域的例，这些情形在以后是有用的.

定理 1 如果区域 $\mathscr{D}$ 的边界是由有穷多段光滑曲线接合而成，那么 $\mathscr{D}$ 是有面积的.

证 我们只需证明任何一段光滑曲线具有零外面积. 设

$$x=x(t),\quad y=y(t)\quad (0\leqslant t\leqslant 1)$$

是一段光滑曲线，即设 $x'(t), y'(t)$ 都是连续函数. 令 $x_1=x(t_1), y_1=y(t_1)$，那么依中值定理，必在 t, t_1 之间存在 τ_1, τ_2，使得

(2) $$x_1-x=(t_1-t)x'(\tau_1),\quad y_1-y=(t_1-t)y'(\tau_2).$$

由于 $x'(t), y'(t)$ 在闭区间 $[0,1]$ 上连续，所以

$$M=\max_{0\leqslant t\leqslant 1}(x'(t), y'(t))<+\infty,$$

而依(2)，如果 $t<t_1$，必有

$$|x_1-x|\leqslant M(t_1-t),\quad |y_1-y|\leqslant M(t_1-t).$$

于是如果把区间$[0,1]$分成n等份,那么对应于小区间$\left[t,t+\frac{1}{n}\right]$中的两个$t$值的点$(x,y)$之间的距离不超过$\sqrt{2}\frac{M}{n}$,也就是说这两点包含在边长为$2\sqrt{2}\frac{M}{n}$的同一个小正方形中.于是曲线弧全部包含在面积总和为

$$n\left(\frac{2\sqrt{2}M}{n}\right)^2=\frac{8M^2}{n}$$

的一组小正方形中.既然n可以取成任意大,所以上述曲线弧的外面积为零.证完.

注 由定理的证明可知只要假定$x'(t),y'(t)$有界就够了.事实上,还可以进一步证明,如果曲线是可求长的,即如果$x(t),y(t)$都是有界变差函数,这段曲线弧也是具有零外面积的,因为如果l表示这段曲线的长,而把它分成等长的n段,那么这n段小弧的每一段包含在以它的中点为中心而以$\frac{l}{n}$为边长的正方形中,从而整个曲线包含在总面积为$n\cdot\left(\frac{l}{n}\right)^2=\frac{l^2}{n}$的一组正方形中.$n$既是任意大的自然数,可知这个曲线具有零外面积.

定理 2 由直线$x=a,x=b$和两段连续曲线$y=f(x)$与$y=g(x)$所围绕的区域$\mathscr{D}$是有面积的.这里$f(x),g(x)$是连续函数并且对于$a\leqslant x\leqslant b$,常有$f(x)<g(x)$(图 9.2).

证 $\mathscr{D}$的边界分成四段,其中两段直线具有零外面积,是显然的.今只需证曲线弧$y=f(x),a\leqslant x\leqslant b$也具有零外面积.事实上,由于$f$是连续函数,把$[a,b]$分成$n$等份,使$f(x)$在每个小区间中的振幅不超过预给的正数$\varepsilon$:当$x',x''$属于同一小区间时,必有$|f(x')-f(x'')|<\varepsilon$.于是弧$AB$可以包含在总面积不超过$\varepsilon\cdot\frac{b-a}{n}\cdot n=\varepsilon(b-a)$的一组小长方形中.$\varepsilon$既是任意小的数,从而曲线弧$y=f(x),a\leqslant x\leqslant b$就具有零

外面积.证完.

定理 3 设区域 $\mathscr{D}$ 的面积为 J.设 $\mathscr{D}$ 被曲线 L 分割成两个区域 $\mathscr{D}_1,\mathscr{D}_2$,而 L 是具有零外面积的曲线.那么 $\mathscr{D}_1,\mathscr{D}_2$ 也有面积并且它们的面积 J_1,J_2 满足 $J=J_1+J_2$(图 9.3).

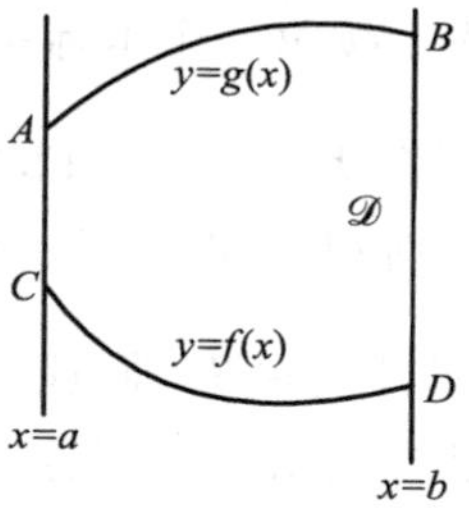

图 9.2

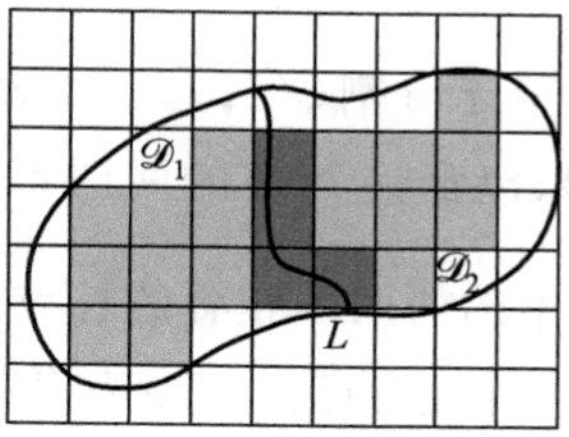

图 9.3

证 事实上,对于区域 $\mathscr{D}$,作和 $S_{\mathscr{P}}$,而令与 $S_{\mathscr{P}}$ 相应的小长方形,包含在 $\mathscr{D}_1$ 中的那些的总面积是 S_1,包含在 $\mathscr{D}_2$ 中的那些的总面积是 S_2,而与 L 有公共点的那些的总面积是 S',于是 $S_{\mathscr{P}}=S_1+S_2+S'$.当分割 $\mathscr{P}$ 无限加细时,由于假定 L 的外面积为 0,$S'\to 0$,而 $S_1\to J_1$,$S_2\to J_2$,从而

$$J=\lim_{\mathscr{P}} S_{\mathscr{P}}=J_1+J_2.$$

证完.

上面定义的区域面积是在选定的坐标系中考虑的.当然,只有不随坐标系的选择而改变数值的面积才具有几何意义.从而我们要问,上面定义的面积是不是与坐标系的选择无关.为此,我们证明下列定理:

定理 4 上面定义的区域面积与坐标系的选择无关.

证 1) 首先证明,为了区域 $\mathscr{D}$ 在一个坐标系中有面积,必须且只需它在另一个坐标系中也有面积.换句话说,只需证明如果 $\mathscr{D}$ 的边界在一个坐标系中具有零外面积,那么它的边界在另一坐标系中也具有零外面积.事实上,每个边长不超过 δ 的长方形可以包含在一个直径为 $\sqrt{2}\,\delta$ 的圆中,而这样一个圆又可以包含在面积为 $2\delta^2$ 的正方形中,但这个正方形的摆法可以是任意的,即它的边不一定平行于原来的长方形(图 9.4).于是

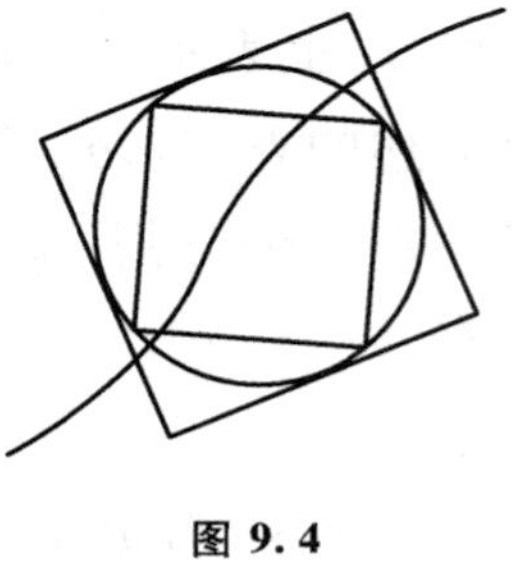

图 9.4

得知,如果区域 $\mathscr{D}$ 的边界在第一个坐标系中包含在一组总面积不超过 A 的长方形中,那么在第二个坐标系中它必然可以包含在一组总面积不超过 $2A$ 的长方形中.如果 A 可以是任意小,那么 $2A$ 也是任意小,从而所要求的已经证完.

2) 其次证明,当区域 $\mathscr{D}$ 按一个坐标系的面积为 J 时,它按另一坐标系求出的面积也是 J.事实上,如果对应于分割 $\mathscr{P}$,$s_{\mathscr{P}}$,$S_{\mathscr{P}}$ 表示按第一个坐标系所作的近似和;而对应于分割 $\mathscr{P}'$,$\tilde{s}_{\mathscr{P}'}$,$\tilde{S}_{\mathscr{P}'}$ 表示按第二个坐标系所作的近似和.由于 $\tilde{S}_{\mathscr{P}'}$ 是一组并起来包含整个 $\mathscr{D}$ 的两两不相叠的长方形的面积之和,$S_{\mathscr{P}}$ 是一组并起来仍含在 $\mathscr{D}$ 中的两两不相叠的长方形的面积之和,所以 $s_{\mathscr{P}}\leqslant \tilde{S}_{\mathscr{P}'}$.同理 $S_{\mathscr{P}}\geqslant \tilde{s}_{\mathscr{P}'}$.取上、下确界,并注意已假定 $\mathscr{D}$ 按第一个坐标系有面积 J,依已证部分 1),它按第二个坐标系也有面积 J',从而

$$J=\sup_{\mathscr{P}} s_{\mathscr{P}}\leqslant \inf_{\mathscr{P}'} \tilde{S}_{\mathscr{P}'}=J',$$

$$J'=\sup_{\mathscr{P}'} \tilde{s}_{\mathscr{P}'}\leqslant \inf_{\mathscr{P}} S_{\mathscr{P}}=J,$$

于是得 $J=J'$.证完.

有了关于面积的明确概念之后,我们就可以进一步明确重积分的概念.注意这里定义的面积与以前用定积分求得的,夹在曲线 $y=f(x)$,$x=a$,$x=b$ 和横坐标轴之间的面积是一致的.这由定理 2 以及上面叙述的面积定义方式可以看出,这里从略.

设 $f(x,y)$ 是定义在 xOy 平面上一个有面积区域 $\mathscr{D}$ 上的有界函数.取前述的分割 $\mathscr{P}$,即用平行于坐标轴的直线作一长方形网,而 $\mathscr{P}$ 表示这一长方形网所形成的 $\mathscr{D}$ 的分割.取和 $\mathscr{D}$ 有公共点的任意小长方形 σ_{ik},并取 σ_{ik} 中的一点 $P_{ik}(\xi_i,\eta_k)$.作和

$$\sigma_{\mathscr{P}}=\sum_{i,k} f(\xi_i,\eta_k)\sigma_{ik},\tag{3}$$

这里 σ_{ik} 也表示长方形的面积.如果把 $\mathscr{D}$ 无限地细分下去时,无论怎样取上述的点 P_{ik},$\sigma_{\mathscr{P}}$ 有确定的极限 J,也就是说,对于任意实数 $\varepsilon>0$,可以决定一个分割 $\mathscr{P}_0$,使对于比 $\mathscr{P}_0$ 细的任意分割 $\mathscr{P}$,无论怎样取点 P_{ik},总有

$$|\sigma_{\mathscr{P}}-J|<\varepsilon,$$

那么 $f(x,y)$ 叫做在区域 $\mathscr{D}$ 上可积分的,而 J 叫做 $f(x,y)$ 在 $\mathscr{D}$ 上的积

分的值,表示成

$$J=\int_{\mathscr{D}} f(x,y)\,\mathrm{d}\sigma=\iint_{\mathscr{D}} f(x,y)\,\mathrm{d}x\mathrm{d}y,$$

这里符号 $\mathrm{d}\sigma$ 叫做面积元素.

注意在上述定义中,如果只取包含在 $\mathscr{D}$ 中的小长方形(代替上述的,凡与 $\mathscr{D}$ 有公共点的那些长方形),结果仍是一样的.事实上,既然假定 $\mathscr{D}$ 有面积,当取分割 $\mathscr{P}$ 足够细时,那些包含 $\mathscr{D}$ 的边界点的(即与 $\mathscr{D}$ 有公共点但又不完全包含在 $\mathscr{D}$ 中的那些)小长方形的面积总和可以变成任意小(写成 $<\varepsilon$),从而在(3)中,与这些小长方形相应的那些项的绝对值总和 $\sum_1$ 不超过 $M\varepsilon$,这里 M 表示 $f(x,y)$ 的绝对值在 $\mathscr{D}$ 上的上确界:

$$M=\sup_{(x,y)\in\mathscr{D}}|f(x,y)|.$$

ε 既是任意小,这部分 $\sum_1$ 的值可以变成任意小,从而在积分存在的情况,J 也是只按那些包含在 $\mathscr{D}$ 中的小长方形所作的和 $\tilde{\sigma}_{\mathscr{P}}$ 的极限.

今定义一个新函数 $f^*(x,y)$:

$$f^*(x,y)=\begin{cases}f(x,y), & (x,y)\in\mathscr{D},\\ 0, & (x,y)\notin\mathscr{D}.\end{cases}$$

取包含 $\mathscr{D}$ 而边平行于坐标轴的一个长方形 $\mathscr{D}^*$.那么考察 $f^*(x,y)$ 在 $\mathscr{D}^*$ 上的积分.为此,取 $\mathscr{D}^*$ 的分割 $\mathscr{P}$,由平行于坐标轴的直线所形成的长方形网组成.仿(3),作和

$$\sigma^*_{\mathscr{P}}=\sum_{i,k} f^*(\xi_i,\eta_k)\sigma_{ik}. \tag{4}$$

注意在(4)中,与 $\mathscr{D}$ 不相交的那些小长方形 σ_{ik} 实际上对于这个和 $\sigma^*_{\mathscr{P}}$ 没有贡献,因为这时 (ξ_i,η_k) 在 $\mathscr{D}$ 之外,从而 $f^*(\xi_i,\eta_k)=0$.于是(4)实际上与(3)相等,从而 $f^*(x,y)$ 在 $\mathscr{D}^*$ 上的积分与 $f(x,y)$ 在 $\mathscr{D}$ 上的积分实质上是相同的.由此,以前对于定义在长方形上的函数的积分所叙述的性质,对于这里定义在任意有面积区域上的有界函数也成立.特别,为了有界函数 $f(x,y)$ 在有面积的(有界)区域 $\mathscr{D}$ 上可积分,必须且只需对于每个实数 $\varepsilon>0$,必可找到一个如上所述的分割 $\mathscr{P}$,使得

$$S_{\mathscr{P}}-s_{\mathscr{P}}<\varepsilon,$$

这里

$$S_{\mathscr{P}}=\sum_{i,k}M_{ik}\sigma_{ik},\quad s_{\mathscr{P}}=\sum_{i,k}m_{ik}\sigma_{ik},$$

而

$$M_{ik}=\sup_{(x,y)\in\sigma_{ik}}f(x,y),$$
$$m_{ik}=\inf_{(x,y)\in\sigma_{ik}}f(x,y).$$

由此不难导出,如果$f(x,y)$的不连续点所组成的点集可以用一组总面积任意小的长方形盖起来,那么$f(x,y)$在$\mathscr{D}$上可积分.如果$f(x,y)$在区域$\mathscr{D}$的内部连续,那么$f(x,y)$在$\mathscr{D}$上可积分.

仿单变量的情形,不难证明重积分的下列简单性质.下面假定$\mathscr{D}$,$\mathscr{D}_1$,$\mathscr{D}_2$都是有面积的区域,并且设所考察的积分存在.

1° 如果区域$\mathscr{D}$分割成两块$\mathscr{D}_1$与$\mathscr{D}_2$,那么

$$\int_{\mathscr{D}}f(x,y)\,\mathrm{d}\sigma=\int_{\mathscr{D}_1}f(x,y)\,\mathrm{d}\sigma+\int_{\mathscr{D}_2}f(x,y)\,\mathrm{d}\sigma.$$

2° 如果α,β是常数,那么

$$\int_{\mathscr{D}}[\alpha f_1(x,y)+\beta f_2(x,y)]\,\mathrm{d}\sigma=\alpha\int_{\mathscr{D}}f_1(x,y)\,\mathrm{d}\sigma+\beta\int_{\mathscr{D}}f_2(x,y)\,\mathrm{d}\sigma.$$

3° 如果$f(x,y)$在$\mathscr{D}$上可积分,那么$|f(x,y)|$在$\mathscr{D}$上也可积分,而且

$$\left|\int_{\mathscr{D}}f(x,y)\,\mathrm{d}\sigma\right|\leqslant\int_{\mathscr{D}}|f(x,y)|\,\mathrm{d}\sigma.$$

4° (中值定理)如果A表示区域$\mathscr{D}$的面积,m,M各表示$f(x,y)$在$\mathscr{D}$上的下确界和上确界,那么必存在一数μ,使$m\leqslant\mu\leqslant M$并且

$$\int_{\mathscr{D}}f(x,y)\,\mathrm{d}\sigma=\mu A.$$

特别如果$\mathscr{D}$是闭连通集而$f(x,y)$在$\mathscr{D}$上连续,必存在$\mathscr{D}$中一点(x_0,y_0),使

$$\int_{\mathscr{D}}f(x,y)\,\mathrm{d}\sigma=f(x_0,y_0)A.$$

5° 现在把重积分定义的方式略加推广.设$f(x,y)$是在区域$\mathscr{D}$上可积分的函数,$\mathscr{D}$是有面积的.考察把$\mathscr{D}$分成任意有穷多块两两不

相交的有面积的小区域的分割.这种分割的全体表示成Π.对于Π中任意分割$\mathscr{P}$,设分成的各小区域以及它的面积都表示成$\sigma_j(1\leqslant j\leqslant m)$,任意从$\sigma_j$中取出一点$(\xi_j,\eta_j)$,作和

$$\sigma_{\mathscr{P}}=\sum_{j=1}^{m}f(\xi_j,\eta_j)\sigma_j. \tag{5}$$

Π中分割$\mathscr{P}'$叫做分割$\mathscr{P}$的细分,是指$\mathscr{P}$中每个小区域在$\mathscr{P}'$中又被分成有穷多个小区域.我们证明,如果$f(x,y)$在$\mathscr{D}$上按前面叙述的定义可积分(积分值是J),那么当无限细分下去时,(5)中的$\sigma_{\mathscr{P}}$也以J为极限;换句话说,对于任意实数$\varepsilon>0$,必可找到Π中一个分割$\mathscr{P}_0$,使对于$\mathscr{P}_0$在Π中的每个细分$\mathscr{P}$,无论如何取$\mathscr{P}$的小区域σ_j中的点(ξ_j,η_j),总有

$$|\sigma_{\mathscr{P}}-J|<\varepsilon.$$

证 依上述性质1°,

$$J=\sum_{j=1}^{m}\int_{\sigma_j}f(x,y)\,\mathrm{d}\sigma, \tag{6}$$

而依中值定理,必有一数μ_j,介于$f(x,y)$在σ_j中的上、下确界M_j与m_j之间,使得

$$\int_{\sigma_j}f(x,y)\,\mathrm{d}\sigma=\mu_j\sigma_j. \tag{7}$$

于是对于(5)中的$\sigma_{\mathscr{P}}$,依(6),(7)有

$$J-\sigma_{\mathscr{P}}=\sum_{j=1}^{m}[\mu_j-f(\xi_j,\eta_j)]\sigma_j,$$

从而

$$\begin{aligned}|J-\sigma_{\mathscr{P}}|&\leqslant\sum_{j=1}^{m}|\mu_j-f(\xi_j,\eta_j)|\sigma_j\\&\leqslant\sum_{j=1}^{m}(M_j-m_j)\sigma_j.\end{aligned} \tag{8}$$

为了证明结论,只需证明当按Π中分割无限细分下去时,(8)式右边收敛于0.

既然假定$f(x,y)$在$\mathscr{D}$上可积分,那么对于给定的实数$\varepsilon_1>0$,必可找到一个长方形网的分割$\tilde{\mathscr{P}}$,使得

$$S_{\widetilde{\mathscr{P}}}-s_{\widetilde{\mathscr{P}}}<\varepsilon_1.$$

在分割 $\widetilde{\mathscr{P}}$ 的每个小长方形 σ 内，作一更小的长方形 σ^δ，由原来小长方形四边各向内移一段长 δ 而形成(图 9.5).我们取 δ 足够小，使这些缩小了的小长方形面积之和与原来 $\widetilde{\mathscr{P}}$ 的诸小长方形面积之和相差不超过某预定的实数 ε_2.

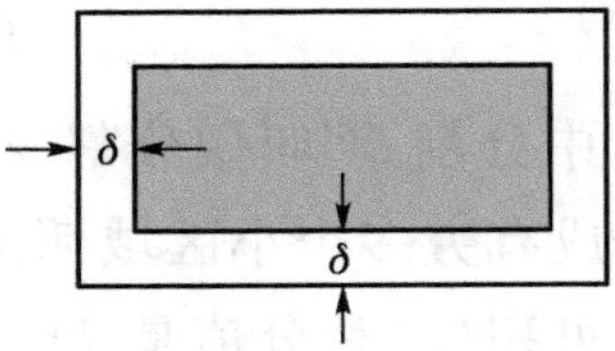

图 9.5

今考察和

(9) $$S_{\mathscr{P}}-s_{\mathscr{P}}=\sum(M_j-m_j)\sigma_j,$$

其中 M_j,m_j 为相应于 Π 中分割 $\mathscr{P}$ 的小区域 σ_j 上的上、下确界.今取 $\mathscr{P}$ 足够细，使它的每个小区域的直径[①]不超过上述的 δ.那么如果某一小区域 σ_j 与上述的一个缩小了的长方形有公共点，它必整个地包含在相应的、未缩小的长方形中.令 $\kappa(\sigma)$ 表示函数 $f(x,y)$ 在 σ 中上、下确界之差，那么把与某一指定的缩小了的长方形 σ^δ 有公共点的一切小区域 σ_j 合并考虑，(9)中相应诸项之和不超过 $\kappa(\sigma)\sigma$，因为对于这些 σ_j 来说，$\kappa(\sigma_j)\leqslant\kappa(\sigma)$.因此，把(9)中凡与一个缩小了的长方形有公共点的诸 σ_j 对应的项合并，这些项之和(表示成 $\sum'$)

$$\sum{}'\kappa(\sigma_j)\sigma_j\leqslant\sum_{\widetilde{\mathscr{P}}}\kappa(\sigma)\sigma<\varepsilon_1.$$

其他诸小区域 σ_j 都与任何一个缩小了的长方形没有公共点，从而都包含在图 9.5 中不带阴影的那些部分中，从而与这些小区域 σ_j 相应的(9)中诸项之和 $\sum''$ 不超过 $(M-m)\varepsilon_2$，M,m 各表示函数 $f(x,y)$ 在 $\mathscr{D}$ 中的上、下确界.$\varepsilon_1,\varepsilon_2$ 既然都是任意小的，从而(9)中整个和

$$\sum\kappa(\sigma_j)\sigma_j=\sum{}'+\sum{}''<\varepsilon_1+(M-m)\varepsilon_2$$

变成任意小，只要取分割 $\mathscr{P}$ 足够细(如上所述).但不难看出，这正保证了(9)中右边趋于 0.证完.

① 点集 E 的直径是指 $\sup\limits_{x',x''\in E}\|x'-x''\|$.

§ 2 重积分与累次积分 · 重积分的计算

正如同用和的极限定义单变量的积分那样,这里关于重积分的定义并不能直接提供重积分值的求法.我们在第五章已经指出,主要帮助我们求积分值的方法乃是通过牛顿-莱布尼茨公式.这里,为了计算重积分的值,我们把它化成接连两次的单变量积分.

定理 1 设函数 $f(x,y)$ 在长方形 $\mathscr{D}(a\leqslant x\leqslant b, c\leqslant y\leqslant d)$ 中连续,那么[①]

(1) $$\int_{\mathscr{D}} f(x,y)\,\mathrm{d}\sigma = \int_c^d \mathrm{d}y\int_a^b f(x,y)\,\mathrm{d}x.$$

注 $f(x,y)$ 既是在 $\mathscr{D}$ 中的两个变量 x,y 的连续函数,它更是 x 在 $[a,b]$ 中的连续函数.从而对于 $[c,d]$ 中的任意 y, $\int_a^b f(x,y)\,\mathrm{d}x$ 有意义,表示成 $\varphi(y)$.由于 $\mathscr{D}$ 是闭有界集, f 在 $\mathscr{D}$ 中必然一致连续,从而不难证明 $\varphi(y)$ 是 y 在 $[c,d]$ 中的连续函数.因此(1)右边的积分存在.我们暂时不直接证明定理 1,而去证明一个更广的定理:

定理 1′ 设 $f(x,y)$ 是在有面积区域 $\mathscr{D}$ 上有界且可积分的函数,并且设对于区间 $[c,d]$ 中的每个 y 值,积分 $\varphi(y)=\int_a^b f(x,y)\,\mathrm{d}x$ 存在,那么(1)成立.

证 取 $[a,b]$ 的分割

$$\mathscr{P}_1: a=x_0<x_1<\cdots<x_n=b;$$

与 $[c,d]$ 的分割

$$\mathscr{P}_2: c=y_0<y_1<\cdots<y_m=d.$$

---

① 注意(1)右边是指把 $f(x,y)$ 首先看作变量 x 的函数,求出积分 $\int_a^b f(x,y)\,\mathrm{d}x=\varphi(y)$ 来.这个积分值 $\varphi(y)$ 当然依赖于 y 值.然后把 $\varphi(y)$ 按 y 从 c 到 d 积分.这个积分值 $\int_c^d \varphi(y)\,\mathrm{d}y=\int_c^d\left[\int_a^b f(x,y)\,\mathrm{d}x\right]\mathrm{d}y$,表示成 $\int_c^d \mathrm{d}y\int_a^b f(x,y)\,\mathrm{d}x$.

对于每个 $j(1\leqslant j\leqslant m)$,依假定,取$[y_{j-1},y_j]$中的任意数 η_j,

$$\int_a^b f(x,\eta_j)\,\mathrm{d}x$$

存在,从而依第五章的一个定理,对于每两个分点 x_{i-1},x_i,积分

$$\int_{x_{i-1}}^{x_i} f(x,\eta_j)\,\mathrm{d}x$$

存在,并且依中值定理,如果令 σ_{ij} 表示小长方形 $x_{i-1}\leqslant x\leqslant x_i,y_{j-1}\leqslant y\leqslant y_j$,而令

$$m_{ij}=\inf_{(x,y)\in\sigma_{ij}} f(x,y),$$
$$M_{ij}=\sup_{(x,y)\in\sigma_{ij}} f(x,y).$$

有

$$m_{ij}(x_i-x_{i-1})\leqslant\int_{x_{i-1}}^{x_i} f(x,\eta_j)\,\mathrm{d}x\leqslant M_{ij}(x_i-x_{i-1}).$$

因此

$$\sum_{i=1}^{n} m_{ij}(x_i-x_{i-1})\leqslant\int_a^b f(x,\eta_j)\,\mathrm{d}x\leqslant\sum_{i=1}^{n} M_{ij}(x_i-x_{i-1}).$$

把上述不等式中各项乘正数 y_j-y_{j-1},并从 $j=1$ 到 m 相加,令 $\mathscr{P}=\mathscr{P}_1\times\mathscr{P}_2$,得

(2)
$$\begin{aligned} s_{\mathscr{P}}&=\sum_{i,j} m_{ij}(x_i-x_{i-1})(y_j-y_{j-1})\\ &\leqslant\sum_{j=1}^{m}\varphi(\eta_j)(y_j-y_{j-1})\\ &\leqslant\sum_{i,j} M_{ij}(x_i-x_{i-1})(y_j-y_{j-1})=S_{\mathscr{P}}. \end{aligned}$$

既然 $f(x,y)$ 在 $\mathscr{D}$ 上可积分,所以当取 $\mathscr{P}$ 无限细分时,就有

$$\begin{aligned} \lim_{\mathscr{P}} S_{\mathscr{P}}&=\lim_{\mathscr{P}} s_{\mathscr{P}}\\ &=J\xlongequal{\text{def}}\iint_{\mathscr{D}} f(x,y)\,\mathrm{d}x\mathrm{d}y. \end{aligned}$$

但依(2),恰好有

$$\int_c^d\varphi(y)\,\mathrm{d}y=\lim_{\mathscr{P}}\sum_{j=1}^{m}\varphi(\eta_j)(y_j-y_{j-1})=J.$$

这正是所要证的.

注　同理,如果 $f(x,y)$ 在 $\mathscr{D}$ 上可积分而对 $[a,b]$ 中的每个 x,积分 $\int_c^d f(x,y)\,\mathrm{d}y$ 存在,那么

$$\int_a^b \mathrm{d}x\int_c^d f(x,y)\,\mathrm{d}y$$

存在并且等于 $\iint_{\mathscr{D}} f(x,y)\,\mathrm{d}x\mathrm{d}y$.

特别当 $f(x,y)$ 在长方形 $a\leqslant x\leqslant b, c\leqslant y\leqslant d$ 中连续,那么

$$\int_a^b \mathrm{d}x\int_c^d f(x,y)\,\mathrm{d}y = \int_c^d \mathrm{d}y\int_a^b f(x,y)\,\mathrm{d}x.$$

定理 2　设 $\mathscr{D}$ 是形状如下述的区域:

$$a\leqslant x\leqslant b,\quad \varphi_1(x)\leqslant y\leqslant \varphi_2(x),$$

这里 $\varphi_1(x),\varphi_2(x)$ 都是 $[a,b]$ 中的连续函数.设 $f(x,y)$ 在 $\mathscr{D}$ 中连续.那么

$$\int_{\mathscr{D}} f(x,y)\,\mathrm{d}\sigma = \int_a^b \mathrm{d}x\int_{\varphi_1(x)}^{\varphi_2(x)} f(x,y)\,\mathrm{d}y. \tag{3}$$

证　作长方形 $\mathscr{D}^*: a\leqslant x\leqslant b, m_0\leqslant y\leqslant M_0$,这里

$$m_0=\inf_{a\leqslant x\leqslant b}\varphi_1(x),\quad M_0=\sup_{a\leqslant x\leqslant b}\varphi_2(x).$$

作函数 f^*,令

$$f^*(x,y)=\begin{cases} f(x,y), & (x,y)\in\mathscr{D},\\ 0, & (x,y)\notin\mathscr{D},\quad (x,y)\in\mathscr{D}^*.\end{cases}$$

于是,依假定 $f^*(x,y)$ 对于每个 x 的值 $(a\leqslant x\leqslant b)$,看作 y 的函数,在 $[m_0,M_0]$ 中,至多只有两个间断点,从而积分

$$\int_{m_0}^{M_0} f^*(x,y)\,\mathrm{d}y$$

存在,于是依定理 1′,积分

$$\int_a^b \mathrm{d}x\int_{m_0}^{M_0} f^*(x,y)\,\mathrm{d}y$$

存在,并且等于 $\int_{\mathscr{D}^*} f^*(x,y)\,\mathrm{d}\sigma$. 但依 f^* 的定义,

$$\int_a^b \mathrm{d}x\int_{m_0}^{M_0} f^*(x,y)\,\mathrm{d}y = \int_a^b \mathrm{d}x\int_{\varphi_1(x)}^{\varphi_2(x)} f(x,y)\,\mathrm{d}y,$$

$$\int_{\mathscr{D}^*} f^*(x,y)\,\mathrm{d}\sigma = \int_{\mathscr{D}} f(x,y)\,\mathrm{d}\sigma.$$

证完.

注 定理 2 提供了重积分的计算公式.事实上,(3)的右边可以分两步按单变量的积分求出:先把 x 看作常量而算出

$$\int_{\varphi_1(x)}^{\varphi_2(x)} f(x,y)\,\mathrm{d}y \xlongequal{\text{记为}} \psi(x),$$

然后再求这个 x 的函数的积分:

$$\int_a^b \psi(x)\,\mathrm{d}x.$$

这样求重积分就不需要什么新的技巧,只需使用两次求平常单变量的积分的技巧就够了.

例 1 设由一个旋转抛物面将一直角平行六面体截出一块,抛物面的顶与平行六面体上底的中心 C 重合,而抛物面的轴是铅垂的,与六面体上下底中心的连线相重合.设平行六面体的高为 h,底的两边各为 a,b.求这个体的体积(图 9.6).

取六面体下底中心作坐标原点 O,而取 z 轴与 OC 一致,取 x 轴、y 轴各与六面体的底的两边平行.于是抛物面的方程是

$$z=h-\frac{x^2+y^2}{2p},$$

p 是生成这个抛物面的那条抛物线的参数.所求的体积乃是重积分

$$V=\iint_{\mathscr{D}} z\,\mathrm{d}x\,\mathrm{d}y,$$

这里 $\mathscr{D}$ 是指六面体的下底 $KLMN$.利用定理 2,这个重积分等于

$$V=\int_{-\frac{a}{2}}^{\frac{a}{2}}\mathrm{d}x\int_{-\frac{b}{2}}^{\frac{b}{2}}\left(h-\frac{x^2+y^2}{2p}\right)\mathrm{d}y.$$

由对称性可知只需计算含在一个卦限之内的那部分,然后乘 4 就够了.这就是说

$$V=4\int_0^{\frac{a}{2}}\mathrm{d}x\int_0^{\frac{b}{2}}\left(h-\frac{x^2+y^2}{2p}\right)\mathrm{d}y$$

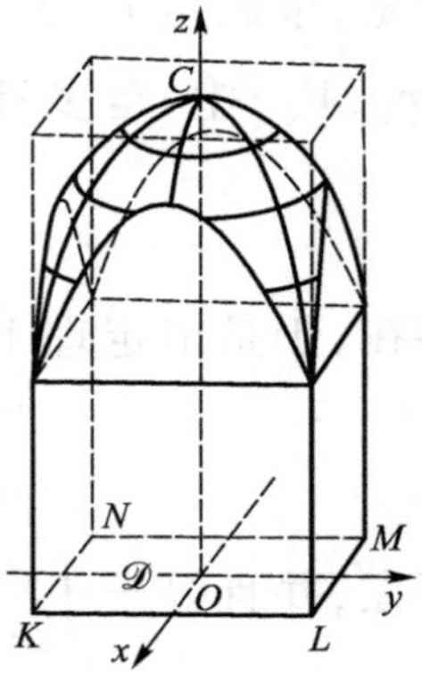

图 9.6

$$= 4\int_0^{\frac{a}{2}}\left[hy - \frac{x^2}{2p}y - \frac{y^3}{6p}\right]_{y=0}^{y=\frac{b}{2}} dx$$

$$= 4\int_0^{\frac{a}{2}}\left(\frac{bh}{2} - \frac{bx^2}{4p} - \frac{b^3}{48p}\right) dx$$

$$= abh - \frac{ab}{24p}(a^2 + b^2).$$

例 2 今计算圆柱马蹄形的体积.这是指一个半圆柱由通过柱底直径的平面所截下的那个体.取这个底的中心为坐标原点,取上述的那个直径为 x 轴,取 z 轴与圆柱的轴一致.设所述的平面与柱面相交的最高点 B 的高度 $BD=h$.设圆柱底的半径是 r.

由图 9.7 可以看出平面 ABC 的方程是 $z=\frac{h}{r}y$.设 $\mathscr{D}$ 表示半圆 ADC,那么所求的体积是

$$V = \int_{\mathscr{D}} \frac{h}{r} y \, d\sigma.$$

如果把 $\mathscr{D}$ 看作夹在 $x=-r, x=r, y=0, y=\sqrt{r^2-x^2}$ 之间的区域,那么依定理 2,

$$V = \int_{-r}^{r} dx \int_0^{\sqrt{r^2-x^2}} \frac{h}{r} y \, dy$$

$$= \int_{-r}^{r} \frac{h}{2r}(r^2 - x^2)\, dx$$

$$= \frac{2}{3}r^2 h.$$

这就是说,圆柱马蹄形的体积是角锥体 $BACD$ 的两倍.

当然,也可以把 $\mathscr{D}$ 看作夹在 $y=0, y=r, x=-\sqrt{r^2-y^2}, x=\sqrt{r^2-y^2}$ 之间的区域,从而所求的体积也可以表示成

$$V = \int_0^r dy \int_{-\sqrt{r^2-y^2}}^{\sqrt{r^2-y^2}} \frac{h}{r} y \, dx$$

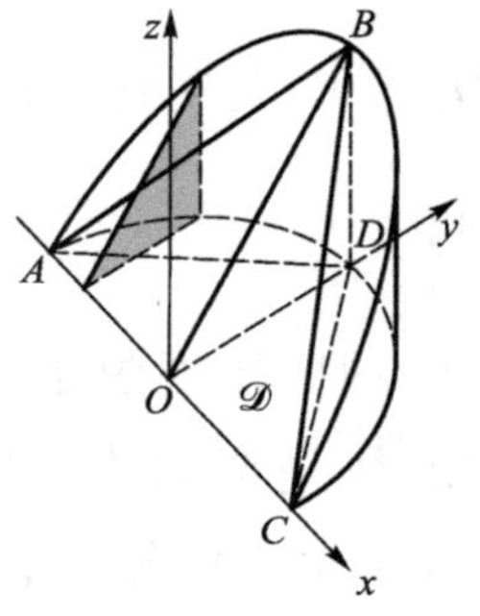

图 9.7

$$=\frac{h}{r}\int_0^r y\cdot 2\sqrt{r^2-y^2}\,\mathrm{d}y=\frac{2}{3}r^2h,$$

得出同样的结果.

适应不同问题的需要,我们有时需用别的坐标系(例如极坐标系),或者在计算积分时要用变量代换.为此,我们要仿单变量的积分中变量代换的公式找出重积分中变量代换的公式.注意在第七章中已指出,与单变量函数的微商相对应的,在多变量的变换(算子)的情形乃是雅可比矩阵.如果 xOy 平面中的区域 $\mathscr{D}$ 看作 uOv 平面中某区域 $\mathscr{D}_1$ 在变换 $x=x(u,v)$, $y=y(u,v)$ 之下的像(在 uOv 平面中也取直角坐标),可以猜想到重积分的变量代换公式乃是

$$\iint_{\mathscr{D}} f(x,y)\,\mathrm{d}x\mathrm{d}y=\iint_{\mathscr{D}1} f(x(u,v),y(u,v))\,|\Delta|\,\mathrm{d}u\mathrm{d}v,$$

这里 Δ 表示雅可比行列式:

$$\Delta=\begin{vmatrix}\dfrac{\partial x}{\partial u} & \dfrac{\partial y}{\partial u}\\ \dfrac{\partial x}{\partial v} & \dfrac{\partial y}{\partial v}\end{vmatrix}.$$

这里几何直观的证明是不难的.事实上,我们要求出 xOy 平面上小长方形(它的面积是 $\Delta x_i\Delta y_j$)变换到 uOv 平面上时所成的小区域的面积.设变换

$$x=x(u,v),\quad y=y(u,v)$$

的逆变换是

$$u=\varphi(x,y)\quad v=\psi(x,y)$$

xOy 平面上夹在曲线

$$(4)\qquad \begin{aligned}&\varphi(x,y)=u,\quad \varphi(x,y)=u+\Delta u,\\ &\psi(x,y)=v,\quad \psi(x,y)=v+\Delta v\end{aligned}$$

之间的区域通过上述变换变成边平行于坐标轴的长方形.这个区域可以看作是个曲线四边形.设它的四个顶点各是 $P_i(x_i,y_i)$, $i=1,2,3,4$ (图 9.8),那么当略去高阶无穷小量时,有

$$x_1=x(u,v),\quad y_1=y(u,v),$$

$$x_2 = x(u+\Delta u, v) \approx x(u,v) + \frac{\partial x}{\partial u}\Delta u,$$

$$y_2 = y(u+\Delta u, v) \approx y(u,v) + \frac{\partial y}{\partial u}\Delta u,$$

$$x_3 = x(u+\Delta u, v+\Delta v) \approx x(u,v) + \frac{\partial x}{\partial u}\Delta u + \frac{\partial x}{\partial v}\Delta v,$$

$$y_3 = y(u+\Delta u, v+\Delta v) \approx y(u,v) + \frac{\partial y}{\partial u}\Delta u + \frac{\partial y}{\partial v}\Delta v,$$

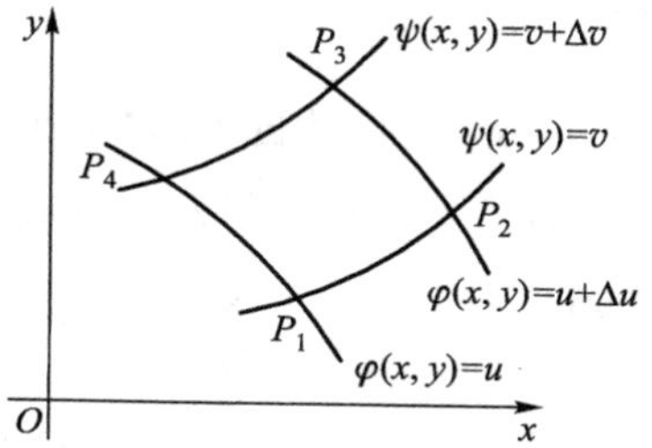

图 9.8

$$x_4 = x(u, v+\Delta v) \approx x(u,v) + \frac{\partial x}{\partial v}\Delta v,$$

$$y_4 = y(u, v+\Delta v) \approx y(u,v) + \frac{\partial y}{\partial v}\Delta v.$$

由此，当忽略高阶无穷小量时，曲线(4)可以看作是两组平行直线(u, v, $u+\Delta u$, $v+\Delta v$ 看作定数)，于是 $P_1P_2P_3P_4$ 可以看作是平行四边形，它的面积等于三角形 $P_1P_2P_3$ 的两倍，也就是说这个面积等于

(5)
$$\Delta\sigma = \pm\begin{vmatrix} 1 & x_1 & y_1 \\ 1 & x_2 & y_2 \\ 1 & x_3 & y_3 \end{vmatrix}$$

$$= \pm\begin{vmatrix} 1 & x & y \\ 1 & x+\dfrac{\partial x}{\partial u}\Delta u & y+\dfrac{\partial y}{\partial u}\Delta u \\ 1 & x+\dfrac{\partial x}{\partial u}\Delta u+\dfrac{\partial x}{\partial v}\Delta v & y+\dfrac{\partial y}{\partial u}\Delta u+\dfrac{\partial y}{\partial v}\Delta v \end{vmatrix}$$

$$= \pm\begin{vmatrix} \dfrac{\partial x}{\partial u}\Delta u & \dfrac{\partial y}{\partial u}\Delta u \\ \dfrac{\partial x}{\partial v}\Delta v & \dfrac{\partial y}{\partial v}\Delta v \end{vmatrix} = |\Delta|\Delta u\Delta v,$$

这里行列式前的正负号应当适当选取，使得 $\Delta\sigma$ 是非负数[①]. 由此可知，函数 $f(x,y)$ 在 $\mathscr{D}$ 上的重积分乃是一个形如下式的和的极限值：

---

① 这里谈的区域面积只是非负数，与过去考虑定向的多边形不同.

(6) $$\sum_i f(\xi_i,\eta_i)\Delta\sigma_i,$$

这里(ξ_i,η_i)是面积为 $\Delta\sigma_i$ 的那个曲线四边形中的任意一点.但依上述,这个和(6)可以改写成

(7) $$\sum_i f(x(\tilde{u}_i,\tilde{v}_i),y(\tilde{u}_i,\tilde{v}_i))\,|\Delta_i|\,\Delta u_i\Delta v_i,$$

这里 $$\tilde{u}_i=\varphi(\xi_i,\eta_i),\quad \tilde{v}_i=\psi(\xi_i,\eta_i),$$

而 Δ_i 乃是雅可比行列式 Δ 在点$(\tilde{u}_i,\tilde{v}_i)$处所取的值.当取区域 $\mathscr{D}_1$ 的用平行于坐标轴的直线作分割而无限细分下去的时候,(7)的极限乃是

$$\iint_{\mathscr{D}_1} f(x(u,v),y(u,v))\,|\Delta|\,\mathrm{d}u\mathrm{d}v.$$

这正证明了要求的公式①:

(8) $$\iint_{\mathscr{D}} f(x,y)\,\mathrm{d}x\mathrm{d}y=\iint_{\mathscr{D}_1} f(x(u,v),y(u,v))\,|\Delta|\,\mathrm{d}u\mathrm{d}v.$$

例 3 如果转向极坐标,变换公式是

$$x=r\cos\theta,\quad y=r\sin\theta,$$

从而这个变换的雅可比行列式是

$$\Delta=\begin{vmatrix}\dfrac{\partial x}{\partial r} & \dfrac{\partial y}{\partial r}\\ \dfrac{\partial x}{\partial\theta} & \dfrac{\partial y}{\partial\theta}\end{vmatrix}=\begin{vmatrix}\cos\theta & \sin\theta\\ -r\sin\theta & r\cos\theta\end{vmatrix}=r.$$

从而(8)变成

(9) $$\iint_{\mathscr{D}} f(x,y)\,\mathrm{d}x\mathrm{d}y=\iint_{\mathscr{D}_1} f(r\cos\theta,r\sin\theta)\,r\mathrm{d}r\mathrm{d}\theta.$$

这里 $r\mathrm{d}r\mathrm{d}\theta$ 叫做极坐标的面积元素.关于它有一个便于记忆的几何想法.在极坐标系中,用来分割区域的线是一组从极点 O 出发的射线,和一组以 O 为中心的同心圆.考察这两组曲线分割出来的一个小区域 $PP'Q'Q$(图 9.9),这里四个点的坐标各是

$$P(r,\theta),\quad P'(r+\Delta r,\theta),$$

① 为了获得更严谨的证明,望读者参看其他的书,例如 G. Valiron:Théorie des fonctions(Cours d'analyse mathématique,1948),275—278 页或高木贞治《解析概论》(1943),402—410 页.

$$Q'(r+\Delta r,\theta+\Delta\theta),\quad Q(r,\theta+\Delta\theta).$$

如果 $\Delta r,\Delta\theta$ 都很小,这个小区域可以看作是长方形(注意 PQ 与 PP' 正交),它的两个边近似地等于 $PP'=\Delta r, PQ=r\Delta\theta$,从而它的面积是 $r\Delta r\Delta\theta$.

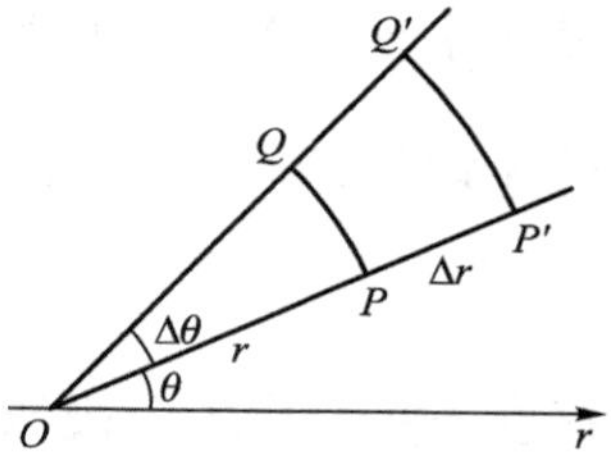

图 9.9

如果把(9)的右边化成累次积分,可以写成

$$\iint_{\mathscr{D}} f(x,y)\,\mathrm{d}x\mathrm{d}y=\int_{\theta_1}^{\theta_2}\mathrm{d}\theta\int_{b_1(\theta)}^{b_2(\theta)} f(r\cos\theta,r\sin\theta)\,r\mathrm{d}r.$$

例 4 今计算一个半径为 a 的半球被一圆柱体所截下的一部分的体积,这个圆柱的底以半球的底平面的一个半径为直径,如图 9.10 所示.如果 $\mathscr{D}$ 表示圆柱底面区域,那么所求的体积等于

$$V=\iint_{\mathscr{D}}\sqrt{a^2-x^2-y^2}\,\mathrm{d}x\mathrm{d}y.$$

为方便起见,变换为极坐标.以 O 为极点,以圆中的 y 轴为极轴,圆柱的底圆的方程可以表示成

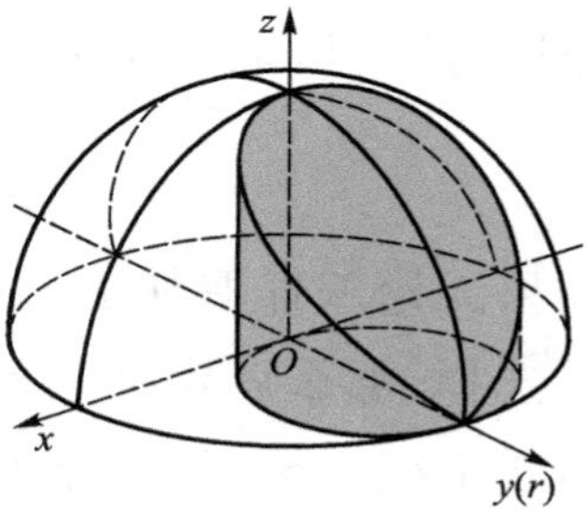

图 9.10

$$r=a\cos\theta.$$

于是

$$V=\int_{-\frac{\pi}{2}}^{\frac{\pi}{2}}\mathrm{d}\theta\int_0^{a\cos\theta}\sqrt{a^2-r^2}\,r\mathrm{d}r$$
$$=2\int_0^{\frac{\pi}{2}}\frac{a^3(1-\sin^3\theta)}{3}\mathrm{d}\theta=\frac{2}{3}a^3\left(\frac{\pi}{2}-\frac{2}{3}\right).$$

与单变量函数的积分相仿,我们也考察反常重积分,换句话说,或者被积分的函数在积分区域中某些点附近变成无界,或者积分区域不是有界的.这种积分将在以后详细讨论.这里只指出,在无界区域 $\mathscr{D}$ 上的重积分定义作一串有界区域 $\mathscr{D}_n$ 上重积分值的极限,这里 $\mathscr{D}_n$ 是逐次扩大并且它们并起来等于 $\mathscr{D}$:

(10) $$\mathscr{D}_1\subset\mathscr{D}_2\subset\cdots\subset\mathscr{D}_n\subset\mathscr{D}_{n+1}\subset\cdots,\quad\bigcup_{n=1}^{\infty}\mathscr{D}_n=\mathscr{D},$$

这里 $\bigcup_{n=1}^{\infty}\mathscr{D}_n$ 表示至少含在一个 $\mathscr{D}_n$ 中的那些点所组成的集.当然这里是指无论取怎样一串合乎(10)中要求的区域,极限

$$\lim_{n\to\infty}\int_{\mathscr{D}_n}f(x,y)\,d\sigma$$

都存在,就是说这个极限值不依赖于这串 $\mathscr{D}_n$ 的选择.我们这时称作 $f(x,y)$ 在无界区域 $\mathscr{D}$ 上可积分并且令

$$\int_{\mathscr{D}}f(x,y)\,d\sigma=\lim_{n\to\infty}\int_{\mathscr{D}_n}f(x,y)\,d\sigma. \tag{11}$$

如果函数 $f(x,y)$ 在积分区域 $\mathscr{D}$ 中无界.为简单起见,设只有一个点 P,使 $f(x,y)$ 当 $(x,y)\to P$ 时成为 $\pm\infty$.从 $\mathscr{D}$ 挖去一个以 P 为中心的小圆,成为区域 $\mathscr{D}_n$.令这个圆的半径趋于 0,而考察极限

$$\lim_{n\to\infty}\int_{\mathscr{D}_n}f(x,y)\,d\sigma.$$

如果无论怎样取如上述的一串 $\mathscr{D}_n$,这极限都存在并且值不依赖于 $\mathscr{D}_n$ 的选择,那么就定义 $f(x,y)$ 在 $\mathscr{D}$ 上的积分如(11).如果 $f(x,y)$ 在一条曲线上变成 ∞,设这条曲线的面积为 0,并取 $\mathscr{D}_n$ 为由 $\mathscr{D}$ 挖去一块含这条曲线的小区域,并仿照上述去考虑就够了.

例 5 设 $\mathscr{D}$ 表示单位圆所围成的区域 $x^2+y^2\leqslant 1$.考察重积分

$$J(\mathscr{D})=\int_{\mathscr{D}}\frac{1}{r^\alpha}d\sigma=\iint_{\mathscr{D}}\frac{1}{(x^2+y^2)^{\frac{\alpha}{2}}}dxdy\quad(\alpha>0).$$

取 $\mathscr{D}_n$ 为单位圆周和以 O 为中心、以 ρ_n 为半径的小圆所夹的环形区域.于是

$$\begin{aligned}J(\mathscr{D}_n)&=\iint_{\mathscr{D}_n}\frac{1}{(x^2+y^2)^{\frac{\alpha}{2}}}dxdy\\&=\int_0^{2\pi}d\theta\int_{\rho_n}^1 r^{1-\alpha}dr=\frac{2\pi}{2-\alpha}(1-\rho_n^{2-\alpha}).\end{aligned} \tag{12}$$

如果 $0<\alpha<2$,当 $\rho_n\to 0$ 时,$\lim\limits_{n\to\infty}J(\mathscr{D}_n)=\dfrac{2\pi}{2-\alpha}$.从而这时 $J(\mathscr{D})$ 存在并且等于$\dfrac{2\pi}{2-\alpha}$.如果 $\alpha=2$,$J(\mathscr{D}_n)$ 变成

$$J(\mathscr{D}_n)=2\pi\int_{\rho_n}^{1}r^{-1}\mathrm{d}r=-2\pi\ln\rho_n\to+\infty\quad(n\to\infty),$$

而当 $\alpha>2$ 时，依(12) $J(\mathscr{D}_n)\to+\infty$. 从而当 $\alpha\geqslant 2$ 时 $J(\mathscr{D})$ 不存在.

例 6 设 $f(x,y)$ 定义在正方形 $\mathscr{D}$：$0\leqslant x\leqslant 1$，$0\leqslant y\leqslant 1$ 中，$f(x,y)$ 在除对角线 $x=y$ 上的点之外是连续的，但在 $\mathscr{D}$ 中，

$$|f(x,y)|<\frac{M}{|x-y|^{\alpha}},\quad 0<\alpha<1. \tag{13}$$

我们证明这时积分

$$\int_{\mathscr{D}}f(x,y)\,\mathrm{d}\sigma$$

存在. 事实上，把正方形用上述对角线分成 $\mathscr{A}$，$\mathscr{B}$ 两块，只需分别证明

$$\int_{\mathscr{A}}f(x,y)\,\mathrm{d}\sigma,\quad \int_{\mathscr{B}}f(x,y)\,\mathrm{d}\sigma$$

存在就够了. 我们无妨考察第一个积分，这里设 $\mathscr{A}$ 是在对角线 $y=x$ 下面的那个三角形(图 9.11). 注意

$$\int_{\mathscr{A}}f(x,y)\,\mathrm{d}\sigma=\int_0^1\mathrm{d}y\int_y^1 f(x,y)\,\mathrm{d}x,$$

从而我们考察 $\mathscr{D}_n$ 为直线 $y=x-\varepsilon_n$（ε_n 单调递减而趋于 0），$x=1$，$y=0$ 之间所夹的三角形，并证明

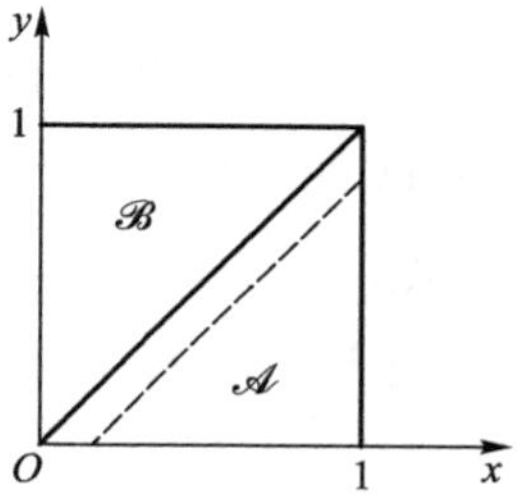

图 9.11

$$\lambda_n\xlongequal{\text{def}}\int_{\mathscr{D}_n}f(x,y)\,\mathrm{d}\sigma$$

有极限. 为此，依柯西准则，只需证(λ_n)是基本列，从而只需证当 n,m 够大时，$|\lambda_n-\lambda_m|$ 变到任意小. 但如果 $n>m$，

$$|\lambda_n-\lambda_m|\leqslant\iint_{\mathscr{D}_n\setminus\mathscr{D}_m}\frac{M}{|x-y|^{\alpha}}\mathrm{d}x\mathrm{d}y,$$

这里 $\mathscr{D}_n\setminus\mathscr{D}_m$ 表示由 $\mathscr{D}_n$ 挖去 $\mathscr{D}_m$ 而形成的区域. 为此只需证明当 n，$m\to\infty$ 时，上式右边$\to 0$. 但这正是证明极限

$$\iint_{\mathscr{D}_n}\frac{M}{|x-y|^{\alpha}}\mathrm{d}x\mathrm{d}y$$

存在. 注意

$$\iint_{\mathscr{D}_n}\frac{1}{|x-y|^{\alpha}}\mathrm{d}x\mathrm{d}y=\int_0^1\mathrm{d}y\int_{y+\varepsilon_n}^1\frac{\mathrm{d}x}{(x-y)^{\alpha}}$$
$$=\int_0^1\left[\frac{(x-y)^{1-\alpha}}{1-\alpha}\right]_{x=y+\varepsilon_n}^{x=1}\mathrm{d}y$$
$$=\frac{1}{1-\alpha}\int_0^1\left[(1-y)^{1-\alpha}-\varepsilon_n^{1-\alpha}\right]\mathrm{d}y$$
$$=\frac{1}{(1-\alpha)(2-\alpha)}-\frac{\varepsilon_n^{1-\alpha}}{1-\alpha}.$$

因 $0<\alpha<1$，当 $\varepsilon_n\to 0$ 时，上式右边有极限 $\frac{1}{(1-\alpha)(2-\alpha)}$，这正是所要证的.

函数 $\frac{M}{|x-y|^{\alpha}}$ 或满足条件(13)的函数在对角线上有"奇异性"（不连续），但这种奇异性并不太恶劣，因为它仍能使这个函数的重积分存在.这种"奇异性"叫做"弱奇异性"，在以后讨论积分方程时要利用这一点.

例 7 今求

$$J=\int_0^{\infty}\mathrm{e}^{-x^2}\mathrm{d}x.$$

将来在讨论概率论时，以及大家在分子物理学中就会了解这个积分的用途.现在只讨论它的求法.当然，我们也有直接用单变量函数的积分的性质来求它的方法①.这里利用重积分，很快地可以得出结果.

事实上，

$$J^2=\int_0^{\infty}\mathrm{e}^{-x^2}\mathrm{d}x\cdot\int_0^{\infty}\mathrm{e}^{-y^2}\mathrm{d}y.$$

令 $J(R)=\int_0^R\mathrm{e}^{-x^2}\mathrm{d}x$，可以写成 $J=\lim\limits_{R\to\infty}J(R)$.但

$$J(R)^2=\int_0^R\mathrm{e}^{-x^2}\mathrm{d}x\int_0^R\mathrm{e}^{-y^2}\mathrm{d}y=\iint_{\mathscr{D}(R)}\mathrm{e}^{-x^2-y^2}\mathrm{d}x\mathrm{d}y,$$

这里 $\mathscr{D}(R)$ 表示正方形 $0\leqslant x\leqslant R,0\leqslant y\leqslant R$.如果所求的积分 J 存在，那

① 参看菲赫金哥尔茨著《微积分学教程》第二卷第三分册 538—540 页.

么 $\lim\limits_{R\to\infty} J(R)^2$ 也存在，从而当 $\mathscr{D}$ 表示第一象限时，

$$\iint_{\mathscr{D}} e^{-(x^2+y^2)}\,dx\,dy$$

也存在.但依上述在无界区域上重积分的定义，如果令 $\mathscr{C}(R)$ 表示圆 $x^2+y^2 \leqslant R^2$ 在第一象限中的部分，那么

$$\lim_{R\to\infty}\iint_{\mathscr{C}(R)} e^{-(x^2+y^2)}\,dx\,dy$$

也应当存在，并且等于 J^2.今用极坐标，得

$$\begin{aligned}\iint_{\mathscr{C}(R)} e^{-(x^2+y^2)}\,dx\,dy &= \int_0^R dr\int_0^{\frac{\pi}{2}} e^{-r^2} r\,d\theta \\ &= \frac{\pi}{2}\int_0^R e^{-r^2} r\,dr = \frac{\pi}{4}(1-e^{-R^2}).\end{aligned}$$

于是

$$J^2 = \lim_{R\to\infty}\frac{\pi}{4}(1-e^{-R^2}) = \frac{\pi}{4},$$

从而

$$J = \frac{\sqrt{\pi}}{2}.$$

由此可知

$$\int_{-\infty}^{\infty} e^{-x^2}\,dx = 2\int_0^{\infty} e^{-x^2}\,dx = \sqrt{\pi}.$$

注意

$$\int_0^{\infty} e^{-x} x^{-\frac{1}{2}}\,dx = 2\int_0^{\infty} e^{-t^2}\,dt = 2\cdot\frac{\sqrt{\pi}}{2} = \sqrt{\pi},$$

从而 $\Gamma\left(\frac{1}{2}\right) = \sqrt{\pi}$.由此及 Γ 函数的递推公式可得 $\Gamma\left(\frac{n}{2}\right)$（$n$ 为任意正整数）的值.

§3　三重积分及多重积分

有了重积分的概念之后，不难推广到三重乃至任意多重的积分.

关于三重积分，乃是讨论三个变量的函数 $f(x,y,z)$ 在三维空间的一个体 Ω 上的积分. 为此，也是要考虑和的极限，而代替重积分情形的分成长方形的分割，这里乃是利用平行于坐标平面的一组平面把体分成平行六面体的分割. 与重积分的情形一样，也是首先考虑积分区域是各棱平行于坐标轴的一个六面体，然后推广到任意有体积的体上去. 这里有体积的意义与平面中区域有面积的意义是类似的. 特别，如果区域 Ω 由有穷多块光滑曲面所围成，即每一块曲面由方程

$$x=x(u,v),\quad y=y(u,v),\quad z=z(u,v)\quad (a\leqslant u\leqslant b, c\leqslant v\leqslant d)$$

给出，这里 $x(u,v), y(u,v), z(u,v)$ 都是连续可微分（即有连续的一阶微商）的函数，那么利用中值定理仿重积分的情形可以证明这种体确有体积. 又设 $\mathscr{D}$ 是 xOy 平面中的一个有面积区域，而 $\varphi_1(x,y), \varphi_2(x,y)$ 是定义在 $\mathscr{D}$ 上并在 $\mathscr{D}$ 上连续的函数. 假定对于 $\mathscr{D}$ 中每个点 (x,y) 有

$$\varphi_1(x,y)\leqslant\varphi_2(x,y).$$

设 Ω 是由

$$(x,y)\in\mathscr{D},\quad \varphi_1(x,y)\leqslant z\leqslant\varphi_2(x,y)$$

决定的三维区域，也就是说，夹在两片曲面

$$(x,y)\in\mathscr{D},\quad z=\varphi_1(x,y);\quad (x,y)\in\mathscr{D},\quad z=\varphi_2(x,y)$$

之间的体. 可以证明这个体也是有体积的.

取有体积的三维区域 Ω，把它分割成有穷多个互不相交的有体积的区域 $\omega_i(i=1,2,\cdots,n)$，得出 Ω 的分割 $\mathscr{P}$ 来. 在每个小区域 ω_i 中取一点 (ξ_i,η_i,ζ_i)，并也用 ω_i 表示小区域 ω_i 的体积. 作和

$$\sigma_{\mathscr{P}}=\sum_{i=1}^{n}f(\xi_i,\eta_i,\zeta_i)\omega_i.$$

仿重积分的情形，把 Ω 无限细分时，设无论怎样取 ω_i 中的点 (ξ_i,η_i,ζ_i)，$\sigma_{\mathscr{P}}$ 总趋于同一极限 J，那么 J 叫做 $f(x,y,z)$ 在 Ω 上的积分，$f(x,y,z)$ 叫做在 Ω 上可积分的，我们写成

$$J=\int_{\Omega}f(x,y,z)\,\mathrm{d}\omega=\iiint_{\Omega}f(x,y,z)\,\mathrm{d}x\mathrm{d}y\mathrm{d}z.$$

在可积分函数的情形，如果只取用平行于各坐标面的那些平面所造成的分割，所得的结果仍是 J.

为了计算便利,仍需要从三重积分化成累次积分.设 Ω 是由关系

$$(x,y)\in\mathscr{D},\quad \varphi_1(x,y)\leqslant z\leqslant\varphi_2(x,y)$$

决定的那个区域(见前).于是当 $f(x,y,z)$ 在 Ω 上可积分时,可以证明

$$\int_\Omega f(x,y,z)\,\mathrm{d}\omega=\iint_{\mathscr{D}}\mathrm{d}x\mathrm{d}y\int_{\varphi_1(x,y)}^{\varphi_2(x,y)}f(x,y,z)\,\mathrm{d}z.$$

把

$$\int_{\varphi_1(x,y)}^{\varphi_2(x,y)}f(x,y,z)\,\mathrm{d}z$$

看作 (x,y) 的函数,上面等式右边是一个重积分,从而如果区域 $\mathscr{D}$ 由关系

$$a\leqslant x\leqslant b,\quad \psi_1(x)\leqslant y\leqslant\psi_2(x)$$

决定,上面的三重积分又可以化成

$$\int_\Omega f(x,y,z)\,\mathrm{d}\omega=\int_a^b\mathrm{d}x\int_{\psi_1(x)}^{\psi_2(x)}\mathrm{d}y\int_{\varphi_1(x,y)}^{\varphi_2(x,y)}f(x,y,z)\,\mathrm{d}z. \tag{1}$$

这样,就可以反复使用求单变量函数的积分的技巧求出三重积分.当然,在(1)的左边,x,y,z 三个变量是处于平等的地位,从而是否一定要先按 z 积分,再按 y 积分,最后按 x 积分,或者还是按另外的次序,完全看方便来决定.一方面要看区域 Ω 怎样表示方便,其次还要看那三步积分的计算是否方便.

一个质点的质量乘由它到一定点或一定直线或一定平面的距离叫做这个质点对于这个定点或定直线或定平面的静矩.如果不乘距离,而乘距离的平方,所得的量叫做这个质点对于这个定点或定直线或定平面的惯性矩.在实用上很少考虑更高阶的矩.一个质点组的静矩(或惯性矩)等于这一组质点的各个静矩(或惯性矩)的和.如果不考虑质点组,而考虑一个连续体,那么我们把它分割成小块,把每一小块看成是一个质点,然后把这些设想的质点的矩的和作为所求连续体的矩的近似值.这当然只是近似值.为了得到这个连续体的矩的准确值,只需把上述的分割无限加细而取上述近似值的极限.显然这样得到的矩应该用三重积分表示,也就是说,设 $\rho(x,y,z)$ 表示连续体 Ω 在点 (x,y,z) 处的密度,那么这个连续体 Ω 对于 xOy 平面的静矩是

$$\iiint_\Omega z\rho(x,y,z)\,\mathrm{d}x\mathrm{d}y\mathrm{d}z,$$

而 Ω 对于 xOy 平面的惯性矩是

$$\iiint_{\Omega} z^2\rho(x,y,z)\,\mathrm{d}x\mathrm{d}y\mathrm{d}z.$$

Ω 对于 z 轴的静矩等于

$$\iiint_{\Omega} \sqrt{x^2+y^2}\,\rho(x,y,z)\,\mathrm{d}x\mathrm{d}y\mathrm{d}z,$$

而它对于 z 轴的惯性矩等于

$$\iiint_{\Omega} (x^2+y^2)\rho(x,y,z)\,\mathrm{d}x\mathrm{d}y\mathrm{d}z,$$

它对于原点的静矩与惯性矩各是

$$\iiint_{\Omega} \sqrt{x^2+y^2+z^2}\,\rho(x,y,z)\,\mathrm{d}x\mathrm{d}y\mathrm{d}z$$

与

$$\iiint_{\Omega} (x^2+y^2+z^2)\rho(x,y,z)\,\mathrm{d}x\mathrm{d}y\mathrm{d}z.$$

所谓一个物体的质心,乃是指这样一点,当把一个质量与整个物体的质量相同的质点放在这个点处时,它相对于各坐标面的静矩各等于原来物体相对于各坐标面的静矩.换句话说,这个点的坐标$(\bar{x},\bar{y},\bar{z})$是

$$\bar{x}=\frac{\int_{\Omega} x\rho(x,y,z)\,\mathrm{d}\omega}{\int_{\Omega} \rho(x,y,z)\,\mathrm{d}\omega},$$

$$\bar{y}=\frac{\int_{\Omega} y\rho(x,y,z)\,\mathrm{d}\omega}{\int_{\Omega} \rho(x,y,z)\,\mathrm{d}\omega},$$

$$\bar{z}=\frac{\int_{\Omega} z\rho(x,y,z)\,\mathrm{d}\omega}{\int_{\Omega} \rho(x,y,z)\,\mathrm{d}\omega}.$$

例 1 试求一均匀(即它的密度是常数 ρ)的半球体相对于它的底圆的静矩.设球半径是 r.取底圆的面作 xOy 平面,球心作原点.所求的静矩乃是

$$J=\int_{\Omega} z\rho\,\mathrm{d}\omega=\rho\iint_{\mathscr{D}}\mathrm{d}x\mathrm{d}y\int_0^{\sqrt{r^2-x^2-y^2}} z\mathrm{d}z,$$

这里 $\mathscr{D}$ 表示圆 $x^2+y^2\leqslant r^2$，注意半球可以看成是由关系

$$x^2+y^2\leqslant r^2,\quad 0\leqslant z\leqslant\sqrt{r^2-x^2-y^2}$$

决定的，因为球面的方程是 $x^2+y^2+z^2=r^2$. 于是

$$\begin{aligned}J&=\rho\int_{-r}^{r}\mathrm{d}x\int_{-\sqrt{r^2-x^2}}^{\sqrt{r^2-x^2}}\mathrm{d}y\int_0^{\sqrt{r^2-x^2-y^2}} z\mathrm{d}z\\&=\rho\int_{-r}^{r}\mathrm{d}x\int_{-\sqrt{r^2-x^2}}^{\sqrt{r^2-x^2}}\frac{r^2-x^2-y^2}{2}\mathrm{d}y\\&=\frac{\rho}{2}\int_{-r}^{r}\left[(r^2-x^2)y-\frac{y^3}{3}\right]_{y=-\sqrt{r^2-x^2}}^{y=\sqrt{r^2-x^2}}\mathrm{d}x\\&=\frac{2\rho}{3}\int_{-r}^{r}(r^2-x^2)^{\frac{3}{2}}\mathrm{d}x=\frac{4\rho}{3}r^4\int_0^{\frac{\pi}{2}}\cos^4\theta\mathrm{d}\theta\\&=\frac{4\rho r^4}{3}\frac{3\cdot1}{4\cdot2}\cdot\frac{\pi}{2}=\frac{\pi r^4}{4}\rho.\end{aligned}$$

由对称性可知半球的质心一定在垂直于底圆的半径上，因此要决定这个质心的位置，只需知道它的 z 坐标 $\bar{z}$ 就够了. 既然半球的质量是 $\frac{2}{3}\pi r^3\rho$，所以

$$\bar{z}=\frac{\pi r^4}{4}\rho\Big/\frac{2}{3}\pi r^3\rho=\frac{3}{8}r.$$

下面考察三重积分的变量代换. 设通过三维空间的变换

(2) $\qquad x=x(u,v,w),\quad y=y(u,v,w),\quad z=(u,v,w),$

(u,v,w) 空间中的区域 Ω_1 变成 (x,y,z) 空间中的区域 Ω. 仿重积分的情形，可以证明，变量代换公式是

(3) $$\int_{\Omega} f(x,y,z)\,\mathrm{d}\omega$$

$$=\iiint_{\Omega_1} f(x(u,v,w),y(u,v,w),z(u,v,w))\,|\Delta|\,\mathrm{d}u\mathrm{d}v\mathrm{d}w,$$

这里 Δ 表示变换(2)的雅可比行列式：

$$\Delta=\begin{vmatrix}\dfrac{\partial x}{\partial u} & \dfrac{\partial y}{\partial u} & \dfrac{\partial z}{\partial u}\\ \dfrac{\partial x}{\partial v} & \dfrac{\partial y}{\partial v} & \dfrac{\partial z}{\partial v}\\ \dfrac{\partial x}{\partial w} & \dfrac{\partial y}{\partial w} & \dfrac{\partial z}{\partial w}\end{vmatrix}.$$

特别如果从直角坐标(x,y,z)转向球面坐标(r,θ,φ)，那么方程组(2)变成

$$x=r\sin\theta\cos\varphi,\quad y=r\sin\theta\sin\varphi,\quad z=r\cos\theta.$$

于是雅可比行列式变成

$$\Delta=\begin{vmatrix}\dfrac{\partial x}{\partial r} & \dfrac{\partial y}{\partial r} & \dfrac{\partial z}{\partial r}\\ \dfrac{\partial x}{\partial \theta} & \dfrac{\partial y}{\partial \theta} & \dfrac{\partial z}{\partial \theta}\\ \dfrac{\partial x}{\partial \varphi} & \dfrac{\partial y}{\partial \varphi} & \dfrac{\partial z}{\partial \varphi}\end{vmatrix}$$

$$=\begin{vmatrix}\sin\theta\cos\varphi & \sin\theta\sin\varphi & \cos\theta\\ r\cos\theta\cos\varphi & r\cos\theta\sin\varphi & -r\sin\theta\\ -r\sin\theta\sin\varphi & r\sin\theta\cos\varphi & 0\end{vmatrix}=r^2\sin\theta\geqslant 0,$$

从而(3)在这个特殊情形中化成

(4) $$\iiint_{\Omega} f(x,y,z)\,\mathrm{d}x\mathrm{d}y\mathrm{d}z$$

$$=\iiint_{\Omega_1} f(r\sin\theta\cos\varphi,r\sin\theta\sin\varphi,r\cos\theta)\,r^2\sin\theta\,\mathrm{d}r\mathrm{d}\theta\mathrm{d}\varphi.$$

这式中的$r^2\sin\theta\mathrm{d}r\mathrm{d}\theta\mathrm{d}\varphi$叫做球面坐标中的体积元素.这里也有一个很便于帮助记忆的几何形象.事实上，在利用球面坐标时，如果把r,θ,φ看作(r,θ,φ)空间中的直角坐标，用平行于坐标平面的平面所作的分割实质上乃是把整个体分割成由下列关系决定的小区域(图 9.12)：

$$r'\leqslant r\leqslant r'+\Delta r,\quad \theta'\leqslant\theta\leqslant\theta'+\Delta\theta,\quad \varphi'\leqslant\varphi\leqslant\varphi'+\Delta\varphi.$$

这正是介于两个同心球面$r=r',r=r'+\Delta r$，两个锥面$\theta=\theta',\theta=\theta'+\Delta\theta$与两个过$z$轴的平面的$\varphi=\varphi',\varphi=\varphi'+\Delta\varphi$之间的小区域.这些曲面

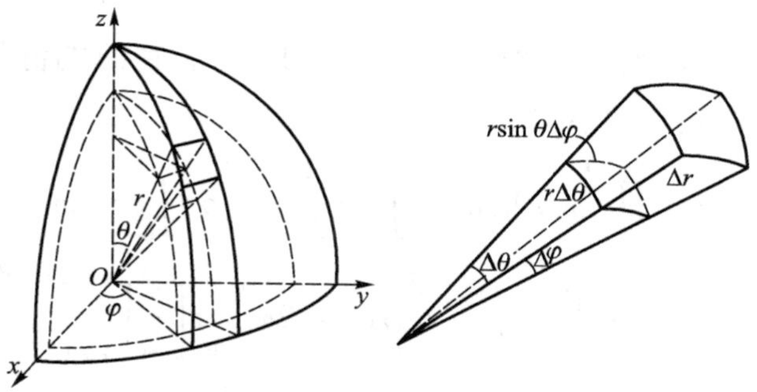

图 9.12

$$r=\text{常数},\quad \theta=\text{常数},\quad \varphi=\text{常数}$$

乃是互相正交的,从而如果 $\Delta r,\Delta\theta,\Delta\varphi$ 很小时,这样的小区域可以近似地看作一个直角六面体,从而它的体积是

(5) $$r\sin\theta\cdot\Delta\varphi\cdot r\Delta\theta\cdot\Delta r=r^2\sin\theta\Delta r\Delta\theta\Delta\varphi.$$

如果用柱面坐标,那么

$$x=r\cos\varphi,\quad y=r\sin\varphi,\quad z=z.$$

于是相应的雅可比行列式是

$$\begin{vmatrix}\dfrac{\partial x}{\partial r} & \dfrac{\partial y}{\partial r} & \dfrac{\partial z}{\partial r}\\ \dfrac{\partial x}{\partial\varphi} & \dfrac{\partial y}{\partial\varphi} & \dfrac{\partial z}{\partial\varphi}\\ \dfrac{\partial x}{\partial z} & \dfrac{\partial y}{\partial z} & \dfrac{\partial z}{\partial z}\end{vmatrix}=\begin{vmatrix}\cos\varphi & \sin\varphi & 0\\ -r\sin\varphi & r\cos\varphi & 0\\ 0 & 0 & 1\end{vmatrix}=r\geqslant 0,$$

从而变量代换公式是

$$\iiint_{\Omega}f(x,y,z)\,\mathrm{d}x\mathrm{d}y\mathrm{d}z=\iiint_{\Omega_1}f(r\cos\varphi,r\sin\varphi,z)\,r\mathrm{d}r\mathrm{d}\varphi\mathrm{d}z.$$

$r\mathrm{d}r\mathrm{d}\varphi\mathrm{d}z$ 叫做柱面坐标中的体积元素.我们也可以借几何直观的想法来帮助记忆.事实上,利用 $r=$常数,$\varphi=$常数,$z=$常数来分割,所得的小区域介于两个圆柱面、两个过 z 轴的平面和两个垂直于 z 轴的平面之间.于是小区域可以近似地看作直角六面体,它的边长各是 $\Delta r,r\Delta\varphi,\Delta z$,从而它的体积是 $r\Delta r\Delta\varphi\Delta z$(图 9.13).

按照要解决的问题的性质适当选取坐标系统,往往可以使解法大为简化.

例 2 例如考察前面叙述过的求半球对于底面的静矩的问题.这时设球半径是 a,密度为 1,

$$J=\iiint_{\Omega} zr\mathrm{d}r\mathrm{d}\varphi\mathrm{d}z=\int_0^a \mathrm{d}z\int_0^{\sqrt{a^2-z^2}}\mathrm{d}r\int_0^{2\pi} zr\mathrm{d}\varphi$$

$$=2\pi\int_0^a \mathrm{d}z\int_0^{\sqrt{a^2-z^2}} zr\mathrm{d}r=2\pi\int_0^a z\left[\frac{r^2}{2}\right]_{r=0}^{r=\sqrt{a^2-z^2}}\mathrm{d}z$$

$$=\pi\int_0^a (a^2-z^2)z\mathrm{d}z=\frac{\pi a^4}{4}.$$

注意:这样在计算上比以前用直角坐标稍稍简单.

例 3 设有一物体,由一圆锥以及与这一锥体共底的半球拼成(图 9.14),而锥的高等于它的底的半径 a.求这物体对 z 轴的惯性矩.这里设物体的密度是 1.取锥的轴为 z 轴,锥顶为原点.这时转向球面坐标,点(r,θ,φ)对 z 轴的距离平方等于 $r^2\sin^2\theta$.于是所求的惯性矩等于

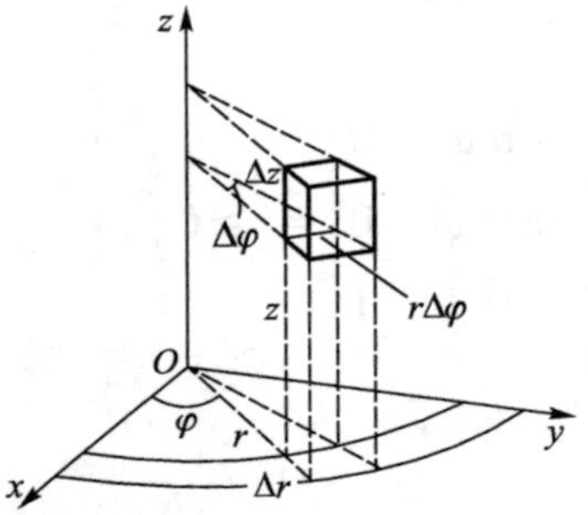

图 9.13

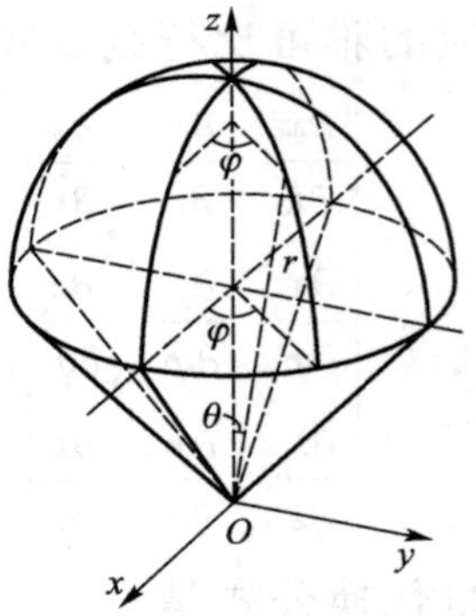

图 9.14

$$J=\iiint_{\Omega} r^2\sin^2\theta r^2\sin\theta\mathrm{d}r\mathrm{d}\theta\mathrm{d}\varphi.$$

对于所考虑的区域 Ω,r 从 0 变到球面上,即变到 $2a\cos\theta$,φ 从 0 到 2π,θ 从 0 到$\frac{\pi}{4}$,因为锥的高等于它的底的半径.于是

$$J=\int_0^{2\pi}\mathrm{d}\varphi\int_0^{\frac{\pi}{4}}\mathrm{d}\theta\int_0^{2a\cos\theta} r^4\sin^3\theta\mathrm{d}r$$

$$= 2\pi \int_0^{\frac{\pi}{4}} \frac{32a^5\cos^5\theta\sin^3\theta}{5}\mathrm{d}\theta$$

$$= \frac{64a^5\pi}{5}\int_0^{\frac{\pi}{4}} \cos^5\theta(1-\cos^2\theta)\,\mathrm{d}(-\cos\theta) = \frac{11}{30}\pi a^5.$$

利用变量代换,往往使得多重积分的计算化简.

例 4 考察在第一象限 $\mathscr{D}$ 中的重积分

$$J = \iint_{\mathscr{D}} \mathrm{e}^{-x-y}x^{p-1}y^{q-1}\mathrm{d}x\mathrm{d}y \quad (p > 0, q > 0).$$

依上述,这等于

$$J = \lim_{R\to\infty}\int_0^R\int_0^R \mathrm{e}^{-x-y}x^{p-1}y^{q-1}\mathrm{d}x\mathrm{d}y$$

$$= \lim_{R\to\infty}\int_0^R \mathrm{e}^{-x}x^{p-1}\mathrm{d}x \lim_{R\to\infty}\int_0^R \mathrm{e}^{-y}y^{q-1}\mathrm{d}y$$

$$= \int_0^\infty \mathrm{e}^{-x}x^{p-1}\mathrm{d}x\int_0^\infty \mathrm{e}^{-y}y^{q-1}\mathrm{d}y = \Gamma(p)\Gamma(q),$$

这里 $\Gamma(p)$ 乃是在第五章中引进的 Γ 函数.

另一方面,使用变换

$$x+y=u, \quad x=uv,$$

也就是

$$x=uv, \quad y=u(1-v),$$

或

$$u=x+y, \quad v=\frac{x}{x+y},$$

xOy 平面的第一象限 $0<x<\infty$, $0<y<\infty$ 一对一地变成 uOv 平面的 $0<u<\infty$, $0<v<1$ (图 9.15),这里的雅可比行列式是

$$\begin{vmatrix} \dfrac{\partial x}{\partial u} & \dfrac{\partial y}{\partial u} \\ \dfrac{\partial x}{\partial v} & \dfrac{\partial y}{\partial v} \end{vmatrix} = \begin{vmatrix} v & 1-v \\ u & -u \end{vmatrix} = -u.$$

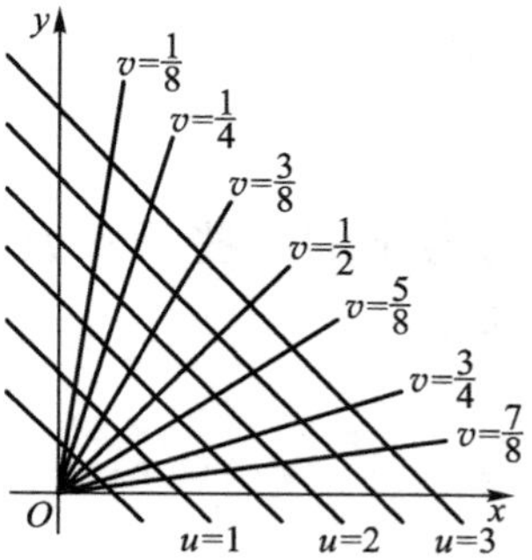

图 9.15

于是依重积分的变量代换公式,得到

$$\begin{aligned} J &= \int_0^{\infty} \mathrm{d}u \int_0^1 \mathrm{e}^{-u}(uv)^{p-1}u^{q-1}(1-v)^{q-1}u\mathrm{d}v \\ &= \int_0^{\infty} \mathrm{e}^{-u}u^{p+q-1}\mathrm{d}u \int_0^1 v^{p-1}(1-v)^{q-1}\mathrm{d}v \\ &= \Gamma(p+q)\mathrm{B}(p,q), \end{aligned}$$

这里的 $\mathrm{B}(q,p)$ 称为 B 函数①. 由此得出 B 函数与 Γ 函数的关系

$$\mathrm{B}(p,q)=\frac{\Gamma(p)\Gamma(q)}{\Gamma(p+q)}.$$

有了二重和三重积分之后,不难借 n 维空间的语言定义 n 重积分

$$\int_{\Omega} f(\boldsymbol{x})\,\mathrm{d}\omega = \overbrace{\int\cdots\int_{\Omega}}^{n} f(\xi_1,\xi_2,\cdots,\xi_n)\,\mathrm{d}\xi_1\mathrm{d}\xi_2\cdots\mathrm{d}\xi_n,$$

这里不详述. 这种积分在统计力学中是常出现的.

例 5 求 n 维单纯形 Γ_n:

$$\xi_1 \geqslant 0,\quad \cdots,\quad \xi_n \geqslant 0,\quad \xi_1+\xi_2+\cdots+\xi_n \leqslant 1$$

的 n 维体积.

注意这里的 n 维体积 V 只是借用的几何术语,是指 n 重积分

$$(6)\qquad \begin{aligned} V &= \overbrace{\int\cdots\int_{\Gamma_n}}^{n} \mathrm{d}\xi_1\mathrm{d}\xi_2\cdots\mathrm{d}\xi_n \\ &= \int_0^1 \mathrm{d}\xi_1 \int_0^{1-\xi_1} \mathrm{d}\xi_2 \cdots \int_0^{1-\xi_1-\xi_2-\cdots-\xi_{n-1}} \mathrm{d}\xi_n. \end{aligned}$$

我们也常用下列记号表示这个积分:

$$V^{(n)} = \overbrace{\int\cdots\int}^{n}_{\substack{\xi_1\geqslant 0,\cdots,\xi_n\geqslant 0,\\ \xi_1+\cdots+\xi_n\leqslant 1}} \mathrm{d}\xi_1\mathrm{d}\xi_2\cdots\mathrm{d}\xi_n,$$

积分号下的一些等式或不等式表示用来规定所考虑的区域的条件. 如果令

① 这里对反常积分也引用了上面的变量代换公式. 利用反常重积分的定义,严格证明并不困难,这里从略. 详见菲赫金哥尔茨《微积分学教程》第三卷第一分册第十六章 §5.

$$V_h^{(n)} = \overbrace{\int\cdots\int}^{n}_{\substack{\xi_1\geqslant 0,\cdots,\xi_n\geqslant 0,\\ \xi_1+\cdots+\xi_n\leqslant h}} \mathrm{d}\xi_1\mathrm{d}\xi_2\cdots\mathrm{d}\xi_n,$$

并使用代换 $\xi_1=h\xi_1',\xi_2=h\xi_2',\cdots,\xi_n=h\xi_n'$,得

$$\begin{aligned}V_h^{(n)} &= \int_0^h \mathrm{d}\xi_1\int_0^{h-\xi_1}\mathrm{d}\xi_2\cdots\int_0^{h-\xi_1-\xi_2-\cdots-\xi_{n-1}}\mathrm{d}\xi_n\\ &= h^n\int_0^1\mathrm{d}\xi_1'\int_0^{1-\xi_1'}\mathrm{d}\xi_2'\cdots\int_0^{1-\xi_1'-\xi_2'-\cdots-\xi_{n-1}'}\mathrm{d}\xi_n' = h^nV^{(n)}.\end{aligned}$$

为了求 $V^{(n)}$,我们先求出递推公式.事实上,

$$\begin{aligned}V^{(n)} &= \int_0^1\mathrm{d}\xi_n \overbrace{\int\cdots\int}^{n-1}_{\substack{\xi_1\geqslant 0,\cdots,\xi_{n-1}\geqslant 0,\\ \xi_1+\cdots+\xi_{n-1}\leqslant 1-\xi_n}}\mathrm{d}\xi_1\cdots\mathrm{d}\xi_{n-1}\\ &= \int_0^1(1-\xi_n)^{n-1}V^{(n-1)}\mathrm{d}\xi_n = V^{(n-1)}\cdot\frac{1}{n},\end{aligned}$$

从而

$$V^{(n)}=\frac{1}{n!},\quad V_h^{(n)}=\frac{h^n}{n!}.$$

例 6 求 n 维球体 $\xi_1^2+\xi_2^2+\cdots+\xi_n^2\leqslant a^2$ 的 n 维体积 V_n.这时

$$V_n = \overbrace{\int\cdots\int}^{n}_{\xi_1^2+\cdots+\xi_n^2\leqslant a^2}\mathrm{d}\xi_1\mathrm{d}\xi_2\cdots\mathrm{d}\xi_n.$$

用变量代换

$$\xi_1=a\xi_1',\quad \xi_2=a\xi_2',\quad \cdots,\quad \xi_n=a\xi_n',$$

由直观可得 $V_n=a^n\omega_n$,ω_n 表示半径为 1 的 n 维球的体积(正式证明见下面的例 7).注意

$$\begin{aligned}\omega_n &= \overbrace{\int\cdots\int}^{n}_{\xi_1^2+\cdots+\xi_n^2\leqslant 1}\mathrm{d}\xi_1\mathrm{d}\xi_2\cdots\mathrm{d}\xi_n\\ &= \int_{-1}^1\mathrm{d}\xi_n\overbrace{\int\cdots\int}^{n-1}_{\xi_1^2+\cdots+\xi_{n-1}^2\leqslant 1-\xi_n^2}\mathrm{d}\xi_1\cdots\mathrm{d}\xi_{n-1}\end{aligned}$$

$$=\int_{-1}^{1}(1-\xi_n^2)^{\frac{n-1}{2}}\omega_{n-1}\mathrm{d}\xi_n.$$

引用代换 $\xi_n=\cos\theta$,可得

$$\omega_n=2\omega_{n-1}\int_0^{\frac{\pi}{2}}\sin^n\theta\mathrm{d}\theta=\omega_{n-1}\cdot\sqrt{\pi}\frac{\Gamma\left(\frac{n+1}{2}\right)}{\Gamma\left(\frac{n+2}{2}\right)},$$

这由第五章的结果以及前节中关于 $\Gamma\left(\frac{k}{2}\right)$ 的值的附注不难看出.特别地,一维单位球的一维体积就是区间 $[-1,1]$ 的长度,从而等于 2,于是

$$\omega_n=\pi^{\frac{n}{2}}\frac{1}{\Gamma\left(\frac{n}{2}+1\right)}.$$

由此得

$$V_n=a^n\pi^{\frac{n}{2}}\frac{1}{\Gamma\left(\frac{n}{2}+1\right)}.$$

特别地,令 $n=2,3$,就得出熟知的圆面积和球体积公式

$$V_2=\pi a^2\cdot\frac{1}{\Gamma(2)}=\pi a^2,$$

$$V_3=a^3\pi^{\frac{3}{2}}\cdot\frac{1}{\Gamma\left(\frac{3}{2}+1\right)}=a^3\pi^{\frac{3}{2}}\frac{1}{\frac{3}{2}\frac{\sqrt{\pi}}{2}}=\frac{4\pi a^3}{3}.$$

关于 n 重积分,也有相应的变量代换公式.事实上,如果利用变换 $\boldsymbol{x}=\boldsymbol{T}(\boldsymbol{y})$ 由变量 $\boldsymbol{x}=(\xi_1,\xi_2,\cdots,\xi_n)$ 转向变量 $\boldsymbol{y}=(\eta_1,\eta_2,\cdots,\eta_n)$,原来的积分区域 $\mathscr{D}$ 变成区域 $\mathscr{D}_1$,而相应的雅可比行列式是

$$\Delta=J\left(\frac{\xi_1,\xi_2,\cdots,\xi_n}{\eta_1,\eta_2,\cdots,\eta_n}\right)=\det\left(\frac{\partial\xi_i}{\partial\eta_k}\right)\quad(1\leqslant i,k\leqslant n),$$

我们有公式

$$\overbrace{\int\cdots\int_{\mathscr{D}}}^{n}f(\xi_1,\xi_2,\cdots,\xi_n)\mathrm{d}\xi_1\mathrm{d}\xi_2\cdots\mathrm{d}\xi_n$$

$$=\overbrace{\int\cdots\int_{\mathscr{D}_1}}^{n} f_1(\eta_1,\eta_2,\cdots,\eta_n)\,|\Delta|\,\mathrm{d}\eta_1\mathrm{d}\eta_2\cdots\mathrm{d}\eta_n,$$

这里

$$f_1(\eta_1,\eta_2,\cdots,\eta_n)$$
$$=f(\xi_1(\eta_1,\eta_2,\cdots,\eta_n),\xi_2(\eta_1,\eta_2,\cdots,\eta_n),\cdots,\xi_n(\eta_1,\eta_2,\cdots,\eta_n)).$$

例 7 我们仿三维空间中的球面坐标引入 n 维空间的球面坐标(r, $\varphi_1,\varphi_2,\cdots,\varphi_{n-1}$),这些坐标与 n 维直角坐标($\xi_1,\xi_2,\cdots,\xi_n$)的关系是

$$\xi_1=r\cos\varphi_1,\quad \xi_2=r\sin\varphi_1\cos\varphi_2,$$
$$\xi_3=r\sin\varphi_1\sin\varphi_2\cos\varphi_3,\cdots,$$
$$\xi_{n-1}=r\sin\varphi_1\sin\varphi_2\cdots\sin\varphi_{n-2}\cos\varphi_{n-1},$$
$$\xi_n=r\sin\varphi_1\sin\varphi_2\cdots\sin\varphi_{n-2}\sin\varphi_{n-1}.$$

n 维球体 $\xi_1^2+\xi_2^2+\cdots+\xi_n^2\leqslant a^2$ 化成($r,\varphi_1,\varphi_2,\cdots,\varphi_{n-1}$)空间的区域

$$0\leqslant r\leqslant a,\quad 0\leqslant\varphi_1\leqslant\pi,\cdots,0\leqslant\varphi_{n-2}\leqslant\pi,0\leqslant\varphi_{n-1}\leqslant 2\pi.$$

这个变换的雅可比行列式是

$$(7)\qquad \Delta=r^{n-1}\begin{vmatrix}\cos\varphi_1 & \sin\varphi_1\cos\varphi_2 & \cdots & \sin\varphi_1\sin\varphi_2\cdots\sin\varphi_{n-1}\\ -\sin\varphi_1 & \cos\varphi_1\cos\varphi_2 & \cdots & \cos\varphi_1\sin\varphi_2\cdots\sin\varphi_{n-1}\\ 0 & -\sin\varphi_1\sin\varphi_2 & \cdots & \sin\varphi_1\cos\varphi_2\cdots\sin\varphi_{n-1}\\ \vdots & \vdots & & \vdots\\ 0 & 0 & \cdots & \sin\varphi_1\sin\varphi_2\cdots\cos\varphi_{n-1}\end{vmatrix},$$

把第 1 行的$\dfrac{\sin\varphi_1}{\cos\varphi_1}$倍加到第 2 行上去,得

$$\Delta=r^{n-1}\begin{vmatrix}\cos\varphi_1 & \sin\varphi_1\cos\varphi_2 & \cdots & \sin\varphi_1\sin\varphi_2\cdots\sin\varphi_{n-1}\\ 0 & \dfrac{1}{\cos\varphi_1}\cos\varphi_2 & \cdots & \dfrac{1}{\cos\varphi_1}\sin\varphi_2\cdots\sin\varphi_{n-1}\\ 0 & -\sin\varphi_1\sin\varphi_2 & \cdots & \sin\varphi_1\cos\varphi_2\cdots\sin\varphi_{n-1}\\ \vdots & \vdots & & \vdots\\ 0 & 0 & \cdots & \sin\varphi_1\sin\varphi_2\cdots\cos\varphi_{n-1}\end{vmatrix}$$

$$(8)\qquad = r^{n-1}\sin^{n-2}\varphi_1\begin{vmatrix} \cos\varphi_2 & \cdots & \sin\varphi_2\cdots\sin\varphi_{n-1} \\ -\sin\varphi_2 & \cdots & \cos\varphi_2\cdots\sin\varphi_{n-1} \\ \vdots & & \vdots \\ 0 & \cdots & \sin\varphi_2\cdots\cos\varphi_{n-1} \end{vmatrix}.$$

注意(8)中右边的行列式只比(7)中右边的行列式少一行一列,从它的各元的形式看来与那个行列式是相同的,从而用数学归纳法不难看出

$$(9)\qquad \Delta = r^{n-1}\sin^{n-2}\varphi_1\sin^{n-3}\varphi_2\cdots\sin\varphi_{n-2}.$$

事实上,令上面等式(8)右边的 $n-1$ 阶行列式等于

$$\sin^{n-3}\varphi_2\sin^{n-4}\varphi_3\cdots\sin\varphi_{n-2},$$

那么由(8)可知(9)的确成立.但对于 $n=3$ 的情形,(9)已经证明过了.于是(9)一般地成立.

特别在计算形如下式的多重积分时,上述变换是有用的.考察积分

$$J = \overbrace{\int\cdots\int}^{n}_{\xi_1^2+\cdots+\xi_n^2\leqslant a^2} f\left(\sqrt{\xi_1^2+\xi_2^2+\cdots+\xi_n^2}\right)\mathrm{d}\xi_1\mathrm{d}\xi_2\cdots\mathrm{d}\xi_n.$$

利用上述变换,这个积分化成

$$J = \int_0^a r^{n-1}f(r)\,\mathrm{d}r\int_0^\pi \sin^{n-2}\varphi_1\,\mathrm{d}\varphi_1\cdots$$
$$\int_0^\pi \sin^2\varphi_{n-3}\,\mathrm{d}\varphi_{n-3}\int_0^\pi \sin\varphi_{n-2}\,\mathrm{d}\varphi_{n-2}\int_0^{2\pi}\mathrm{d}\varphi_{n-1}.$$

利用以前证得的结果

$$\int_0^\pi \sin^{p-1}\varphi\,\mathrm{d}\varphi = 2\int_0^{\frac{\pi}{2}}\sin^{p-1}\varphi\,\mathrm{d}\varphi = \sqrt{\pi}\,\frac{\Gamma\left(\frac{p}{2}\right)}{\Gamma\left(\frac{p+1}{2}\right)},$$

可得

$$J = 2\,\frac{\pi^{\frac{n}{2}}}{\Gamma\left(\frac{n}{2}\right)}\int_0^a r^{n-1}f(r)\,\mathrm{d}r.$$

于是问题化成单变量函数的积分的计算了.

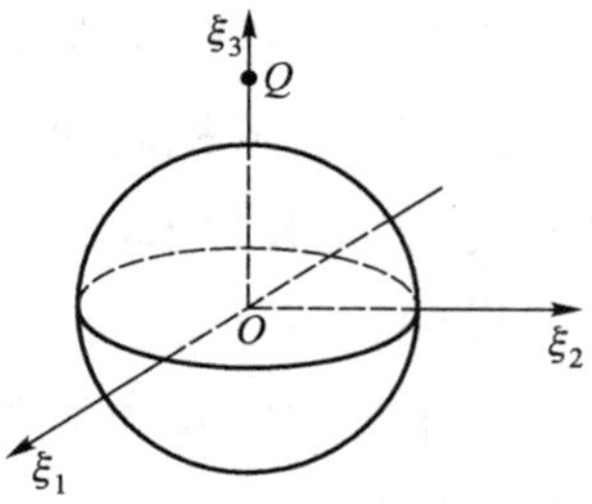

图 9.16

例 8 引力计算 设有一均匀球,其球心是 O,半径是 a.设考察这个球体对于球外一点 Q 的引力势.今取球心为原点,取 OQ 为 ξ_3 轴(图 9.16).于是球中环绕一点 $\boldsymbol{x}=(\xi_1,\xi_2,\xi_3)$ 的小体积 $\Delta\omega$ 对 Q 点作用的引力势等于

$$\frac{k\rho\Delta\omega}{\|\boldsymbol{x}-\boldsymbol{z}\|},$$

$\boldsymbol{z}$ 表示 Q 点的矢量 $\overrightarrow{OQ}$.于是总引力势等于形如上式的许多项之和的极限,从而等于

$$\int_\Omega \frac{k\rho\,\mathrm{d}\omega}{\|\boldsymbol{x}-\boldsymbol{z}\|}=k\rho\int_\Omega \frac{\mathrm{d}\omega}{\sqrt{\xi_1^2+\xi_2^2+(\xi_3-b)^2}},$$

这里 $Q=(0,0,b)$.Ω 为所考虑的球体.化成柱面坐标,得

$$\iiint_\Omega \frac{r\mathrm{d}r\mathrm{d}\theta\mathrm{d}z}{\sqrt{r^2+(z-b)^2}}=\int_0^{2\pi}\mathrm{d}\theta\int_{-a}^{a}\mathrm{d}z\int_0^{\sqrt{a^2-z^2}}\frac{r\mathrm{d}r}{\sqrt{r^2+(z-b)^2}}$$

$$=2\pi\int_{-a}^{a}\left[r^2+(z-b)^2\right]^{\frac{1}{2}}\Big|_{r=0}^{r=\sqrt{a^2-z^2}}\mathrm{d}z$$

$$=2\pi\int_{-a}^{a}\left[(a^2+b^2-2bz)^{\frac{1}{2}}-(b-z)\right]\mathrm{d}z=\frac{4\pi a^3}{3b}.$$

所以作用于离球心为 b 的点处的引力势是

$$\frac{4\pi a^3}{3}\cdot\rho k\cdot\frac{1}{b}=\frac{\mu k}{b},$$

μ 表示球的总质量.这正是说,球的引力与球的整个质量集于球心这一质点所产生的引力一样.

§4 曲面的表面积

在 §1 中已经对平面区域的面积作了较细致的分析.在平常各方

面的需要中，还要涉及曲面的表面积.例如地球上一块较大区域(例如一个国家)的面积就是一块曲面的表面积.本节讨论具有某些性质的曲面的表面积的求法.

设曲面 S 上遍处有法线，并且 S 上各点的法线都不与 z 轴垂直.又设平行于 z 轴的每条直线与这曲面至多交于一个点.这时，曲面上每个点的 z 坐标由这点的 x,y 坐标决定，即曲面可以用方程

$$z=f(x,y) \tag{1}$$

表示，并且 $f(x,y)$ 是在某区域 $\mathscr{D}$($\mathscr{D}$ 正是曲面 S 在 xOy 平面上的投影，换句话说，$\mathscr{D}$ 由 S 上各点到 xOy 平面上垂线的垂足组成)上的连续函数.既然设曲面遍处有法线，我们设在 $\mathscr{D}$ 中 $f(x,y)$ 遍处有微商 f'_x, f'_y.如果曲面足够光滑，我们设 f'_x, f'_y 在 $\mathscr{D}$ 上连续，并且由 S 上每点所作指向上方的法线与 z 轴正向所夹的角总是锐角.由第七章知道法线方向 $\boldsymbol{n}$ 由矢量 $(-f'_x,-f'_y,1)$ 决定，从而法线方向与 z 轴(方向是 $(0,0,1)$)之间的夹角余弦等于

$$\cos(\boldsymbol{n},z)=\frac{1}{\sqrt{1+f'^2_x+f'^2_y}}.$$

把 $\mathscr{D}$ 分成有穷多块有面积的小区域 $\sigma_i(i=1,2,\cdots,n)$，而作以 σ_i 为底的柱体，这柱体在曲面 S 上截出一小块曲面 $\mathscr{G}_i$ $(i=1,2,\cdots,n)$，如图 9.17.如果 $\mathscr{D}$ 的分割足够细，相应的小块曲面的弯曲程度很小[①]，我们可以把 $\mathscr{G}_i$ 看作是平面区域 $\mathscr{G}'_i$.这个平面区域在 xOy 平面上的投影是 σ_i.取 $\mathscr{G}_i$ 中的一点 $P_i(\xi_i,\eta_i,\zeta_i)$，从而 (ξ_i,η_i) 是 σ_i 中的一点.那么，S 上在点 P_i 处的法线 n_i 与 z 轴正向的夹角等于 $\mathscr{G}'_i$ 所在平面与 xOy 平面的夹角，从而[②]

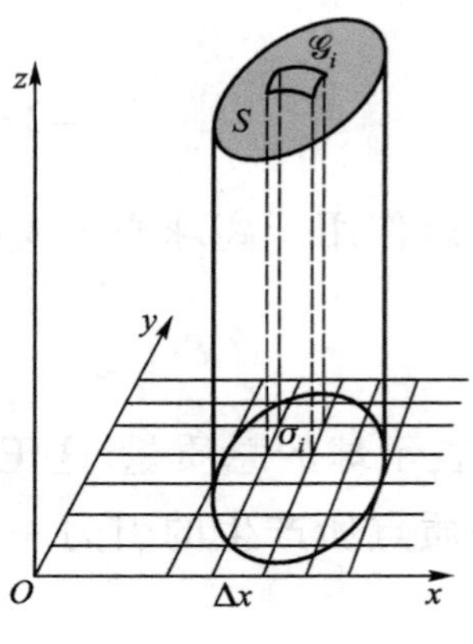

图 9.17

$$\sigma_i=\mathscr{G}'_i\cos(n_i,z),$$

① 这里不去追究弯曲程度如何量测.这个问题将留待本书的第二卷.

② 对于边平行于坐标轴的长方形 σ_i，这不难看出，而对于一般有面积的区域 σ_i，可以用极限证明，这里从略.

这里

$$\cos(n_i,z)=\frac{1}{\sqrt{1+f_x'(\xi_i,\eta_i)^2+f_y'(\xi_i,\eta_i)^2}}.$$

于是 S 的面积近似地等于和

(2) $$\sum_i \mathscr{G}_i'=\sum_i \sqrt{1+f_x'(\xi_i,\eta_i)^2+f_y'(\xi_i,\eta_i)^2}\,\sigma_i.$$

$\mathscr{D}$ 的分割愈细,一般上面的和(2)也就愈接近 S 的面积,从而取(2)当无限细分 $\mathscr{D}$ 时的极限值,那么 S 的面积就等于重积分

(3) $$\int_{\mathscr{D}}\sqrt{1+f_x'^2+f_y'^2}\,\mathrm{d}\sigma.$$

在上述假定下,如果 $\mathscr{D}$ 是有面积的有界区域,那么这个积分是存在的(§2).式

$$\sqrt{1+f_x'^2+f_y'^2}\,\mathrm{d}x\mathrm{d}y$$

叫做曲面 S 上的面积元素.

注 1) 上面讨论的曲面必须是双侧曲面,换句话说,取曲面上任意一点,从这点出发沿曲面上任意一条闭曲线绕行一周再回到这点时,动点处的曲面法线还回到原来的位置与方向,只要这个闭曲线不通过曲面的边缘.但注意:很容易作一单侧曲面.取一长方形 $ABCD$,如果把两头的边 AB 与 CD 粘在一起,但使 A 与 C 重合,B 与 D 重合(而不是令 A 与 D,B 与 C 重合 ,那样得出的是圆柱),就得到这样的单侧曲面,叫做默比乌斯(Möbius)带(图 9.18).这种曲面的特点乃是,如果把它着色时,不越过它的边缘就可以把它整个涂上同样颜色,也就是说,这种曲面不分表里.

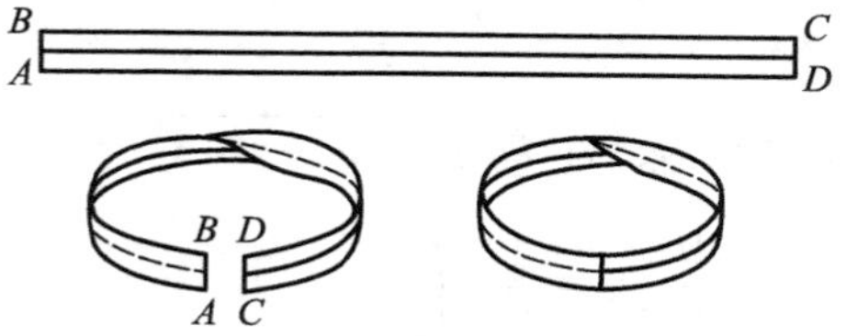

图 9.18

2) 如果平行于 z 轴的直线与曲面相交于两个以上的点,我们往往可以把曲面分成几片,使每片合乎上述要求,分头求出各片面积再

相加.

3）在得出求曲面表面积的公式(3)时，曾首先选定 z 轴.这实际上要看具体情况怎样方便.例如也可能平行于 x 轴方向的直线只与曲面至多相交于一点，从而我们把 S 投影在 yOz 平面上成为区域 $\mathscr{D}_1$，而 S 用方程 $x=g(y,z)$，$(y,z)\in\mathscr{D}_1$ 来表示.于是仿效上述的考虑，在相应的假定下也可以得出公式

$$S=\iint_{\mathscr{D}_1}\sqrt{1+g_y'^2+g_z'^2}\,\mathrm{d}y\mathrm{d}z.$$

同样还可以得到一个按变量 z,x 积分的公式.

例 1　今求以 a 为半径的球面表面积.取球心为原点，球面方程是

$$x^2+y^2+z^2=a^2.$$

由球的对称性，整个球面表面积等于它在第一卦限中的那一块的表面积的八倍.在这一卦限中，球面方程是

$$z=\sqrt{a^2-x^2-y^2}\quad(\xlongequal{\text{记为}}f(x,y)),$$

积分区域 $\mathscr{D}$ 是

$$x^2+y^2\leqslant a^2,\quad 0\leqslant x\leqslant a,\quad 0\leqslant y\leqslant a.$$

于是

$$f_x'=\frac{-x}{\sqrt{a^2-x^2-y^2}},\quad f_y'=\frac{-y}{\sqrt{a^2-x^2-y^2}},$$

而球面表面积是

$$S=8\iint_{\mathscr{D}}\sqrt{1+\frac{x^2+y^2}{a^2-x^2-y^2}}\,\mathrm{d}x\mathrm{d}y=8\iint_{\mathscr{D}}\frac{a}{z}\mathrm{d}x\mathrm{d}y.$$

使用 xOy 平面中的极坐标，注意 $z=\sqrt{a^2-x^2-y^2}=\sqrt{a^2-r^2}$，得

$$S=8a\int_0^{\frac{\pi}{2}}\mathrm{d}\theta\int_0^a\frac{r\mathrm{d}r}{\sqrt{a^2-r^2}}=8a\int_0^{\frac{\pi}{2}}\left(-\sqrt{a^2-r^2}\right)\Big|_{r=0}^{r=a}\mathrm{d}\theta=4\pi a^2,$$

这正是熟知的结果.

例 2　设有一建筑物，房基是正方形，而房顶是球状薄壳.求房顶的表面积.

设球半径是 a，正方形边长是 $2b$.不难看出 $2b^2\leqslant a^2$.取球心为坐标原点，而 xOy 平面平行于房基(图 9.19)，那么球面的方程是

$$x^2+y^2+z^2=a^2,$$

或

$$z=f(x,y)\xlongequal{\text{def}}\sqrt{a^2-x^2-y^2},$$

而所求的乃是积分

$$S=4\iint_{\mathscr{D}}\sqrt{1+f_x'^2+f_y'^2}\,\mathrm{d}x\mathrm{d}y,$$

$\mathscr{D}$ 表示正方形 $0\leqslant x\leqslant b,0\leqslant y\leqslant b$.但

$$f_x'=\frac{-x}{\sqrt{a^2-x^2-y^2}},\quad f_y'=\frac{-y}{\sqrt{a^2-x^2-y^2}},$$

从而

$$\begin{aligned}S&=4\int_0^b\int_0^b\sqrt{1+\frac{x^2+y^2}{a^2-x^2-y^2}}\,\mathrm{d}x\mathrm{d}y\\&=4\int_0^b\int_0^b\frac{a}{\sqrt{a^2-x^2-y^2}}\mathrm{d}x\mathrm{d}y.\end{aligned}$$

这个积分的计算比较繁难，我们可以用近似法求出.

例 3 求柱面 $x^2+y^2=a^2$ 被柱面 $y^2+z^2=a^2$ 截下的一部分的面积.

这里，比较方便的是把 x 看作 y,z 的函数.图 9.20 上所画出的面积乃是所求的面积的八分之一.这时曲面方程是

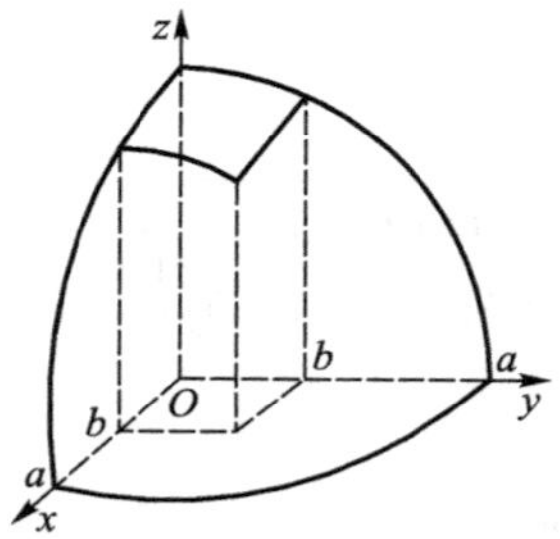

图 9.19

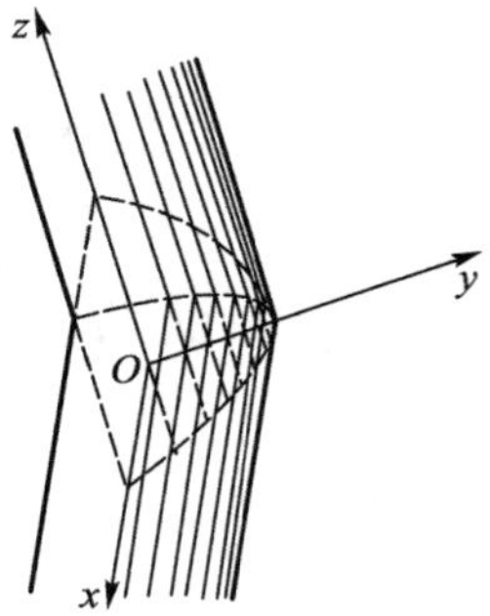

图 9.20

$$x=\sqrt{a^2-y^2},$$

而积分区域是 yOz 平面中的 $\mathscr{D}$: $y^2+z^2\leqslant a^2, y\geqslant 0, z\geqslant 0$. 由于

$$\frac{\partial x}{\partial y}=-\frac{y}{\sqrt{a^2-y^2}},\quad \frac{\partial x}{\partial z}=0,$$

所以,所求的面积 S 是

$$\begin{aligned}
S &= 8\iint_{\mathscr{D}}\sqrt{1+\frac{y^2}{a^2-y^2}}\,\mathrm{d}y\mathrm{d}z\\
&= 8a\int_0^a \mathrm{d}z\int_0^{\sqrt{a^2-z^2}}\frac{1}{\sqrt{a^2-y^2}}\mathrm{d}y\\
&= 8a\int_0^a \arcsin\frac{\sqrt{a^2-z^2}}{a}\mathrm{d}z\\
&= 8a\left[\left(z\arcsin\frac{\sqrt{a^2-z^2}}{a}\right)\Bigg|_{z=0}^{z=a}+\int_0^a\frac{z}{\sqrt{a^2-z^2}}\mathrm{d}z\right]\\
&= \left(-8a\sqrt{a^2-z^2}\right)\Big|_{z=0}^{z=a}=8a^2.
\end{aligned}$$

利用上一节变量代换的公式,可以得出曲面表面积的一个一般的公式.引用曲面的参数方程

$$x=x(u,v)\quad y=y(u,v),\quad z=z(u,v).$$

这时

$$\frac{\partial z}{\partial x}=\frac{\partial z}{\partial u}\frac{\partial u}{\partial x}+\frac{\partial z}{\partial v}\frac{\partial v}{\partial x},\quad \frac{\partial z}{\partial y}=\frac{\partial z}{\partial u}\frac{\partial u}{\partial y}+\frac{\partial z}{\partial v}\frac{\partial v}{\partial y}.$$

于是

$$\begin{aligned}
B &\xlongequal{\text{def}}\sqrt{1+\left(\frac{\partial z}{\partial x}\right)^2+\left(\frac{\partial z}{\partial y}\right)^2}\\
&=\sqrt{1+\left(\frac{\partial z}{\partial u}\frac{\partial u}{\partial x}+\frac{\partial z}{\partial v}\frac{\partial v}{\partial x}\right)^2+\left(\frac{\partial z}{\partial u}\frac{\partial u}{\partial y}+\frac{\partial z}{\partial v}\frac{\partial v}{\partial y}\right)^2}.
\end{aligned}$$

于是表面积等于

$$\iint_{\mathscr{D}_1}B\,|\,\Delta\,|\,\mathrm{d}u\mathrm{d}v,$$

这里 $\mathscr{D}_1$ 表示相应的 uOv 平面的积分区域.但注意雅可比行列式 Δ 乃

是

$$\Delta=\begin{vmatrix}\dfrac{\partial x}{\partial u} & \dfrac{\partial y}{\partial u}\\ \dfrac{\partial x}{\partial v} & \dfrac{\partial y}{\partial v}\end{vmatrix}.$$

注意

$$\begin{pmatrix}\dfrac{\partial u}{\partial x} & \dfrac{\partial v}{\partial x}\\ \dfrac{\partial u}{\partial y} & \dfrac{\partial v}{\partial y}\end{pmatrix}=\begin{pmatrix}\dfrac{\partial x}{\partial u} & \dfrac{\partial y}{\partial u}\\ \dfrac{\partial x}{\partial v} & \dfrac{\partial y}{\partial v}\end{pmatrix}^{-1}=\begin{pmatrix}\dfrac{\partial y}{\partial v} & -\dfrac{\partial y}{\partial u}\\ -\dfrac{\partial x}{\partial v} & \dfrac{\partial x}{\partial u}\end{pmatrix}\Bigg/\begin{vmatrix}\dfrac{\partial x}{\partial u} & \dfrac{\partial y}{\partial u}\\ \dfrac{\partial x}{\partial v} & \dfrac{\partial y}{\partial v}\end{vmatrix},$$

于是

$$\frac{\partial y}{\partial v}=\frac{\partial u}{\partial x}\Delta,\quad \frac{\partial y}{\partial u}=-\frac{\partial v}{\partial x}\Delta,\quad \frac{\partial x}{\partial v}=-\frac{\partial u}{\partial y}\Delta,\quad \frac{\partial x}{\partial u}=\frac{\partial v}{\partial y}\Delta,$$

从而

$$\begin{aligned}B^2\mid\Delta\mid^2&=\left(\frac{\partial x}{\partial u}\frac{\partial y}{\partial v}-\frac{\partial x}{\partial v}\frac{\partial y}{\partial u}\right)^2+\left(\frac{\partial z}{\partial u}\frac{\partial y}{\partial v}-\frac{\partial z}{\partial v}\frac{\partial y}{\partial u}\right)^2+\left(\frac{\partial z}{\partial u}\frac{\partial x}{\partial v}-\frac{\partial z}{\partial v}\frac{\partial x}{\partial u}\right)^2\\&=\left[\left(\frac{\partial x}{\partial u}\right)^2+\left(\frac{\partial y}{\partial u}\right)^2+\left(\frac{\partial z}{\partial u}\right)^2\right]\left[\left(\frac{\partial x}{\partial v}\right)^2+\left(\frac{\partial y}{\partial v}\right)^2+\left(\frac{\partial z}{\partial v}\right)^2\right]-\\&\quad\left(\frac{\partial x}{\partial u}\frac{\partial x}{\partial v}+\frac{\partial y}{\partial u}\frac{\partial y}{\partial v}+\frac{\partial z}{\partial u}\frac{\partial z}{\partial v}\right)^2.\end{aligned}$$

令

$$E=\left(\frac{\partial x}{\partial u}\right)^2+\left(\frac{\partial y}{\partial u}\right)^2+\left(\frac{\partial z}{\partial u}\right)^2,\quad F=\frac{\partial x}{\partial u}\frac{\partial x}{\partial v}+\frac{\partial y}{\partial u}\frac{\partial y}{\partial v}+\frac{\partial z}{\partial u}\frac{\partial z}{\partial v},$$

$$G=\left(\frac{\partial x}{\partial v}\right)^2+\left(\frac{\partial y}{\partial v}\right)^2+\left(\frac{\partial z}{\partial v}\right)^2.$$

于是曲面表面积可以写成

$$\iint_{\mathscr{D}_1}\sqrt{EG-F^2}\,\mathrm{d}u\mathrm{d}v.$$

E,F,G 的意义将在以后的曲面理论中再讨论.

例 4 化成球面坐标 r,θ,φ:

$$x=r\sin\theta\cos\varphi,\quad y=r\sin\theta\sin\varphi,\quad z=r\cos\theta$$

$$(r\geqslant 0,0\leqslant\theta\leqslant\pi,0\leqslant\varphi\leqslant 2\pi).$$

如果把曲面方程写作 $r=r(\theta,\varphi)$，r 是 θ 与 φ 的函数.于是(令 u,v 各为 θ,φ)：

$$\frac{\partial x}{\partial\theta}=\left(\frac{\partial r}{\partial\theta}\sin\theta+r\cos\theta\right)\cos\varphi,$$

$$\frac{\partial x}{\partial\varphi}=\left(\frac{\partial r}{\partial\varphi}\cos\varphi-r\sin\varphi\right)\sin\theta,$$

$$\frac{\partial y}{\partial\theta}=\left(\frac{\partial r}{\partial\theta}\sin\theta+r\cos\theta\right)\sin\varphi,$$

$$\frac{\partial y}{\partial\varphi}=\left(\frac{\partial r}{\partial\varphi}\sin\varphi+r\cos\varphi\right)\sin\theta,$$

$$\frac{\partial z}{\partial\theta}=\left(\frac{\partial r}{\partial\theta}\cos\theta-r\sin\theta\right),$$

$$\frac{\partial z}{\partial\varphi}=\frac{\partial r}{\partial\varphi}\cos\theta,$$

从而

$$E=\left(\frac{\partial x}{\partial\theta}\right)^2+\left(\frac{\partial y}{\partial\theta}\right)^2+\left(\frac{\partial z}{\partial\theta}\right)^2=\left(\frac{\partial r}{\partial\theta}\right)^2+r^2,$$

$$F=\frac{\partial r}{\partial\theta}\frac{\partial r}{\partial\varphi},$$

$$G=\left(\frac{\partial r}{\partial\varphi}\right)^2+r^2\sin^2\theta,$$

$$EG-F^2=\left\{\left[r^2+\left(\frac{\partial r}{\partial\theta}\right)^2\right]\sin^2\theta+\left(\frac{\partial r}{\partial\varphi}\right)^2\right\}r^2.$$

因此在球面坐标系统中求曲面 $r=r(\theta,\varphi)$，$(\theta,\varphi)\in\mathscr{D}_1$ 的表面积的公式乃是

$$S=\iint_{\mathscr{D}_1}\sqrt{\left[r^2+\left(\frac{\partial r}{\partial\theta}\right)^2\right]\sin^2\theta+\left(\frac{\partial r}{\partial\varphi}\right)^2}\,r\mathrm{d}\theta\mathrm{d}\varphi.$$

例如求半径为 a 的球面

$$x^2+y^2+z^2=2az$$

中包含在顶点为原点的锥面 $z^2=3(x^2+y^2)$(即锥的半角是 30°)内的

部分.

化成球面坐标,球面方程是

$$r=2a\cos\theta,$$

于是

$$\frac{\partial r}{\partial\theta}=-2a\sin\theta,\quad \frac{\partial r}{\partial\varphi}=0.$$

所求的面积是

$$S=\iint_{\mathscr{D}_1}4a^2\sin\theta\cos\theta\,\mathrm{d}\theta\,\mathrm{d}\varphi,$$

而 $\mathscr{D}_1$ 是

$$r^2\cos^2\theta=3(r^2\sin^2\theta\cos^2\varphi+r^2\sin^2\theta\sin^2\varphi),$$

即

$$\cos^2\theta=3\sin^2\theta,$$

或 $\theta=\dfrac{\pi}{6}$决定的.从而

$$\begin{aligned}S&=16a^2\int_0^{\frac{\pi}{2}}\mathrm{d}\varphi\int_0^{\frac{\pi}{6}}\sin\theta\cos\theta\,\mathrm{d}\theta\\&=4a^2\,\frac{\pi}{2}(-\cos 2\theta)\Big|_{\theta=0}^{\theta=\frac{\pi}{6}}=\pi a^2.\end{aligned}$$

§5 带参数的函数的积分

在实用中常要考虑到带参数的函数 $f(\boldsymbol{r},t)$ 的积分.例如考虑密度 ρ 随空间(位置矢量 $\boldsymbol{r}$)与时间而变化的流体,那么在这流体中取一部分 Ω,考察它的质量,这个质量可以表示成

(1) $$\int_\Omega\rho(\boldsymbol{r},t)\,\mathrm{d}\Omega.$$

这是一个三重积分,但被积分的函数除依赖于积分运算所涉及的变量 x,y,z 外,还依赖于变量 t,我们称 t 为参数.这个具体例子说明,流体的这一部分 Ω 的质量还依赖于时间.我们要考察这个质量随时间的

变化是否连续,或这个质量按时间的变化率是怎样的.这就是本节讨论的问题.

更进一步,如果所考察的流体的那一部分 Ω 本身也依赖于时间 $t:\Omega=\Omega(t)$,那么所得的质量

$$m(t)=\int_{\Omega(t)}\rho(\boldsymbol{r},t)\,\mathrm{d}\Omega \tag{2}$$

是否连续地依赖于 t? $m(t)$ 按 t 的变化率是怎样的? 下面将解决这几个问题.

对于积分(1),自然会想到,如果 $\rho=\rho(\boldsymbol{r},t)$ 连续地依赖于 t,那么积分(1)也连续地依赖于 t,而且如果 $\dfrac{\partial\rho}{\partial t}$ 存在,那么

$$\frac{\mathrm{d}}{\mathrm{d}t}\int_{\Omega}\rho(\boldsymbol{r},t)\,\mathrm{d}\Omega=\int_{\Omega}\frac{\partial\rho}{\partial t}\mathrm{d}\Omega. \tag{3}$$

式(3)叫做在积分号下取微商的公式.下面将证明,在一定条件下,上述想法确实是正确的.关于积分(2),情形更复杂些.

定理 1 设函数 $f(\boldsymbol{r},t)$ 对于闭区间 $[a,b]$ 中的 t 以及有界闭区域 Ω 中的点 $\boldsymbol{r}$ 有定义,而且在 4 维空间的区域[①] $\Omega\times[a,b]$ 中是连续的.如果偏微商 $f_t'(\boldsymbol{r},t)$ 在 $\Omega\times[a,b]$ 中遍处存在,并且在 $\Omega\times[a,b]$ 中仍是连续的,那么对于 $[a,b]$ 中的任意 t 值,下式成立:

$$\frac{\mathrm{d}}{\mathrm{d}t}\int_{\Omega}f(\boldsymbol{r},t)\,\mathrm{d}\Omega=\int_{\Omega}f_t'(\boldsymbol{r},t)\,\mathrm{d}\Omega. \tag{3'}$$

证 既然 $f(\boldsymbol{r},t)$ 与 $f_t'(\boldsymbol{r},t)$ 在 Ω 中都是连续函数,(3′)中的两个积分都存在.取 $[a,b]$ 中的任意数 t_0,并考察邻近的值 $t_0+\tau$($t_0+\tau$ 仍在 $[a,b]$ 中).令

$$F(t)=\int_{\Omega}f(\boldsymbol{r},t)\,\mathrm{d}\Omega,$$

那么

$$\frac{F(t_0+\tau)-F(t_0)}{\tau}=\int_{\Omega}\frac{f(\boldsymbol{r},t_0+\tau)-f(\boldsymbol{r},t_0)}{\tau}\mathrm{d}\Omega.$$

---

① $\Omega\times[a,b]$ 表示 4 维空间中由满足 $(x,y,z)\in\Omega$ 而 $a\leqslant t\leqslant b$ 的一切点 (x,y,z,t) 所组成的集.

为了证明定理,我们要证明当 $\tau\to 0$ 时,

$$\int_{\Omega}\left[\frac{f(\boldsymbol{r},t_0+\tau)-f(\boldsymbol{r},t_0)}{\tau}-f_t'(\boldsymbol{r},t_0)\right]\mathrm{d}\Omega\to 0.$$

注意依中值定理,

$$\frac{f(\boldsymbol{r},t_0+\tau)-f(\boldsymbol{r},t_0)}{\tau}=f_t'(\boldsymbol{r},t_0+\theta\tau),\quad 0<\theta<1,\tag{4}$$

注意 θ 也依赖于 $\boldsymbol{r}$.既然 f_t' 在有界闭区域 $\Omega\times[a,b]$ 中连续,它必然一致连续,从而对于任意正数 ε,必存在正数 $\delta=\delta(\varepsilon)$,使得

$$\|\boldsymbol{r}-\boldsymbol{r}'\|<\delta,\quad |t-t'|<\delta$$

当时,就有

$$|f_t'(\boldsymbol{r},t)-f_t'(\boldsymbol{r}',t')|<\frac{\varepsilon}{\Omega}.$$

这里 Ω 表示 Ω 的体积.特别取 $\boldsymbol{r}'=\boldsymbol{r}$,而当 $|\tau|<\delta$ 时,总有

$$|f_t'(\boldsymbol{r},t_0+\theta\tau)-f_t'(\boldsymbol{r},t_0)|<\frac{\varepsilon}{\Omega}.$$

于是依(4),有

$$\left|\frac{f(\boldsymbol{r},t_0+\tau)-f(\boldsymbol{r},t_0)}{\tau}-f_t'(\boldsymbol{r},t_0)\right|<\frac{\varepsilon}{\Omega}.$$

因此,当 $|\tau|<\delta$ 时,有

$$\begin{aligned}&\left|\int_{\Omega}\left[\frac{f(\boldsymbol{r},t_0+\tau)-f(\boldsymbol{r},t_0)}{\tau}-f_t'(\boldsymbol{r},t_0)\right]\mathrm{d}\Omega\right|\\ \leqslant&\int_{\Omega}\left|\frac{f(\boldsymbol{r},t_0+\tau)-f(\boldsymbol{r},t_0)}{\tau}-f_t'(\boldsymbol{r},t_0)\right|\mathrm{d}\Omega<\varepsilon,\end{aligned}$$

这正是所要证的.

注 上面定理是对三重积分陈述并证明的.但显然,对于单变量函数的积分以及任意 n 重积分,定理仍成立.

例 1

$$\begin{aligned}\frac{\mathrm{d}}{\mathrm{d}y}\int_0^1\arctan\frac{x}{y}\mathrm{d}x&=\int_0^1\frac{\mathrm{d}}{\mathrm{d}y}\arctan\frac{x}{y}\mathrm{d}x\\&=-\int_0^1\frac{x\mathrm{d}x}{x^2+y^2}=\frac{1}{2}\ln\frac{y^2}{1+y^2}.\end{aligned}\tag{5}$$

这是正确的,因为

$$\int_0^1 \arctan\frac{x}{y}\mathrm{d}x = \left(\arctan\frac{x}{y}\cdot x\right)\Bigg|_{x=0}^{x=1} - \int_0^1 \frac{\frac{1}{y}x}{1+\left(\frac{x}{y}\right)^2}\mathrm{d}x$$

$$= \arctan\frac{1}{y} + \frac{1}{2}y\ln\frac{y^2}{1+y^2},$$

从而不难直接验证(5)成立.

如果积分区域也依赖于 t,求这个积分按 t 的微商的问题就更复杂.我们先就单变量的函数的积分来考察.

为此,考察积分

$$\int_{\alpha(t)}^{\beta(t)} f(x,t)\,\mathrm{d}x,$$

这时积分限也依赖于 t.令 $F(t)$ 表示这个积分的值,那么

$$F(t+\tau) - F(t) = \int_{\alpha(t+\tau)}^{\beta(t+\tau)} f(x,t+\tau)\,\mathrm{d}x - \int_{\alpha(t)}^{\beta(t)} f(x,t)\,\mathrm{d}x$$

$$= \int_{\alpha(t)}^{\beta(t)} [f(x,t+\tau) - f(x,t)]\,\mathrm{d}x +$$

$$\int_{\alpha(t+\tau)}^{\alpha(t)} f(x,t+\tau)\,\mathrm{d}x + \int_{\beta(t)}^{\beta(t+\tau)} f(x,t+\tau)\,\mathrm{d}x.$$

如果在所考察的范围中(例如在长方形 $[a,b]\times[c,d]$ 中 $f(x,t)$ 连续,并且曲线 $x=\alpha(t)$, $x=\beta(t)$ $(c\leqslant t\leqslant d)$ 都是光滑曲线(即 $\alpha'(t)$, $\beta'(t)$ 遍处存在且连续),完全包含在上述长方形中,而 $f(x,t)$ 在这长方形中有按 t 的连续偏微商,那么依中值定理,

$$\frac{1}{\tau}\int_{\beta(t)}^{\beta(t+\tau)} f(x,t+\tau)\,\mathrm{d}x = \frac{\beta(t+\tau)-\beta(t)}{\tau} f(\tilde{x},t+\tau),$$

$$\frac{1}{\tau}\int_{\alpha(t+\tau)}^{\alpha(t)} f(x,t+\tau)\,\mathrm{d}x = -\frac{\alpha(t+\tau)-\alpha(t)}{\tau} f(\approx{x},t+\tau),$$

这里 $\tilde{x}$, $\approx{x}$ 各量是介于 $\beta(t)$, $\beta(t+\tau)$ 和 $\alpha(t)$, $\alpha(t+\tau)$ 之间的某值.因此当 $\tau\to 0$ 时,这两项各趋于下列极限:

$$\beta'(t)f(\beta(t),t),\quad -\alpha'(t)f(\alpha(t),t).$$

又在上述假定下，依定理 1，

$$\lim_{\tau\to 0}\frac{1}{\tau}\int_{\alpha(t)}^{\beta(t)}[f(x,t+\tau)-f(x,t)]\,\mathrm{d}x=\int_{\alpha(t)}^{\beta(t)}f_t'(x,t)\,\mathrm{d}x.$$

从而得出下列定理：

定理 2 设 $f(x,t)$ 在长方形 $[a,b]\times[c,d]$ 中连续，而曲线 $x=\alpha(t)$，$x=\beta(t)$ $(c\leqslant t\leqslant d)$ 是光滑的，并且含在上述长方形中. 又设偏微商 $f_t'(x,t)$ 在这个长方形中连续. 那么下列关系成立：

$$\frac{\mathrm{d}}{\mathrm{d}t}\int_{\alpha(t)}^{\beta(t)}f(x,t)\,\mathrm{d}x=\int_{\alpha(t)}^{\beta(t)}f_t'(x,t)\,\mathrm{d}x+f(\beta(t),t)\beta'(t)-f(\alpha(t),t)\alpha'(t).$$

例 2 求证

$$\int_a^x \mathrm{d}t_{n-1}\int_a^{t_{n-1}}\mathrm{d}t_{n-2}\cdots\int_a^{t_1}f(t)\,\mathrm{d}t=\frac{1}{(n-1)!}\int_a^x (x-t)^{n-1}f(t)\,\mathrm{d}t. \tag{6}$$

这个公式的意义在于：如果把“从 a 到 x 积分”这个求不定积分（上限是变的）的运算施行在函数 $f(t)$ 上 n 次，效果等于把 $f(t)$ 乘 $\dfrac{(x-t)^{n-1}}{(n-1)!}$，然后从 a 到 x 积分. 这个结果以后是有用的. 我们用数学归纳法来证明. 令

$$J_n(x)=\frac{1}{(n-1)!}\int_a^x (x-t)^{n-1}f(t)\,\mathrm{d}t,$$

那么依定理 2，

$$\begin{aligned}\frac{\mathrm{d}}{\mathrm{d}x}J_{n+1}(x)&=\frac{1}{n!}(x-x)^n f(x)+\frac{1}{n!}\cdot n\int_a^x (x-t)^{n-1}f(t)\,\mathrm{d}t\\&=\frac{1}{(n-1)!}\int_a^x (x-t)^{n-1}f(t)\,\mathrm{d}t=J_n(x).\end{aligned}$$

而由于 $J_n(a)=0$，因此有

$$J_{n+1}(x)=\int_a^x J_n(t_n)\,\mathrm{d}t_n.$$

由数学归纳法，立即得出(6)来.

至于求带参数的函数的积分的积分问题，即在积分号下取积分的问题，已在本章 §2 中解决. 事实上，如果 $f(x,y)$ 在长方形 $[a,b]\times[c,d]$

中连续,那么

$$\int_a^b \mathrm{d}x \int_c^d f(x,y)\,\mathrm{d}y = \int_c^d \mathrm{d}y \int_a^b f(x,y)\,\mathrm{d}x,$$

这正是说,带参数 x 的函数 $f(x,y)$ 按 y 的积分仍可以看作是 x 的函数 $F(x) = \int_c^d f(x,y)\,\mathrm{d}y$,而这个函数的积分可以把积分搬在原来按 y 的积分符号之下而取:

$$\int_a^b F(x)\,\mathrm{d}x = \int_c^d \mathrm{d}y \int_a^b f(x,y)\,\mathrm{d}x.$$

更一般些,由 §2 的定理 2,如果 $f(x,y)$ 在区域 $\mathscr{D}$ 中连续,而区域 $\mathscr{D}$ 既可以表示成(图 9.21)

$$a \leqslant x \leqslant b, \quad \varphi_1(x) \leqslant y \leqslant \varphi_2(x),$$

又可以表示成

$$c \leqslant y \leqslant d, \quad \psi_1(y) \leqslant x \leqslant \psi_2(y).$$

那么有

$$\int_{\mathscr{D}} f(x,y)\,\mathrm{d}\sigma = \int_a^b \mathrm{d}x \int_{\varphi_1(x)}^{\varphi_2(x)} f(x,y)\,\mathrm{d}y$$
$$= \int_c^d \mathrm{d}y \int_{\psi_1(y)}^{\psi_2(y)} f(x,y)\,\mathrm{d}x.$$

特别,设 $\mathscr{D}$ 是三角形区域(图 9.22)

$$y=x, \quad y=a, \quad x=a, \quad x=b,$$

那么它既可以表示成

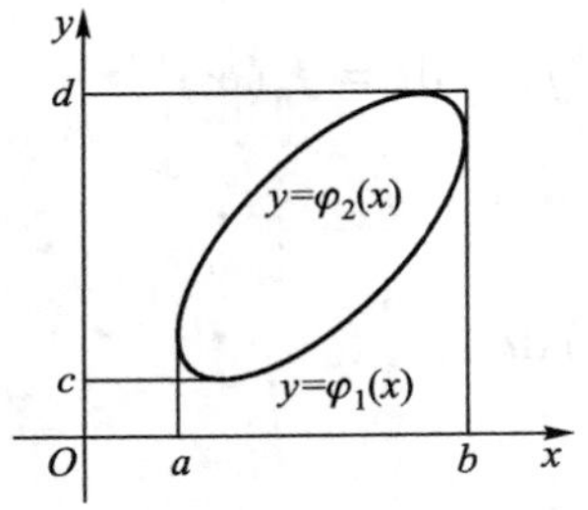

图 9.21

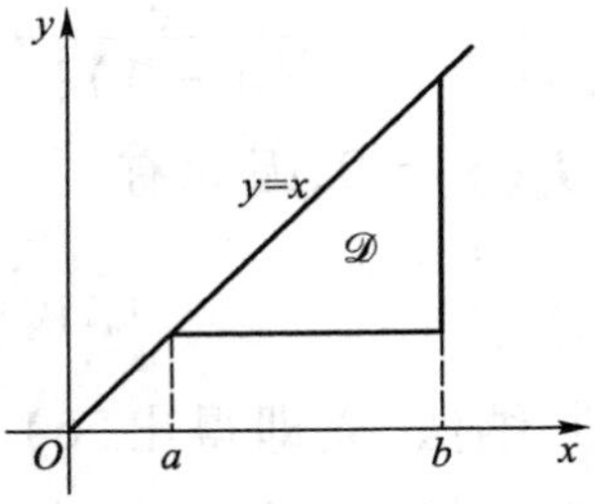

图 9.22

$$a\leqslant x\leqslant b,\quad a\leqslant y\leqslant x,$$

又可以表示成

$$a\leqslant y\leqslant b,\quad y\leqslant x\leqslant b,$$

从而得出等式

$$\int_a^b \mathrm{d}x\int_a^x f(x,y)\,\mathrm{d}y=\int_a^b \mathrm{d}y\int_y^b f(x,y)\,\mathrm{d}x.$$

这个等式也是经常要用的.

第十章

线积分与面积分

§1 线积分的概念

在讨论闭区间上单变量函数的积分时,我们把它定义成和的极限.更确切地说,设$f(x)$是定义在闭区间$[a,b]$上的有界函数,我们把$f(x)$在$[a,b]$上的积分定义成

$$\lim_{\mathscr{P}}\sum_{i=0}^{n-1}f(\xi_i)(x_{i+1}-x_i),$$

这里$\mathscr{P}$表示$[a,b]$的分割:$a=x_0<x_1<\cdots<x_n=b$,而极限是按$[a,b]$的无限细分取的,而且这里要求极限值与$[x_i,x_{i+1}]$中的点ξ_i的选择无关.在实用上,这样的积分还不够用.例如表达一段弯曲的金属线的质量,如果已知它的密度分布$\rho(t)$,t是这条曲线的参数表示

(1) $$x=x(t),\quad y=y(t),\quad z=z(t)\quad (a\leqslant t\leqslant b)$$

中的参数,那么,设$s=s(t)$等于曲线从$t=a$点量起到参数值为t的点处的长度(这里设曲线是可求长的),这条线的质量应当看作和

(2) $$\sum_{i=0}^{n-1}\rho(\tau_i)[s(t_{i+1})-s(t_i)]$$

的极限,这极限仍是按$[a,b]$的无限细分时而取的,并且极限值与$[t_i,t_{i+1}]$中的点τ_i的选择无关$(0\leqslant i\leqslant n-1)$.这个极限叫做函数$\rho(t)$沿(1)中的曲线$l$的线积分,表示成

(3) $$\int_l\rho(t)\,\mathrm{d}s=\int_a^b\rho(t)\sqrt{[x'(t)]^2+[y'(t)]^2+[z'(t)]^2}\,\mathrm{d}t.$$

这里注意在(3)的左边,t实际上标志曲线上点P的位置,从而左边也

可以表示成

$$\int_l \rho(P)\,\mathrm{d}s \tag{3'}$$

而(3)的右边只当曲线不但可求长,而且是光滑(即在它的参数表示(1)中诸函数 $x(t)$,$y(t)$,$z(t)$ 有连续微商的情况)时才存在.(3′)也可以表示成

$$\int_l \rho(\boldsymbol{r})\,\mathrm{d}s, \tag{4}$$

这里 $\boldsymbol{r}=(x(t),y(t),z(t))$ 表示曲线上变动点的位置矢量.

一般对于任意函数 $\rho(\boldsymbol{r})$,也可以考虑它沿一条曲线(1)的线积分(4),定义作(2)的极限,如上所述.

在应用上还有另一种线积分.例如在物理学中常要考虑到一个质点在克服一定力的作用而运动时所作的功.静电场中一点处的静电势正是指单位电荷从无穷远处移到这一点时克服场对电荷所施加的力而作的功.设质点运行的轨道由(1)表示,而设 $\boldsymbol{F}(\boldsymbol{r})=\boldsymbol{F}(x,y,z)$ 表示场在点 $\boldsymbol{r}=(x,y,z)$ 处产生的作用在质点上的力.当质点由 $\boldsymbol{r}$ 移到

$$\boldsymbol{r}+\Delta\boldsymbol{r}=\boldsymbol{r}(x+\Delta x,y+\Delta y,z+\Delta z)$$

时,它所作的功应当近似地等于 $\boldsymbol{F}$ 与位移矢量 $\Delta\boldsymbol{r}$ 的内积:

$$\boldsymbol{F}(x,y,z)\cdot\Delta\boldsymbol{r}.$$

为了求质点沿曲线 $l(1)$ 由 $t=a$ 移到 $t=b$ 处时所作的功,我们取 $[a,b]$ 的分割 $\mathscr{P}$:$t_0=a<t_1<t_2<\cdots<t_n=b$,并作和:$t_i\leqslant\tau_i\leqslant t_{i+1}$,

$$\sum_{i=0}^{n-1}\boldsymbol{F}(\boldsymbol{r}(\tau_i))\cdot[\boldsymbol{r}(t_{i+1})-\boldsymbol{r}(t_i)]. \tag{5}$$

当然我们应取这个和当无限细地分割 $[a,b]$ 时而得的极限值作为功的准确值 W:

$$W=\lim_{\mathscr{P}}\sum_{i=0}^{n-1}\boldsymbol{F}(\boldsymbol{r}(\tau_i))\cdot[\boldsymbol{r}(t_{i+1})-\boldsymbol{r}(t_i)].$$

这个极限应当与 $[t_i,t_{i+1}]$ 中的点 τ_i 的选择无关.这时,W 叫做 $\boldsymbol{F}(\boldsymbol{r})$ 沿曲线 l 上的线积分,表示成

$$\int_l \boldsymbol{F}\cdot\mathrm{d}\boldsymbol{r}. \tag{6}$$

如果用矢量的分量表示,那么令

$$\boldsymbol{F}=(X(x,y,z),Y(x,y,z),Z(x,y,z)),$$

$$\Delta\boldsymbol{r}=(\Delta x,\Delta y,\Delta z),$$

于是(5)中的和可以表示成

$$\sum_{i=0}^{n-1}[X(x_i,y_i,z_i)\Delta x_i+Y(x_i,y_i,z_i)\Delta y_i+Z(x_i,y_i,z_i)\Delta z_i],$$

从而(6)中的积分也可以表示成

$$\int_l X(x,y,z)\,\mathrm{d}x+Y(x,y,z)\,\mathrm{d}y+Z(x,y,z)\,\mathrm{d}z. \tag{7}$$

注意(7)中的积分实际上等于

$$\int_a^b [X(x(t),y(t),z(t))x'(t)+Y(x(t),y(t),z(t))y'(t)+Z(x(t),y(t),z(t))z'(t)]\,\mathrm{d}t, \tag{7'}$$

这里 $x=x(t),y=y(t),z=z(t)$ 是曲线 l 的参数表示,而且这时假定 $x(t),y(t),z(t)$ 是具有连续的一阶微商的函数.

如果用弧长 s 作参数,那么

$$\frac{\mathrm{d}}{\mathrm{d}s}\boldsymbol{r}(s)=\boldsymbol{t}=(\cos\alpha,\cos\beta,\cos\gamma),$$

这里 $\boldsymbol{t}$ 表示曲线 $\boldsymbol{r}=\boldsymbol{r}(s)$ 的切线方向单位矢量,α,β,γ 各表示 $\boldsymbol{t}$ 与 x,y,z 轴所夹的角.于是(7′)可以改写成

$$\int_a^b [X(x(s),y(s),z(s))\cos\alpha+Y(x(s),y(s),z(s))\cos\beta+Z(x(s),y(s),z(s))\cos\gamma]\,\mathrm{d}s. \tag{7''}$$

由(7″)可以看出第二种线积分和第一种线积分的关系.事实上,把(7″)式积分号下方括号中的项看作 $\rho(\boldsymbol{r})$,(7″)就化成(4)的形式.又注意,如果 $\boldsymbol{F}$ 或 $\boldsymbol{r}$ 只在 xOy 平面中变化,那么在(7)中就少掉最后一项 $Z(x,y,z)\,\mathrm{d}z$.

注意上述两种线积分(4)和(7)都与普通定积分不同,因为它们不仅依赖于被积函数,还依赖于积分线路 l.在平常定积分中,l 就是线段 $[a,b]$,没有选择.依赖于线路的积分当然就比较复杂了.

例 1 设有一质点在一引力场中运动，由点 $A(-a,0)$ 走到点 $B(2a,0)$．设在 (x,y) 处的引力等于 $\frac{G}{x^2+y^2}\boldsymbol{r}_0$，$G$ 是万有引力常数，$\boldsymbol{r}_0$ 表示点 (x,y) 的矢径的单位矢量（例如由原点处一个质点产生的万有引力）．设由 A 到 B 的运动是（i）经 $(-a,0)\to(-a,a)\to(2a,a)\to(2a,0)$ 的三段直线所形成的折线路径，（ii）经过由 $(-a,0)$ 到 $(0,2a)$ 的直线，然后沿由 $(0,2a)$ 到 $(2a,0)$ 的以 O 为圆心的圆弧所组成的路径（图 10.1）．求所作的功．

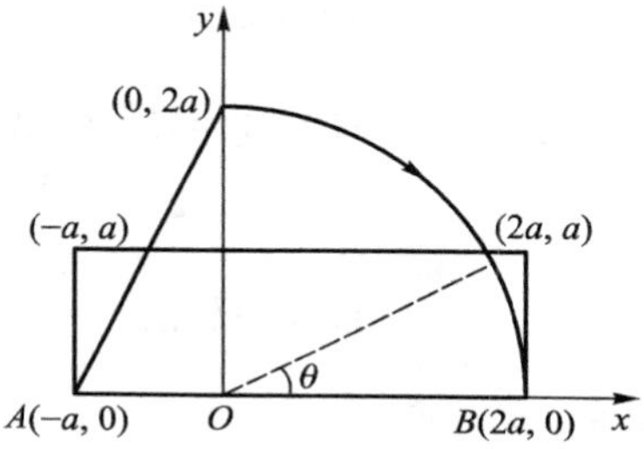

图 10.1

设运动的路径 l 由参数方程 $x=x(t)$，$y=y(t)$ $(\alpha\leqslant t\leqslant\beta)$ 表示．由于引力沿 x 轴及 y 轴方向的分力各是

$$\frac{G}{x^2+y^2}\cdot\frac{x}{(x^2+y^2)^{1/2}},\quad \frac{G}{x^2+y^2}\cdot\frac{y}{(x^2+y^2)^{1/2}},$$

于是所求的功等于

$$\begin{aligned}&G\int_l\left[\frac{x}{(x^2+y^2)^{3/2}}\mathrm{d}x+\frac{y}{(x^2+y^2)^{3/2}}\mathrm{d}y\right]\\&=G\int_\alpha^\beta\frac{x(t)x'(t)+y(t)y'(t)}{[x^2(t)+y^2(t)]^{3/2}}\mathrm{d}t\\&=-G\frac{1}{(x^2+y^2)^{1/2}}\bigg|_\alpha^\beta=G\left(\frac{1}{a}-\frac{1}{2a}\right)=\frac{G}{2a}.\end{aligned}$$

注意在计算上述积分时并不利用积分路径的参数表示，而只用到路径端点的坐标．由此无论 l 是上述那段折线或是那段直线和圆弧形成的路径，或甚至是任意其他比较光滑的曲线，所求的功总是相同的，

即等于$\frac{G}{2a}$.

例 2 仍考察例 1 中的运动,但设没有引力场,而是在一有黏性的介质中运动,这种黏性对运动的质点施行阻力 $\boldsymbol{F}=-k\boldsymbol{v}$,$\boldsymbol{v}$ 表示运动的速度.设速度的大小不变,求由 A 到 B 时质点克服阻力所作的功.

先考虑 l 为折线的情况.由 $(-a,0)$ 到 $(-a,a)$ 时,$\boldsymbol{v}$ 的方向是沿 y 轴的(图 10.1),从而 $X=Z=0$,$Y=-kv$,这里 $v=\|\boldsymbol{v}\|$.于是由 $(-a,0)$ 到 $(-a,a)$ 所作的功是

$$k\int_0^a v\mathrm{d}y = kva.$$

同理,在由 $(-a,a)$ 到 $(2a,a)$ 的一段,$Y=Z=0$,$X=-kv$,从而这一段的功等于

$$k\int_{-a}^{2a} v\mathrm{d}x = 3kva.$$

由 $(2a,a)$ 到 $(2a,0)$ 时所作的功是

$$-k\int_a^0 v\mathrm{d}y = kav.$$

因为这时 Y 的方向与 y 轴的方向一致.因此,沿 l 所作的总功等于 $5kva$.

但如果 l 表示那段由直线线段和圆弧所组成的路径,沿直线线段时,曲线的切线与力的方向一致,从而(7″)中被积分项等于

$$X\cos\alpha+Y\cos\beta+Z\cos\gamma=kv,$$

这是常量.于是这一段的功等于这个力的大小乘直线线段长:

$$kv\cdot\sqrt{a^2+(2a)^2}=\sqrt{5}\,akv.$$

沿圆弧时,引用极坐标 (r,θ),这时 $r=2a$,而 $s=2a\left(\frac{\pi}{2}-\theta\right)$,于是功等于

$$\int_{\frac{\pi}{2}}^0 kv2a\mathrm{d}\left(\frac{\pi}{2}-\theta\right) = 2akv\cdot\frac{\pi}{2} = akv\pi.$$

于是总的功等于

$$(\sqrt{5}+\pi)akv\approx 5.378akv.$$

由此可以看出,所作的功不只依赖于质点运动的起点和终点,而且依

赖于路径！

由上述可以看出，讨论线积分在什么条件下不依赖于积分路径，是很有意义的. 这将在以后叙述.

不难看出，线积分具有下列简单性质：如果曲线 l 由各部分 $l_1, l_2, \cdots, l_m$ 组成，那么

$$\int_l \boldsymbol{F} \cdot \mathrm{d}\boldsymbol{r} = \int_{l_1} \boldsymbol{F} \cdot \mathrm{d}\boldsymbol{r} + \int_{l_2} \boldsymbol{F} \cdot \mathrm{d}\boldsymbol{r} + \cdots + \int_{l_m} \boldsymbol{F} \cdot \mathrm{d}\boldsymbol{r},$$

$$\int_l \boldsymbol{F} \cdot \mathrm{d}\boldsymbol{r} = -\int_{-l} \boldsymbol{F} \cdot \mathrm{d}\boldsymbol{r}.$$

最后一式乃是说：如果曲线 l 的方向改变（写成 $-l$）：起点和终点对换，那么线积分的值只改变正负号. 这些性质不难由定义或由平常单变量的积分的性质看出.

线积分的下列性质是很有用的：

$$\left| \int_l \boldsymbol{F} \cdot \mathrm{d}\boldsymbol{r} \right| \leqslant \int_a^b \| \boldsymbol{F} \| \, \mathrm{d}s,$$

这里所用的参数 s 是弧长. 这由（7″）可以直接看出，只需引用平常单变量积分相应的公式.

曲线既然可以用折线逼近，可以设想，用在折线上作的线积分来逼近曲线上作的线积分的值，是方便的. 这一设想的理论根据，乃是下列定理：

定理 设矢值函数 $\boldsymbol{F}(\boldsymbol{r})$ 在某开区域 $\mathscr{G}$ 中连续，而 l 是 $\mathscr{G}$ 中一段曲线，它的参数表示

$$\boldsymbol{r} = \boldsymbol{r}(t) \quad (a \leqslant t \leqslant b)$$

是连续函数，$\boldsymbol{r}'(t) = \dfrac{\mathrm{d}}{\mathrm{d}t}\boldsymbol{r}(t)$ 在 $[a, b]$ 中分段连续（即 $[a, b]$ 可以分成有穷多段，使得在每一段上，$\boldsymbol{r}'(t)$ 是连续函数）. 设 $\mathscr{P}$ 表示 l 的任意分割，而 $\Lambda_{\mathscr{P}}$ 表示 $\mathscr{P}$ 的诸分点 $\boldsymbol{r}(t_0), \boldsymbol{r}(t_1), \cdots, \boldsymbol{r}(t_n)$ $(a = t_0 < t_1 < \cdots < t_n = b)$ 依次相连而形成的折线. 那么当无限细分时，下列极限关系成立：

$$\lim_{\mathscr{P}} \int_{\Lambda_{\mathscr{P}}} \boldsymbol{F}(\boldsymbol{r}) \cdot \mathrm{d}\boldsymbol{r} = \int_l \boldsymbol{F}(\boldsymbol{r}) \cdot \mathrm{d}\boldsymbol{r}.$$

证 取分割 $\mathscr{P}_1$ 足够细，使在分割的每一段弧 $\widehat{P_k P_{k+1}}$（P_k 即点

$\boldsymbol{r}(t_k)$)上,函数 $\boldsymbol{F}(\boldsymbol{r})$ 的摆动不超过 ε:

(8) $$\sup_{t_k\leqslant t'<t''\leqslant t_{k+1}} \|\boldsymbol{F}(\boldsymbol{r}(t'))-\boldsymbol{F}(\boldsymbol{r}(t''))\|<\varepsilon \quad (0\leqslant k\leqslant n-1).$$

由于函数 $\boldsymbol{F}(\boldsymbol{r})$(即其各分量 $X(\boldsymbol{r}),Y(\boldsymbol{r}),Z(\boldsymbol{r})$)是闭集 l 上的连续函数(或者更确切地说,$\boldsymbol{F}(\boldsymbol{r}(t))$ 是闭区间 $a\leqslant t\leqslant b$ 上的连续函数),上述分割的选取是可能的.又取分割 $\mathscr{P}_2$ 足够细:$a=\tilde{t}_0<\tilde{t}_1<\tilde{t}_2<\cdots<\tilde{t}_m=b$ 使

(9) $$\left|\int_l \boldsymbol{F}\cdot \mathrm{d}\boldsymbol{r}-\sum_{j=0}^{m-1}\boldsymbol{F}(\boldsymbol{r}(\tilde{\tau}_j))\cdot[\boldsymbol{r}(\tilde{t}_{j+1})-\boldsymbol{r}(\tilde{t}_j)]\right|<\varepsilon,$$

$\tilde{t}_j\leqslant\tilde{\tau}_j\leqslant\tilde{t}_{j+1}(0\leqslant j\leqslant m-1)$.于是取 $\mathscr{P}\succ\mathscr{P}_1,\mathscr{P}\succ\mathscr{P}_2$,那么(8)、(9)都能满足.

由上述线积分的性质,

$$\int_{\Lambda_{\mathscr{P}}}\boldsymbol{F}\cdot \mathrm{d}\boldsymbol{r}=\sum_{i=0}^{n-1}\int_{\overline{P_iP_{i+1}}}\boldsymbol{F}\cdot \mathrm{d}\boldsymbol{r}.$$

又注意

$$\sum_{i=0}^{n-1}\boldsymbol{F}(\boldsymbol{r}(\tau_i))\cdot[\boldsymbol{r}(t_{i+1})-\boldsymbol{r}(t_i)]=\sum_{i=0}^{n-1}\int_{\overline{P_iP_{i+1}}}\boldsymbol{F}(\boldsymbol{r}(\tau_i))\cdot \mathrm{d}\boldsymbol{r},$$

因为

$$\int_{\overline{P_iP_{i+1}}}X(\boldsymbol{r}(\tau_i))\,\mathrm{d}x=X(\boldsymbol{r}(\tau_i))[x(t_{i+1})-x(t_i)],$$

于是

$$\begin{aligned}
&\left|\int_l \boldsymbol{F}\cdot \mathrm{d}\boldsymbol{r}-\int_{\Lambda_{\mathscr{P}}}\boldsymbol{F}\cdot \mathrm{d}\boldsymbol{r}\right|\\
\leqslant&\left|\int_l \boldsymbol{F}\cdot \mathrm{d}\boldsymbol{r}-\sum_{i=0}^{n-1}\boldsymbol{F}(\boldsymbol{r}(\tau_i))\cdot[\boldsymbol{r}(t_{i+1})-\boldsymbol{r}(t_i)]\right|+\\
&\left|\sum_{i=0}^{n-1}\boldsymbol{F}(\boldsymbol{r}(\tau_i))\cdot[\boldsymbol{r}(t_{i+1})-\boldsymbol{r}(t_i)]-\int_{\Lambda_{\mathscr{P}}}\boldsymbol{F}\cdot \mathrm{d}\boldsymbol{r}\right|\\
<&\varepsilon+\sum_{i=0}^{n-1}\left|\int_{\overline{P_iP_{i+1}}}[\boldsymbol{F}(\boldsymbol{r}(t))-\boldsymbol{F}(\boldsymbol{r}(\tau_i))]\cdot \mathrm{d}\boldsymbol{r}\right|\\
\leqslant&\varepsilon+\sum_{i=0}^{n-1}\int_{\overline{P_iP_{i+1}}}\|\boldsymbol{F}(\boldsymbol{r}(t))-\boldsymbol{F}(\boldsymbol{r}(\tau_i))\|\,\mathrm{d}s\\
\leqslant&\varepsilon+\varepsilon\cdot\sum_{i=0}^{n-1}P_iP_{i+1}\leqslant\varepsilon(1+l),
\end{aligned}$$

这里 l 表示曲线弧 l 之长.由于上述不等式对于足够细的分割 $\mathscr{P}(\mathscr{P}\succ\mathscr{P}_1,\mathscr{P}\succ\mathscr{P}_2)$ 都成立,定理证完.

这个定理提供了在某些实际问题中用较易计算的沿折线取的线积分代替一般的线积分作为近似值的方法.注意由证明可以看出,上述定理对于任意可求长连续曲线 l 是成立的.

线积分的一个用途乃是表达平面区域的面积.设 L 是一条闭的连续可求长曲线,并且为简单起见,首先设每条平行于横或纵轴的直线与曲线至多交于两个点.设 L 可以表示成

$$y=\varphi_1(x),\quad y=\varphi_2(x),\quad a\leqslant x\leqslant b$$

的形式,这里,$\varphi_1(x)\leqslant\varphi_2(x)\ (a\leqslant x\leqslant b)$(图 10.2);也可以表示成

$$x=\psi_1(y),\quad x=\psi_2(y),\quad c\leqslant y\leqslant d,$$

$$\psi_1(y)\leqslant\psi_2(y),\quad c\leqslant y\leqslant d.$$

那么由 L 所包围的区域 $\mathscr{D}$ 的面积等于

$$-\int_a^b\varphi_1(x)\,\mathrm{d}x+\int_a^b\varphi_2(x)\,\mathrm{d}x=-\int_L y\,\mathrm{d}x,$$

因为沿 L,在一部分上 $y=\varphi_1(x)$,在另一部分上 $y=\varphi_2(x)$.同理,这面积也可以表示成

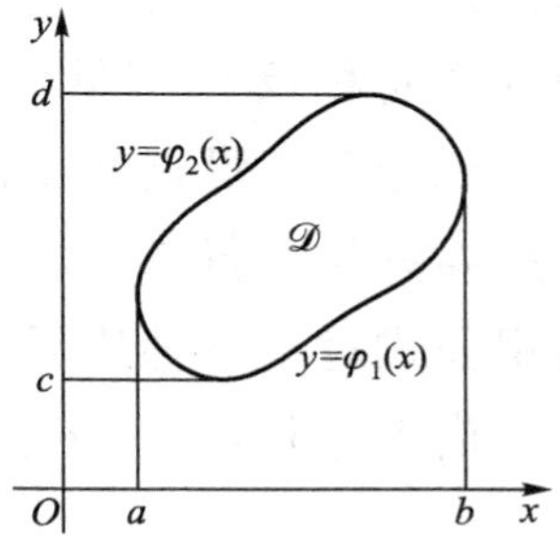

图 10.2

$$\int_c^d\psi_2(y)\,\mathrm{d}y-\int_c^d\psi_1(y)\,\mathrm{d}y=\int_L x\,\mathrm{d}y.$$

这里,线积分的方向是这样规定的:沿着这方向绕行时,区域 $\mathscr{D}$ 始终在我们的左侧.我们可以把上两式连用,于是 L 所围绕的区域 $\mathscr{D}$ 的面积 A 等于

$$A=\frac{1}{2}\int_L x\,\mathrm{d}y-y\,\mathrm{d}x.$$

例 3 试求曲线(参看第一卷第一分册)

$$x=\frac{3at}{1+t^3},\quad y=\frac{3at^2}{1+t^3}$$

的那一闭圈所包围的区域的面积.沿这条曲线,有

$$\mathrm{d}x=3a\frac{1-2t^3}{(1+t^3)^2}\mathrm{d}t,\quad \mathrm{d}y=3a\frac{2t-t^4}{(1+t^3)^2}\mathrm{d}t.$$

从而所求面积(t 由 0 到∞)是

$$A=\frac{1}{2}\int_0^{\infty}\frac{9a^2t^2\mathrm{d}t}{(1+t^3)^2}=\frac{3}{2}a^2.$$

对于更复杂一些的区域,也可以用上述公式.如果 L 是闭连续可求长曲线,使平行于各坐标轴的直线与 L 只相交于有穷多个点,那么可以把 L 所围的区域分割,使每小块的边界与平行于坐标轴的直线至多相交于两个点(图 10.3).由于沿两块相邻小区域的公共边界所取的线积分互相抵消(因为它们的方向相反),可见沿整个边界所取的任意线积分等于沿这些小区域的边界的线积分之和.由此,问题化成上述的边界只与平行于坐标轴的直线至多相交于两点的情形.因而上面的面积公式对于这种边界 L 也成立.

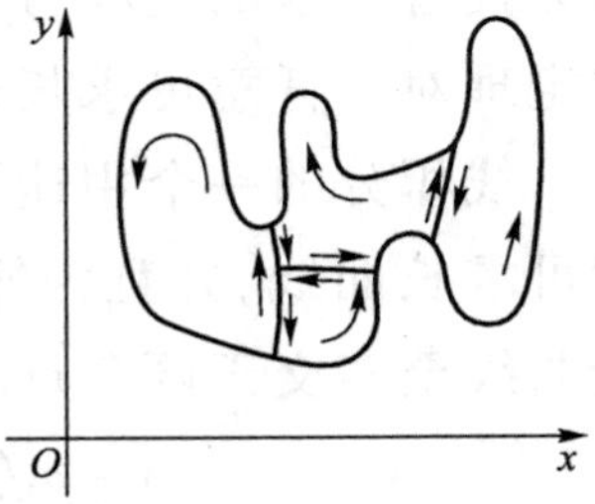

图 10.3

借上述用线积分表达面积的公式,可以导出所谓"三等高线公式"的求体积公式.考察包容在两平面$z=\pm\frac{h}{2}$与一直纹的侧面之间的体积.设这个侧面由直线

$$x=ax+b,\quad y=cz+d$$

生成,这里参数 a,b,c,d 都连续依赖于参数 t.设当 t 由 t_0 变到 T_0 时,对于$\left[-\frac{h}{2},\frac{h}{2}\right]$中的每个固定的 z_0,

$$x=a(t)z_0+b(t),\quad y=c(t)z_0+d(t),\quad z=z_0$$

画出一条简单闭曲线 $C(z_0)$.如果 $a(t)$,$b(t)$,$c(t)$,$d(t)$都是分段连续的,那么 $C(z_0)$所包容的平面区域面积等于

$$\begin{aligned}A(z_0)&=\frac{1}{2}\int_{C(z_0)}x\mathrm{d}y-y\mathrm{d}x\\&=\frac{1}{2}\int_{t_0}^{T_0}[(az_0+b)(c'z_0+d')-(a'z_0+b')(cz_0+d)]\mathrm{d}t,\end{aligned}$$

这里 a'表示$\frac{\mathrm{d}a(t)}{\mathrm{d}t}$,等等.由此可见 $A(z_0)$是 z_0 的二次多项式:

$$A(z_0)=\alpha z_0^2+\beta z_0+A(0).$$

于是体积是

$$V=\int_{-\frac{h}{2}}^{\frac{h}{2}}A(z)\,\mathrm{d}z=\frac{2}{3}\alpha\left(\frac{h}{2}\right)^3+hA(0).$$

既然

$$A\left(\frac{h}{2}\right)=\alpha\left(\frac{h}{2}\right)^2+\beta\cdot\frac{h}{2}+A(0),$$

$$A\left(-\frac{h}{2}\right)=\alpha\left(\frac{h}{2}\right)^2-\beta\cdot\frac{h}{2}+A(0),$$

可得

$$\alpha\cdot\frac{h^2}{2}+2A(0)=A\left(\frac{h}{2}\right)+A\left(-\frac{h}{2}\right),$$

从而

$$V=\frac{h}{6}\left[A\left(\frac{h}{2}\right)+A\left(-\frac{h}{2}\right)+4A(0)\right].$$

这就是说,体积借在三种高度的截面面积表出.如果侧面不是直纹面并且像上述条件所限定的那样,上述公式只是近似地成立.如果 h 比较小,公式就是比较好的近似.

§2 面积分

和线积分相仿,在很多实际问题中出现了沿曲面取的积分.

例 1 与用线积分表达曲线弧的质量相仿,我们为了表达分布在曲面 上的质量所引起的质量、引力等而引入第一种面积分.设曲面 S 上分布有质量,而在面上一点 $\boldsymbol{r}(x,y,z)$ 处的密度是$\rho(\boldsymbol{r})$.我们试计算这个质量分布对在某点 $\boldsymbol{r}_0=(x_0,y_0,z_0)$ 处单位质量的引力.

注意曲面的一小片 $\Delta\sigma$(在 $\boldsymbol{r}$ 点处)对于 $\boldsymbol{r}_0$ 处单位质量的引力近似地等于

$$G\Delta\sigma\cdot\rho(\boldsymbol{r})\frac{1}{\|\boldsymbol{r}-\boldsymbol{r}_0\|^2}\frac{\boldsymbol{r}-\boldsymbol{r}_0}{\|\boldsymbol{r}-\boldsymbol{r}_0\|},$$

G 是万有引力常数.因此,整块曲面的质量分布对于 $\boldsymbol{r}_0$ 处单位质量的引力近似地等于

$$(1)\qquad G\sum\rho(\boldsymbol{r})\frac{\boldsymbol{r}-\boldsymbol{r}_0}{\|\boldsymbol{r}-\boldsymbol{r}_0\|^3}\Delta\sigma.$$

如果曲面 S 是由分段光滑的边界所围的光滑(或分片光滑)双侧曲面,用 S 上的一些分段光滑的曲线把 S 分成诸小片 $S_1,S_2,\cdots,S_n$.这样对 S 的分割表示为 $\mathscr{P}$.如果和(1)当 $\mathscr{P}$ 无限细分下去时有极限值,这个值便是总引力的准确值,表示成

$$(2)\qquad G\int_S\rho(\boldsymbol{r})\frac{\boldsymbol{r}-\boldsymbol{r}_0}{\|\boldsymbol{r}-\boldsymbol{r}_0\|^3}\mathrm{d}\sigma,$$

叫做函数 $\rho(\boldsymbol{r})\dfrac{\boldsymbol{r}-\boldsymbol{r}_0}{\|\boldsymbol{r}-\boldsymbol{r}_0\|^3}\xlongequal{\text{记为}}\boldsymbol{F}(\boldsymbol{r})$ 在曲面 S 上的面积分.如果考察分量,则由(2)得出三个数值函数的面积分:

$$G\int_S\rho(\boldsymbol{r})\frac{x-x_0}{\|\boldsymbol{r}-\boldsymbol{r}_0\|^3}\mathrm{d}\sigma,\quad G\int_S\rho(\boldsymbol{r})\frac{y-y_0}{\|\boldsymbol{r}-\boldsymbol{r}_0\|^3}\mathrm{d}\sigma,$$

$$G\int_S\rho(\boldsymbol{r})\frac{z-z_0}{\|\boldsymbol{r}-\boldsymbol{r}_0\|^3}\mathrm{d}\sigma.$$

一般地,对于定义在曲面 S 上的函数 $f(\boldsymbol{r})$,取 S 的如上的分割 $\mathscr{P}$,并在每小片曲面 S_i 上任意取一点 $\boldsymbol{r}_i$,作和

$$(3)\qquad \sum_i f(\boldsymbol{r}_i)\Delta\sigma_i,$$

$\Delta\sigma_i$ 表示 S_i 的面积.如果无限细分下去时,无论取 S_i 上的怎样的点 $\boldsymbol{r}_i$,和(3)有确定的极限值,那么这个值叫做 $f(\boldsymbol{r})$ 沿 S 的面积分,表示成

$$(4)\qquad \int_S f(\boldsymbol{r})\,\mathrm{d}\sigma.$$

这也叫做第一种面积分.

在适当限制的场合,沿曲面取的面积分可以化成为平常的重积分.

定理　设 S 是没有重点的开的光滑曲面,换句话说,它由参数

方程

$$\boldsymbol{r}=\boldsymbol{r}(u,v)$$

来确定，(u,v)遍历 uOv 平面上的一个有界区域 $\mathscr{D}$，而 $\boldsymbol{r}=(x,y,z)$ 和它的偏微商都在 $\mathscr{D}$ 中连续，并且曲面上没有奇点，即曲面上每点处法线是确定的.没有重点是指曲面 S 上的点与 $\mathscr{D}$ 中(u,v)的值成一一对应.设 $f(\boldsymbol{r})$ 是 S 上的有界函数，那么

$$\int_S f(\boldsymbol{r})\,\mathrm{d}\sigma=\iint_{\mathscr{D}} f(x(u,v),y(u,v),z(u,v))\sqrt{EG-F^2}\,\mathrm{d}u\mathrm{d}v \tag{5}$$

成立，也就是说，当(5)的一边的积分存在时，另一边的积分也存在，并且两个积分值相等.

注 注意通过(5)，面积分化成平常的重积分，这样就提供了面积分的具体求法.

如果用一些分段光滑的曲线分割曲面 S，这分割就引起 uOv 平面上区域 $\mathscr{D}$ 的分割.反过来，$\mathscr{D}$ 的分割也引起曲面 S 的分割.设 S 的分割 $\mathscr{P}$ 把 S 分成小片 $S_1,S_2,\cdots,S_n$，相应的 $\mathscr{D}$ 的分割分成小区域 $\mathscr{D}_1$, $\mathscr{D}_2,\cdots,\mathscr{D}_n$.取 $\mathscr{D}_i$ 中的任意一点(u_i,v_i)，令

$$x_i=x(u_i,v_i),\quad y_i=y(u_i,v_i),\quad z_i=z(u_i,v_i),\quad 1\leqslant i\leqslant n,$$

于是 $\boldsymbol{r}_i=(x_i,y_i,z_i)$ 是 S_i 中的点.考察面积分的近似和

$$\sigma_{\mathscr{P}}=\sum_{i=1}^{n} f(\boldsymbol{r}_i)S_i.$$

注意

$$S_i=\iint_{\mathscr{D}_i}\sqrt{EG-F^2}\,\mathrm{d}u\mathrm{d}v,$$

令 $\sqrt{EG-F^2}=\varphi(u,v)$.依中值定理，由于假定 $x(u,v),y(u,v),z(u,v)$ 及其偏微商的连续性，可知在 $\mathscr{D}_i$ 中可以找到一点$(\tilde{u}_i,\tilde{v}_i)$，使

$$S_i=\varphi(\tilde{u}_i,\tilde{v}_i)\omega_i,$$

ω_i 表示 uOv 平面中 $\mathscr{D}_i$ 的面积.于是

$$\sigma_{\mathscr{P}}=\sum_{i=1}^{n} f(\boldsymbol{r}(u_i,v_i))\varphi(\tilde{u}_i,\tilde{v}_i)\omega_i.$$

令

$$\sigma_{\mathscr{P}}^{*}=\sum_{i=1}^{n}f(\boldsymbol{r}(u_i,v_i))\varphi(u_i,v_i)\omega_i,$$

于是,由于 $\varphi(u,v)$ 在有界区域 $\mathscr{D}$ 上的连续性,可知它一致连续,从而可以取分割 $\mathscr{P}$ 足够细,使对于分割的每个小区域 $\mathscr{D}_i$ 中的任意两点 $(u,v),(\tilde{u},\tilde{v})$,必有

$$|\varphi(u,v)-\varphi(\tilde{u},\tilde{v})|<\varepsilon,$$

ε 是任意给定的正数.于是

$$\begin{aligned}|\sigma_{\mathscr{P}}^{*}-\sigma_{\mathscr{P}}| &\leqslant \sum_{i=1}^{n}|f(\boldsymbol{r}(u_i,v_i))[\varphi(u_i,v_i)-\varphi(\tilde{u}_i,\tilde{v}_i)]\omega_i|\\ &<\sup_{\boldsymbol{r}\in S}|f(\boldsymbol{r})|\sum_{i=1}^{n}\varepsilon\omega_i=\varepsilon\Omega L,\end{aligned}$$

这里 Ω 表示 $\mathscr{D}$ 的总面积,而

$$L=\sup_{\boldsymbol{r}\in S}|f(\boldsymbol{r})|$$

假定是有穷数.ε 既是任意的,可知当取 $\mathscr{P}$ 无限细分的极限时,$\sigma_{\mathscr{P}}$ 与 $\sigma_{\mathscr{P}}^{*}$ 有相同的极限,这正是所要证的,因为 $\sigma_{\mathscr{P}}^{*}$ 的极限正是(5)右边的重积分.

例 2 设有一球,它上面各点的密度等于这点到铅垂直径的距离,求球面的质量.

利用球面坐标,以球心为坐标原点,取 z 轴为铅垂线.设球的半径是 a,于是

$$x=a\sin\theta\cos\varphi,\quad y=a\sin\theta\sin\varphi,\quad z=a\cos\theta.$$

于是,由于用球面坐标时球面 $\rho=a$ 的面积元素是 $a^2\sin\theta\mathrm{d}\theta\mathrm{d}\varphi$,而点 $\boldsymbol{r}(x,y,z)$ 到 z 轴的距离是

$$\sqrt{x^2+y^2}=a\sin\theta,$$

可知所求的质量等于

$$\begin{aligned}m&=\int_S a\sin\theta\mathrm{d}\sigma=a^3\iint_S\sin^2\theta\mathrm{d}\theta\mathrm{d}\varphi\\&=a^3\int_0^{2\pi}\mathrm{d}\varphi\int_0^{\pi}\sin^2\theta\mathrm{d}\theta=\pi^2a^3.\end{aligned}$$

例 3 今有均匀圆锥面(图 10.4)(即密度 ρ 是常量)

$$z=\frac{h}{a}\sqrt{x^2+y^2},\quad 0\leqslant x^2+y^2\leqslant a^2$$

(a 是锥底半径,h 是锥的高),求锥面对锥底中心处单位质量的引力.

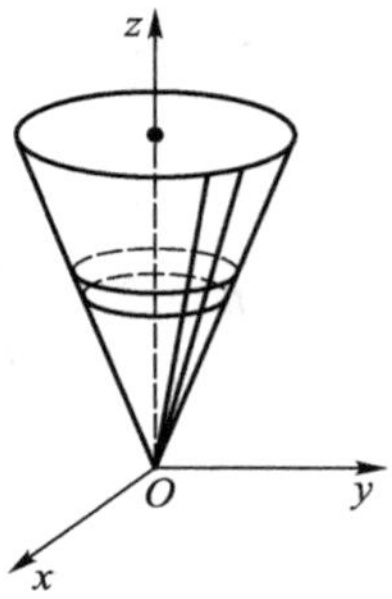

图 10.4

依对称性,引力是沿 z 轴方向的.取锥面上一小片 ΔS,并在这小片中取一点 $\boldsymbol{r}=(x,y,z)$,那么由这点到锥底中心$(0,0,h)$的距离是

$$\sqrt{x^2+y^2+(z-h)^2},$$

而这点与点$(0,0,h)$连线和 z 轴的夹角的余弦等于

$$\frac{z-h}{\sqrt{x^2+y^2+(z-h)^2}}.$$

于是这一小片锥面对锥底中心的引力近似地等于

$$\Delta F=G\cdot\rho\frac{\Delta S}{x^2+y^2+(z-h)^2},$$

而这个力沿 z 轴方向的分力是 $\Delta F\cdot\dfrac{z-h}{\sqrt{x^2+y^2+(z-h)^2}}$.但锥面在$(x,y,z)$处的法线方向是与锥面过点$(x,y,z)$处的母线垂直的,而母线的方向是$(x,y,z)$,故这个法线与 z 轴的夹角余弦等于锥的半顶角的正弦(图 10.5),从而等于$\dfrac{a}{\sqrt{a^2+h^2}}$.于是曲面面积元素等于

$$\frac{\mathrm{d}x\mathrm{d}y}{\dfrac{a}{\sqrt{a^2+h^2}}}=\frac{\sqrt{a^2+h^2}}{a}\mathrm{d}x\mathrm{d}y.$$

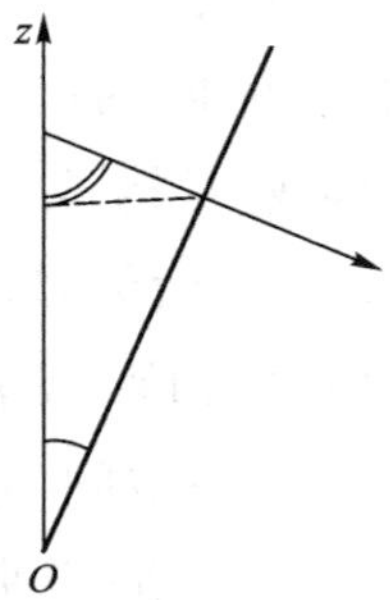

图 10.5

于是所求的引力等于

$$F=\frac{\sqrt{a^2+h^2}}{a}G\rho\cdot\iint_{x^2+y^2\leqslant a^2}\frac{z-h}{[\sqrt{x^2+y^2+(z-h)^2}]^3}\mathrm{d}x\mathrm{d}y.$$

代入 $z=\frac{h}{a}\sqrt{x^2+y^2}$,并令 $\sqrt{x^2+y^2}=r$,注意对称性并化成极坐标,可得

$$F=\frac{\sqrt{a^2+h^2}}{a}G\rho\cdot 2\pi h\int_0^a\frac{\frac{r}{a}-1}{\left[\sqrt{r^2+h^2\left(\frac{r}{a}-1\right)^2}\right]^3}r\mathrm{d}r$$

$$=\frac{\sqrt{a^2+h^2}}{a}2\pi Gh\rho\int_0^a\frac{r-a}{\left[\sqrt{(a^2+h^2)r^2-2rah^2+a^2h^2}\right]^3}r\mathrm{d}r.$$

令 $b=\sqrt{a^2+h^2}$,可得

$$F=2\pi Gh\rho ab\cdot\left[\frac{1}{b^2}\int_0^a\frac{\mathrm{d}r}{\sqrt{b^2r^2-2ah^2r+a^2h^2}}+\right.$$

$$\frac{a(h^2-a^2)}{b^4}\int_0^a\frac{(b^2r-ah^2)\mathrm{d}r}{(b^2r^2-2ah^2r+a^2h^2)^{3/2}}-$$

$$\left.\frac{2a^4h^2}{b^4}\int_0^a\frac{\mathrm{d}r}{(b^2r^2-2ah^2r+a^2h^2)^{3/2}}\right]$$

$$=2\pi Gh\rho ab\left[\frac{1}{b^3}\ln\frac{a}{h}\cdot\frac{b+a}{b-h}+\frac{h^2-a^2}{ahb^4}(a-h)-\frac{2}{b^4}(a+h)\right]$$

$$=\frac{2\pi Gha\rho}{b^2}\ln\frac{a}{h}\frac{b+a}{b-h}-\frac{2\pi G\rho(a+h)}{b}.$$

在物理学、力学中还常使用另一种面积分.我们首先考虑所谓矢量场的概念.当考虑流体流动时,在空间的一定区域中每点处,在每一时刻,流体的速度是一矢量.如果考虑一固定时刻的状态,在各点处的流体速度构成一组依赖于点的位置(用矢量 $\boldsymbol{r}$ 表示)的矢量 $\boldsymbol{v}$: $\boldsymbol{v}=\boldsymbol{v}(\boldsymbol{r})$,叫做矢量场.静电场、热流等也用矢量场表示:矢量表示各点处的电场强度,或表示在各点处的温度梯度 $-k\,\mathbf{grad}\,t$,等等.这种矢量场实际上是空间点的矢值函数——与平常函数不同处,在于它的值是个矢量.一般说来,这种矢量场是连续函数,除在某些个别特异点或特异线上之外.如果矢量场是连续矢值函数,一条曲线在它上面每点的切线与矢量场 $\boldsymbol{F}(\boldsymbol{r})$ 在这点的值方向一致,就叫做流线.如果曲线用参

数方程 $\boldsymbol{r}=\boldsymbol{r}(\tau)=(x(\tau),y(\tau),z(\tau))$ 表示，那么曲线在 $\boldsymbol{r}_0=\boldsymbol{r}(\tau_0)$ 处的切线方向由矢量 $\dot{\boldsymbol{r}}(\tau_0)$ 决定，从而 $\boldsymbol{r}(\tau)$ 应当满足下列关系：

(6) $$\dot{\boldsymbol{r}}(\tau)=\alpha\boldsymbol{F}(\boldsymbol{r}(\tau)),$$

其中 α 是实常数. 用分量表示，令 $\boldsymbol{F}=(F_x,F_y,F_z)$，得

(6′) $$\dot{x}(\tau)=\alpha F_x(x,y,z),\ \dot{y}(\tau)=\alpha F_y(x,y,z),\ \dot{z}(\tau)=\alpha F_z(x,y,z).$$

为简便起见，(6) 常表示成

$$\frac{\mathrm{d}x}{F_x}=\frac{\mathrm{d}y}{F_y}=\frac{\mathrm{d}z}{F_z}.$$

考察一个矢量场 $\boldsymbol{F}(\boldsymbol{r})$ 和一块曲面 S. 取 S 的一小块，它可以用矢量 $\Delta\boldsymbol{\sigma}$ 表示，这个矢量的大小等于这小块曲面的面积 $\Delta\sigma$，而它的方向是沿 S 的法线方向（法线的方向按一定方式选定）. 如果 $\boldsymbol{F}(\boldsymbol{r})$ 表示流体的速度场，那么

(7) $$\boldsymbol{F}\cdot\Delta\boldsymbol{\sigma}$$

表示流体通过小块曲面 $\Delta\boldsymbol{\sigma}$ 的速度——即通过这小块曲面的流体量对时间的变化率. 如果把曲面 S 分割成许多小块 $S_1,S_2,\cdots,S_n$，各用矢量 $\Delta\boldsymbol{\sigma}_1,\Delta\boldsymbol{\sigma}_2,\cdots,\Delta\boldsymbol{\sigma}_n$ 表示，那么取 S_i 上任意一点 $\boldsymbol{r}_i$，作形如 (7) 中诸积的和：

$$\sum_{i=1}^{n}\boldsymbol{F}(\boldsymbol{r}_i)\cdot\Delta\boldsymbol{\sigma}_i.$$

它就近似地表示通过整个曲面 S 的流体量按时间的变化率. 取这个和按 S 的无限细分时的极限（对于 S_i 中任意取的点 $\boldsymbol{r}_i$，极限值是相同的），这个量就表示通过曲面 S 的流体量按时间的变化率. 这个量叫做 $\boldsymbol{F}(\boldsymbol{r})$ 沿曲面 S 取的面积分（第二种面积分），表示成

(8) $$\int_S\boldsymbol{F}(\boldsymbol{r})\cdot\mathrm{d}\boldsymbol{\sigma}.$$

这个量的正负号显然依赖于曲面法线方向的取法. 在物理学中常采用更形象化的说法. 例如在磁场的情形，我们谈到磁力线. 这时，当 $\boldsymbol{F}$ 表示磁场强度所形成的矢量场时，积分 (8) 叫做通过曲面 S 的磁力线的数量——当然这不一定真是“数量”（即不一定等于正整数）. 对于一般的矢量场 $\boldsymbol{F}(\boldsymbol{r})$，上述定义仍适用.

如果 S 是封闭曲面，而 $\Delta\boldsymbol{\sigma}$ 的方向是指向曲面 S 所围的区域之外（由内向外），那么积分(8)常表示成

$$(9) \qquad \oint_S \boldsymbol{F}\cdot \mathrm{d}\boldsymbol{\sigma},$$

叫做矢量 $\boldsymbol{F}$ 由曲面 S 所围的区域流出的流量.

如果用分量表示，设 $\Delta\sigma$ 表示 $\|\Delta\boldsymbol{\sigma}\|$，而 $\boldsymbol{n}$ 表示 $\dfrac{\Delta\boldsymbol{\sigma}}{\|\Delta\boldsymbol{\sigma}\|}$，即曲面 $\Delta\sigma$ 的法线方向，而

$$\boldsymbol{n}=(\cos\alpha,\cos\beta,\cos\gamma),$$

那么，令 $\boldsymbol{F}=(X,Y,Z)$，就有

$$\boldsymbol{F}\cdot\Delta\boldsymbol{\sigma}=\boldsymbol{F}\cdot\boldsymbol{n}\Delta\sigma=(X\cos\alpha+Y\cos\beta+Z\cos\gamma)\Delta\sigma,$$

从而积分(8)化成第一种面积分

$$\int_S \boldsymbol{F}\cdot \mathrm{d}\boldsymbol{\sigma}=\int_S (X\cos\alpha+Y\cos\beta+Z\cos\gamma)\,\mathrm{d}\sigma.$$

注意由本节定理，上面的面积分还可以表达成另外一种以后很有用的形式.设曲面 S 的参数表示是 $\boldsymbol{r}=\boldsymbol{r}(u,v)$.那么依该定理，

$$(10) \qquad \int_S X\cos\alpha\,\mathrm{d}\sigma=\iint_{\mathscr{D}} X(\boldsymbol{r}(u,v))\cos\alpha\sqrt{EG-F^2}\,\mathrm{d}u\mathrm{d}v.$$

但

$$EG-F^2=(\boldsymbol{r}_u'\cdot\boldsymbol{r}_u')(\boldsymbol{r}_v'\cdot\boldsymbol{r}_v')-(\boldsymbol{r}_u'\cdot\boldsymbol{r}_v')^2=\|\boldsymbol{r}_u'\times\boldsymbol{r}_v'\|^2,$$

而由于 $\boldsymbol{r}_u',\boldsymbol{r}_v'$ 表示曲面上沿曲线 $u=$ 常数，$v=$ 常数的切线方向，从而 $\boldsymbol{r}_u'\times\boldsymbol{r}_v'$ 表示曲面的法线方向，因此 $\boldsymbol{n}=(\cos\alpha,\cos\beta,\cos\gamma)=\dfrac{\boldsymbol{r}_u'\times\boldsymbol{r}_v'}{\|\boldsymbol{r}_u'\times\boldsymbol{r}_v'\|}$，于是由(10)及相应的关于 $Y\cos\beta$，$Z\cos\gamma$ 的两个积分合并可得

$$\int_S \boldsymbol{F}\cdot \mathrm{d}\boldsymbol{\sigma}=\iint_{\mathscr{D}} \boldsymbol{F}\cdot(\boldsymbol{r}_u'\times\boldsymbol{r}_v')\,\mathrm{d}u\mathrm{d}v.$$

这个公式在以后有时用起来是方便的.

面积分的意义既如上述，如果 S 表示围绕一点 P 的一个很小的封闭曲面（图 10.6），积分(9)表示单位时间流入与流出 S 所围的区域的流体量的代数和，也就是等于单位时间内流体量在点 P 处的增长率.但由第七章已经知道，如果 S 是以 $\Delta x,\Delta y,\Delta z$ 为边的平行六面

体,这个流体量在单位时间中的增长率等于

$$\text{div}\,\boldsymbol{F}\Delta V, \tag{11}$$

这里 $\Delta V=\Delta x\Delta y\Delta z$ 表示这个小平行六面体的体积.如果把曲面围绕的整个体积分成小块,并考察有相邻面 $\Delta\sigma$ 的两小块(图 10.7),那么由一块的 $\Delta\sigma$ 这一面流出的量等于另一块在 $\Delta\sigma$ 这一面上流入的量,从而当把每小块的流过量相加时,这些项相互抵消,只剩下通过整个曲面的边界 S 的那一部分,即总和等于

$$\int_S \boldsymbol{F}\cdot \mathrm{d}\boldsymbol{\sigma},$$

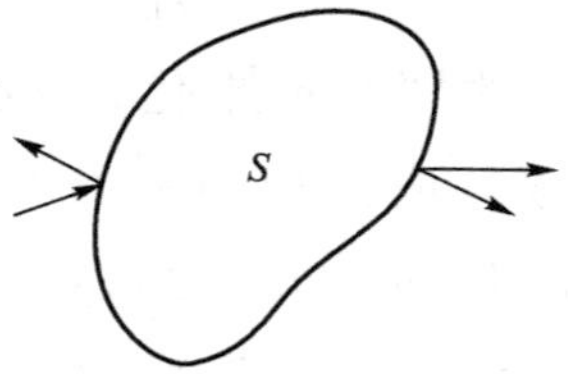

图 10.6

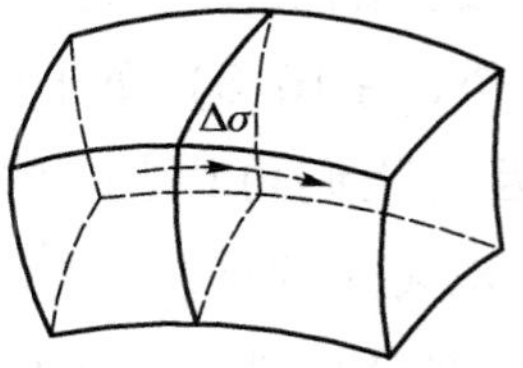

图 10.7

而依照上述,这应当等于(11)在 S 所围的整个区域 V 上的总和

$$\int_V \text{div}\,\boldsymbol{F}\mathrm{d}V.$$

这个等式

$$\int_S \boldsymbol{F}\cdot \mathrm{d}\boldsymbol{\sigma}=\int_{\mathrm{V}} \text{div}\,\boldsymbol{F}\mathrm{d}V \tag{12}$$

很重要,称作散度公式,平常也叫做高斯-奥斯特罗格拉茨基公式.

我们也可以给(12)以证明,当然这里的证明也并不是足够严谨的.我们先考虑一下如何证明.我们先考察 $\boldsymbol{F}=(X,Y,Z)$ 的分量 X 与 Y 等于 0 的特殊情形.这时所要证的(12)变成

$$\int_S Z\cos\gamma\,\mathrm{d}\boldsymbol{\sigma}=\int_V \frac{\partial Z}{\partial z}\mathrm{d}V. \tag{12′}$$

这使我们联想起单变量函数的积分学中的牛顿-莱布尼茨公式

$$X(b)-X(a)=\int_a^b \frac{\mathrm{d}X}{\mathrm{d}t}\mathrm{d}t. \tag{12″}$$

(12′)与(12″)的类似,在于它们都是把函数的微商在某区域上的积

分用函数在区域边界(在区间的情形是两端)的值表示出来.如果把(12′)右边的三重积分写成

$$\iiint \frac{\partial Z}{\partial z}\mathrm{d}x\mathrm{d}y\mathrm{d}z = \iint \mathrm{d}x\mathrm{d}y \int_{z_1(x,y)}^{z_2(x,y)} \frac{\partial Z}{\partial z}\mathrm{d}z,$$

并先求出按 Z 的积分来,得出

$$\iint [Z(x,y,z_2(x,y)) - Z(x,y,z_1(x,y))]\mathrm{d}x\mathrm{d}y,$$

而由此就不难化成(12′)的左边了.下列的证明正是按照这种想法来实现的.

散度公式的证明 为简单起见,设平行于 z 轴的直线与 S 的交点至多有两个(图 10.8).交于两个以上的点的情况不难化归为这里考察的情形,因为我们可以把曲面所围的区域分成几块(图 10.9),于是对于有一片公共面的两块,法线方向正相反,从而在取(12)左边的面积分值时,这两部分抵消,从而把区域分成几块考虑时,所得的诸面积分之和与把区域当作整个来考虑时的相应面积分是相等的.至于(12)右边的三重积分,按整个区域取的等于按分成各小区域取的积分之和,这也在第九章中讲过了.因此这情况可以化归为平行于 z 轴的直线只与曲面 S 相交于至多两个点的情形.

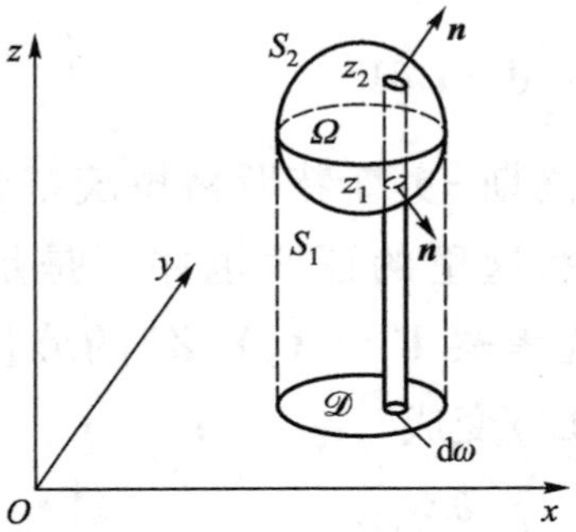

图 10.8

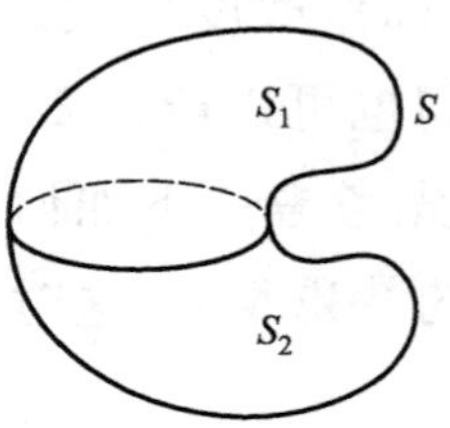

图 10.9

设过(x,y)点平行于 z 轴的直线与曲面 S 相交的点表示成$z_1(x,y)$,$z_2(x,y)$——只考虑使交点存在的那些(x,y),这些(x,y)组成 xOy 平面上一个区域 $\mathscr{D}$.注意对于 $\mathscr{D}$ 中某些(x,y),$z_1(x,y)$与 $z_2(x,y)$可能相等.

我们使用的标号 1,2 是这样选取的,即常使$z_1(x,y)\leqslant z_2(x,y)$.设诸点$(x,y,z_1(x,y))$构成曲面 S_1,它的方程是

$$z=z_1(x,y),\quad (x,y)\in\mathscr{D},$$

而诸点$(x,y,z_2(x,y))$构成曲面 S_2,它的方程是

$$z=z_2(x,y),\quad (x,y)\in\mathscr{D},$$

这样 S_1 上每点处的向外法线 $\boldsymbol{n}$ 与 z 轴所夹的角是钝角,而 S_2 上每点处的向外法线 $\boldsymbol{n}$ 与 z 轴所夹的角是锐角.如果考察 $\mathscr{D}$ 中一小块(小区域)$\Delta\omega$,而$(x,y,z_1(x,y))((x,y)\in\Delta\omega)$与$(x,y,z_2(x,y))((x,y)\in\Delta\omega)$各构成 S_1,S_2 上两块小曲面 $\Delta\sigma_1,\Delta\sigma_2$,那么由于 $\Delta\omega$(表示区域 $\Delta\omega$ 的面积)是非负的量,可知

$$\Delta\omega=-\Delta\sigma_1\cos(\widehat{\boldsymbol{n},z})=\Delta\sigma_2\cos(\widehat{\boldsymbol{n},z}).$$

考察$\dfrac{\partial Z(x,y,z)}{\partial z}$在 S 所围的区域 Ω 上的三重积分

$$\int_\Omega\frac{\partial Z}{\partial z}\mathrm{d}\Omega.$$

化成累次积分,可知

$$(13)\qquad \int_\Omega\frac{\partial Z}{\partial z}\mathrm{d}\Omega=\int_{\mathscr{D}}\mathrm{d}\omega\int_{z_1}^{z_2}\frac{\partial Z}{\partial z}\mathrm{d}z$$

$$=\int_{\mathscr{D}}[Z(x,y,z_2(x,y))-Z(x,y,z_1(x,y))]\mathrm{d}\omega.$$

但依上述,

$$\int_{\mathscr{D}}Z(x,y,z_1(x,y))\mathrm{d}\omega=-\int_{\mathscr{D}}Z(x,y,z_1(x,y))\cos(\widehat{\boldsymbol{n},z})\mathrm{d}\sigma_1$$

$$=-\int_{S_1}Z(x,y,z)\cos(\widehat{\boldsymbol{n},z})\mathrm{d}\sigma_1.$$

这里利用了(5),只不过令 $u=x,v=y$,从而依第九章所述,

$$\sqrt{EG-F^2}=\sqrt{1+\left(\frac{\partial z_1}{\partial x}\right)^2+\left(\frac{\partial z_1}{\partial y}\right)^2}=-\cos(\widehat{\boldsymbol{n},z}).$$

同理,

$$\int_{\mathscr{D}}Z(x,y,z_2(x,y))\mathrm{d}\omega=\int_{S_2}Z(x,y,z)\cos(\widehat{\boldsymbol{n},z})\mathrm{d}\sigma_2.$$

合并,可知(13)右边等于

$$\int_{S_1} Z\cos(\widehat{\boldsymbol{n},z})\,d\sigma_1 + \int_{S_2} Z\cos(\widehat{\boldsymbol{n},z})\,\mathrm{d}\sigma_2 = \int_S Z\cos(\widehat{\boldsymbol{n},z})\,\mathrm{d}\sigma.$$

同理可以证明

$$\int_\Omega \frac{\partial X}{\partial x}\mathrm{d}\Omega = \int_S X\cos(\widehat{\boldsymbol{n},x})\,\mathrm{d}\sigma,$$

$$\int_\Omega \frac{\partial Y}{\partial y}\mathrm{d}\Omega = \int_S Y\cos(\widehat{\boldsymbol{n},y})\,\mathrm{d}\sigma,$$

从而得知

(14) $$\int_\Omega \left(\frac{\partial X}{\partial x} + \frac{\partial Y}{\partial y} + \frac{\partial Z}{\partial z}\right)\mathrm{d}\Omega$$

$$= \int_S [X\cos(\widehat{\boldsymbol{n},x}) + Y\cos(\widehat{\boldsymbol{n},y}) + Z\cos(\widehat{\boldsymbol{n},z})]\,\mathrm{d}\sigma.$$

令 $\boldsymbol{F}=(X,Y,Z)$,(14)左边被积分函数是

$$\frac{\partial X}{\partial x} + \frac{\partial Y}{\partial y} + \frac{\partial Z}{\partial z} = \mathrm{div}\,\boldsymbol{F},$$

而(14)右边依前述正是

$$\int_S \boldsymbol{F}\cdot\mathrm{d}\boldsymbol{\sigma},$$

从而(14)正是所要证的(12).

设有点电荷 e,放在封闭曲面 S 内部.于是它产生的电场是$\boldsymbol{E}=\frac{e}{r^2}\frac{\boldsymbol{r}}{r}$, $\boldsymbol{r}$ 表示从 e 出发到所考虑的点处的矢量.通过曲面 S 的电通量和通过以电荷所在点为心的一个球面(半径为 1)的电通量是相同的,从而依散度公式,有等式

$$\int_\Omega \mathrm{div}\,\boldsymbol{E}\,\mathrm{d}\Omega = 4\pi e,$$

由叠加原理,这等式对于曲面所包围区域中的任意电荷分布(总电荷是 e)也成立.

如果曲面内有电荷分布,电荷密度是 ρ,那么曲面所围的区域 Ω 内总电荷是

$$e = \int_{\Omega} \rho \mathrm{d}\Omega .$$

依上述，

$$\int_{\Omega} \operatorname{div} \boldsymbol{E} \mathrm{d}\Omega = 4\pi \int_{\Omega} \rho \mathrm{d}\Omega,$$

从而

$$\int_{\Omega} (\operatorname{div} \boldsymbol{E} - 4\pi\rho) \mathrm{d}\Omega = 0. \tag{15}$$

这对于电场内任意区域 Ω 都成立.如果 $\operatorname{div} \boldsymbol{E}-4\pi\rho$ 是位置的连续函数,且如果它在某点不为 0,那么它在这点附近必按绝对值大于某适当小的定数,从而取 Ω 为这点的这个小邻域,那么在 Ω 上的积分就不能是 0 了,与(15)矛盾.从而得出方程

$$\operatorname{div} \boldsymbol{E} = 4\pi\rho.$$

散度公式的一个重要应用乃是使得我们可以给出散度 $\operatorname{div} \boldsymbol{F}$ 的独立于坐标系的定义.像我们屡次声明过的,有客观物理意义的量应当是与坐标系的选择无关的.事实上,假定 $\operatorname{div} \boldsymbol{F}$ 是位置的连续函数,那么依中值定理,存在 V 中一点 $\tilde{\boldsymbol{r}}$,使得 $\operatorname{div} \boldsymbol{F}$ 在这点的值 $\widetilde{\operatorname{div} \boldsymbol{F}}$ 满足下列等式:

$$\widetilde{\operatorname{div} \boldsymbol{F}} \cdot V = \int_{V} \operatorname{div} \boldsymbol{F} \mathrm{d}V = \int_{S} \boldsymbol{F} \cdot \mathrm{d}\boldsymbol{\sigma},$$

从而

$$\widetilde{\operatorname{div} \boldsymbol{F}} = \frac{1}{V} \int_{S} \boldsymbol{F} \cdot \mathrm{d}\boldsymbol{\sigma}.$$

令 V 环绕点 $\boldsymbol{r}$ 无限缩小,那么 $\tilde{\boldsymbol{r}} \to \boldsymbol{r}$,从而

$$\operatorname{div} \boldsymbol{F} = \lim_{V \to 0} \frac{1}{V} \int_{S} \boldsymbol{F} \cdot \mathrm{d}\boldsymbol{\sigma}. \tag{16}$$

散度的这个公式显然是不依赖于坐标系的选择的.

在第七章中曾考虑过流体的连续性方程和运动基本方程.现在借上述的公式也可以比较简单地得出那些结果.

首先考察流体在无源时的运动.我们假设流体连续地充满空间中的某一确定部分,想象从流体中划出一块由曲面 S 所包围的立体 V.

在单位时间内从这一立体向外流出的流体的质量 Q 可以表示成

$$Q = \int_S \rho \boldsymbol{v} \cdot \mathrm{d}\boldsymbol{\sigma},$$

这里 ρ 表示流体的密度，$\boldsymbol{v}$ 表示流体运动速度.另一方面，在时间 Δt 内密度 ρ 的改变可以近似地表示作 $\frac{\partial \rho}{\partial t}\Delta t$，从而体积元素 ΔV 的质量 $\rho\Delta V$ 的改变是 $\frac{\partial \rho}{\partial t}\Delta t\Delta V$.因此，$V$ 中质量的总改变可以表示作

$$\Delta t \int_V \frac{\partial \rho}{\partial t}\mathrm{d}V,$$

这表示在体积 V 中流体质量在时间 Δt 内的增加量.由于无源，必然

$$\int_S \rho \boldsymbol{v} \cdot \mathrm{d}\boldsymbol{\sigma} + \int_V \frac{\partial \rho}{\partial t}\mathrm{d}V = 0.$$

利用散度公式，可把上式中面积分化成三重积分，于是得

$$\int_V \left[\frac{\partial \rho}{\partial t} + \operatorname{div}(\rho \boldsymbol{v})\right]\mathrm{d}V = 0.$$

V 既是任意的主体，依前面引用过的推理，可得

$$\frac{\partial \rho}{\partial t} + \operatorname{div}(\rho \boldsymbol{v}) = 0,$$

这正是连续性方程.

同样推理也可以导出热传导方程.仍考察由一曲面 S 所围的立体 V，我们考察无热源的情况.设 $U=U(x,y,z,t)=U(\boldsymbol{r},t)$ 表示物体在点 $\boldsymbol{r}$ 处在时刻 t 的温度.由于热的流动是由温度高的地方向低的地方，并且与温度差成比例，所以热流量 $\boldsymbol{q}$ 等于

$$\boldsymbol{q} = -k\,\mathbf{grad}\,U,$$

k 是比例常数，即内热传导系数.因此在单位时间内通过曲面 S 由立体 V 流出的热量等于

$$Q = -\int_S k(\mathbf{grad}\,U) \cdot \mathrm{d}\boldsymbol{\sigma}.$$

依散度公式，可以化成

$$Q = -\int_V \operatorname{div}(k\,\mathbf{grad}\,U)\mathrm{d}V.$$

另一方面,这一热量引起 V 内部温度的改变.在时间 Δt 内温度的改变是 $\Delta U\approx\frac{\partial U}{\partial t}\Delta t$,而引起这样的温度改变的热量乃是

$$c\frac{\partial U}{\partial t}\Delta t\cdot\rho\Delta V,$$

这里 c 是物体在所考虑的点处的热容量.因此在时间 Δt 内整个立体 V 所需的热量是

$$\Delta t\int_V c\rho\frac{\partial U}{\partial t}\mathrm{d}V.$$

因此,由于无热源,可知

$$\int_V\left[c\rho\frac{\partial U}{\partial t}-\operatorname{div}(k\ \mathbf{grad}\ U)\right]\mathrm{d}V=0.$$

这既然对于由所考察的物体随意划出的一块 V 都成立,引用前面已经熟悉了的推理,可得

$$c\rho\frac{\partial U}{\partial t}=\operatorname{div}(k\ \mathbf{grad}\ U).$$

这正是热传导方程.

由上述的散度公式还可以得出它的另一形式.设 $p=p(\boldsymbol{r})$ 是一标量场,也就是一个位置的数值函数.令 $\boldsymbol{a}=p\boldsymbol{e}_1,\boldsymbol{e}_1=(1,0,0)$,那么 $\operatorname{div}\boldsymbol{a}=\frac{\partial p}{\partial x}$.如果 $\boldsymbol{n}=(\cos\alpha,\cos\beta,\cos\gamma)$ 表示曲面的法向单位矢量,那么

$$\int_S\boldsymbol{a}\cdot\mathrm{d}\boldsymbol{\sigma}=\int_S p\cos\alpha\,\mathrm{d}\sigma.$$

于是依散度公式,得

$$\int_V\frac{\partial p}{\partial x}\mathrm{d}V=\int_S p\cos\alpha\,\mathrm{d}\sigma.$$

同理得出

$$\int_V\frac{\partial p}{\partial y}\mathrm{d}V=\int_S p\cos\beta\,\mathrm{d}\sigma,\quad\int_V\frac{\partial p}{\partial z}\mathrm{d}V=\int_S p\cos\gamma\,\mathrm{d}\sigma.$$

合并这三个式,写成矢量形式,并注意

$$\mathbf{grad}\ p=\left(\frac{\partial p}{\partial x},\frac{\partial p}{\partial y},\frac{\partial p}{\partial z}\right),$$

可得

(17) $$\int_V \mathbf{grad}\, p\mathrm{d}V = \int_S p\mathrm{d}\boldsymbol{\sigma}.$$

由(17)可以导出理想流体运动的基本方程.由第七章§3,已知流体一方面受到质量力的作用,一方面,它们每一部分受到周围部分的压力.设作用在单位质量上的力表示成 $\boldsymbol{F}$,那么在流体的一块小体积元素 ΔV 上作用的力是 $\rho\Delta V\boldsymbol{F}$,$\rho$ 是流体的密度.如果从流体中划出一个由曲面 S 包围的立体 V,由于假定流体是理想的,由周围的流体作用在 V 上的压力是沿 S 的内法线的,又由第七章§3已经知道作用在一块小面积上的压力的大小 p 与面的方向无关,只与作用的点位置有关,于是 p 形成标量场.作用在 S 的面元素 $\mathrm{d}\boldsymbol{\sigma}$ 上的压力于是等于

$$-p\Delta\boldsymbol{\sigma},$$

从而作用在整个 V 上的力等于

$$-\int_S p\mathrm{d}\boldsymbol{\sigma}.$$

由(17)得知这个力等于

$$-\int_V \mathbf{grad}\, p\mathrm{d}V.$$

作用在体积元素 ΔV 上的压力于是等于

$$-\mathbf{grad}\, p\Delta V.$$

设 $\boldsymbol{j}$ 表示流体的体积元素 ΔV 的加速度,依牛顿第二定律,

$$\rho\Delta V\boldsymbol{j} = \boldsymbol{F}\rho\Delta V - \Delta V\mathbf{grad}\, p,$$

从而得出理想流体运动的基本方程

$$\boldsymbol{j} = \boldsymbol{F} - \frac{1}{\rho}\mathbf{grad}\, p.$$

由散度公式还可以得出另一个很有用的公式(格林公式).事实上,在(12)中令 $\boldsymbol{F} = u\mathbf{grad}\, v$,$u$,$v$ 是两个标量场,那么,令

$$\nabla = e_1\frac{\partial}{\partial x} + e_2\frac{\partial}{\partial y} + e_3\frac{\partial}{\partial z},$$

得

$$\mathrm{div}\, \boldsymbol{F} = \nabla\cdot\boldsymbol{F} = \nabla\cdot(u\ \mathbf{grad}\, v) = \mathbf{grad}\, u\cdot\mathbf{grad}\, v + u\Delta v,$$

这里 Δ 表示拉普拉斯算子：

$$\Delta=\frac{\partial^2}{\partial x^2}+\frac{\partial^2}{\partial y^2}+\frac{\partial^2}{\partial z^2}.$$

又

$$\begin{aligned}\int_S \boldsymbol{F}\cdot \mathrm{d}\boldsymbol{\sigma}&=\int_S u\ \mathbf{grad}\ v\cdot \mathrm{d}\boldsymbol{\sigma}=\int_S u\ \mathbf{grad}\ v\cdot \boldsymbol{n}\mathrm{d}\sigma\\&=\int_S u\frac{\partial v}{\partial n}\mathrm{d}\sigma,\end{aligned}$$

这里$\frac{\partial v}{\partial n}$表示函数 v 沿外法线方向 $\boldsymbol{n}$ 的微商.于是(12)变成

$$\int_V \mathbf{grad}\ u\cdot \mathbf{grad}\ v\mathrm{d}V=\int_S u\frac{\partial v}{\partial n}\mathrm{d}\sigma-\int_V u\Delta v\mathrm{d}V. \tag{18}$$

在(18)中,对换 u 与 v 的地位,可得一类似公式.把这式再同(18)相减,那么左边抵消,从而得出格林公式：

$$\int_V (u\Delta v-v\Delta u)\mathrm{d}V=\int_S\left(u\frac{\partial v}{\partial n}-v\frac{\partial u}{\partial n}\right)\mathrm{d}\sigma. \tag{19}$$

这个公式在将来解偏微分方程时是要用到的.

我们还要谈到散度公式的一个推广.设 $T\boldsymbol{u}$ 是作用在矢量 $\boldsymbol{u}$ 上的线性算子,令 $\boldsymbol{v}_i=((T\boldsymbol{e}_1,\boldsymbol{e}_i),(T\boldsymbol{e}_2,\boldsymbol{e}_i),(T\boldsymbol{e}_3,\boldsymbol{e}_i))$.于是利用散度公式,有

$$\int_V \mathrm{div}\ \boldsymbol{v}_i\mathrm{d}V=\int_S \boldsymbol{v}_i\cdot \mathrm{d}\boldsymbol{\sigma}. \tag{20}$$

但利用内积的连续性不难看出：

$$\begin{aligned}\mathrm{div}\ \boldsymbol{v}_i&=\frac{\partial}{\partial x}(T\boldsymbol{e}_1,\boldsymbol{e}_i)+\frac{\partial}{\partial y}(T\boldsymbol{e}_2,\boldsymbol{e}_i)+\frac{\partial}{\partial z}(T\boldsymbol{e}_3,\boldsymbol{e}_i)\\&=\left(\frac{\partial}{\partial x}T\boldsymbol{e}_1+\frac{\partial}{\partial y}T\boldsymbol{e}_2+\frac{\partial}{\partial z}T\boldsymbol{e}_3,\boldsymbol{e}_i\right),\end{aligned}$$

从而

$$\begin{aligned}\sum_{i=1}^{3}(\mathrm{div}\ \boldsymbol{v}_i)\boldsymbol{e}_i&=\sum_{i=1}^{3}\left(\frac{\partial}{\partial x}T\boldsymbol{e}_1+\frac{\partial}{\partial y}T\boldsymbol{e}_2+\frac{\partial}{\partial z}T\boldsymbol{e}_3,\boldsymbol{e}_i\right)\boldsymbol{e}_i\\&=\frac{\partial}{\partial x}T\boldsymbol{e}_1+\frac{\partial}{\partial y}T\boldsymbol{e}_2+\frac{\partial}{\partial z}T\boldsymbol{e}_3.\end{aligned}$$

又令 $\boldsymbol{n}$ 表示曲面 S 的法线方向单位矢量,(20)的右边是

$$\int_S \boldsymbol{v}_i \cdot \mathrm{d}\boldsymbol{\sigma} = \int_S \boldsymbol{v}_i \cdot \boldsymbol{n}\mathrm{d}\sigma.$$

但如果令 $\boldsymbol{n}=(\cos\alpha,\cos\beta,\cos\gamma)$,可知

$$\begin{aligned}\boldsymbol{v}_i \cdot \boldsymbol{n} &= (T\boldsymbol{e}_1,\boldsymbol{e}_i)\cos\alpha+(T\boldsymbol{e}_2,\boldsymbol{e}_i)\cos\beta+(T\boldsymbol{e}_3,\boldsymbol{e}_i)\cos\gamma \\ &= (T\boldsymbol{e}_1\cos\alpha+T\boldsymbol{e}_2\cos\beta+T\boldsymbol{e}_3\cos\gamma,\boldsymbol{e}_i)=(T\boldsymbol{n},\boldsymbol{e}_i),\end{aligned}$$

从而

$$\sum_{i=1}^{3}(\boldsymbol{v}_i\cdot\boldsymbol{n})\boldsymbol{e}_i = \sum_{i=1}^{3}(T\boldsymbol{n},\boldsymbol{e}_i)\boldsymbol{e}_i = T\boldsymbol{n}.$$

于是把(20)的两边乘 $\boldsymbol{e}_i$,再把 i 按 1,2,3 相加,根据上述推理,得知

$$(21)\qquad \int_V\left(\frac{\partial}{\partial x}T\boldsymbol{e}_1+\frac{\partial}{\partial y}T\boldsymbol{e}_2+\frac{\partial}{\partial z}T\boldsymbol{e}_3\right)\mathrm{d}V=\int_S T\boldsymbol{n}\mathrm{d}\sigma.$$

(21) 就是我们所要证的广义散度公式.注意它与散度公式不同,在于那里等式两边是数,而在(21)中两边都是矢量.

现在考察三重积分区域依赖于参数 t 的情形:$\Omega=\Omega(t)$.在第九章已经指出这种积分的物理意义,我们要考察这种积分按 t 的变化率,也就是说,设 $f(\boldsymbol{r},t)$ 依赖于位置矢量 $\boldsymbol{r}$ 与(看作时间的)参数 t,并且有按 t 的二阶偏微商 $f''_{tt}(\boldsymbol{r},t)$,这偏微商在包含 $\Omega(t)$ 在它内部的一个闭区域 Ω_0 中连续.我们要求

$$(22)\qquad \begin{aligned}&\frac{\mathrm{d}}{\mathrm{d}t}\int_{\Omega(t)}f(\boldsymbol{r},t)\mathrm{d}\Omega \\ &=\lim_{\Delta t\to 0}\frac{1}{\Delta t}\left[\int_{\Omega(t+\Delta t)}f(\boldsymbol{r},t+\Delta t)\mathrm{d}\Omega-\int_{\Omega(t)}f(\boldsymbol{r},t)\mathrm{d}\Omega\right].\end{aligned}$$

注意

$$(23)\qquad \begin{aligned}&\left|\frac{1}{\Delta t}\int_{\Omega(t+\Delta t)}[f(\boldsymbol{r},t+\Delta t)-f(\boldsymbol{r},t)]\mathrm{d}\Omega-\int_{\Omega(t)}f'_t(\boldsymbol{r},t)\mathrm{d}\Omega\right| \\ &\leqslant\left|\frac{1}{\Delta t}\int_{\Omega(t+\Delta t)}[f(\boldsymbol{r},t+\Delta t)-f(\boldsymbol{r},t)-f'_t(\boldsymbol{r},t)\Delta t]\mathrm{d}\Omega\right|+ \\ &\quad\left|\int_{\Omega(t+\Delta t)}f'_t(\boldsymbol{r},t)\mathrm{d}\Omega-\int_{\Omega(t)}f'_t(\boldsymbol{r},t)\mathrm{d}\Omega\right| \\ &\leqslant|\Delta t|\int_{\Omega(t+\Delta t)}\left|\frac{1}{2}f''_{tt}(\boldsymbol{r},t+\theta\Delta t)\right|\mathrm{d}\Omega+\end{aligned}$$

$$\max_{\Omega_0}|f_t'(\boldsymbol{r},t)|\,|\Omega(t+\Delta t)\setminus\Omega(t)|,$$

这里$|\Omega(t+\Delta t)\setminus\Omega(t)|$表示$\Omega(t+\Delta t)$与$\Omega(t)$的差集(即在$\Omega(t+\Delta t)$而不在$\Omega(t)$中与在$\Omega(t)$而不在$\Omega(t+\Delta t)$中的点所组成的集)的体积.因此(23)的右端随$\Delta t\to 0$而趋于0,因为依假定,$f_{tt}''(\boldsymbol{r},t+\theta\Delta t)$在$\Omega_0(\supset\Omega(t+\Delta t))$中有界.因此得知

$$(24)\qquad \lim_{\Delta t\to 0}\frac{1}{\Delta t}\int_{\Omega(t+\Delta t)}[f(\boldsymbol{r},t+\Delta t)-f(\boldsymbol{r},t)]\,\mathrm{d}\Omega=\int_{\Omega(t)}f_t'(\boldsymbol{r},t)\,\mathrm{d}\Omega.$$

注意(22)右边与(24)左边之差乃是

$$(25)\qquad \lim_{\Delta t\to 0}\frac{1}{\Delta t}\int_{\Omega(t+\Delta t)\setminus\Omega(t)}f(\boldsymbol{r},t)\,\mathrm{d}\Omega.$$

但如果把$f(\boldsymbol{r},t)$理解成体$\Omega(t)$中包含的流体在时刻t与点$\boldsymbol{r}$处的密度,那么(25)这一极限等于单位时间内流体通过区域$\Omega(t)$的表面$S(t)$流出的量,也就是等于

$$\int_{S(t)}f(\boldsymbol{r},t)\boldsymbol{v}\cdot\mathrm{d}\boldsymbol{\sigma},$$

这里$\boldsymbol{v}$表示流体的速度矢量.由此得出

$$(26)\qquad \frac{\mathrm{d}}{\mathrm{d}t}\int_{\Omega(t)}f(\boldsymbol{r},t)\,\mathrm{d}\Omega=\int_{\Omega(t)}f_t'(\boldsymbol{r},t)\,\mathrm{d}\Omega+\int_{S(t)}f(\boldsymbol{r},t)\boldsymbol{v}\cdot\mathrm{d}\boldsymbol{\sigma}.$$

利用散度公式,可以写成

$$\int_{S(t)}f(\boldsymbol{r},t)\boldsymbol{v}\cdot\mathrm{d}\boldsymbol{\sigma}=\int_{\Omega(t)}\mathrm{div}(f\boldsymbol{v})\,\mathrm{d}\Omega.$$

由此,(26)可以写成

$$(27)\qquad \frac{\mathrm{d}}{\mathrm{d}t}\int_{\Omega(t)}f(\boldsymbol{r},t)\,\mathrm{d}\Omega=\int_{\Omega(t)}\left[\frac{\partial f}{\partial t}+\mathrm{div}(f\boldsymbol{v})\right]\mathrm{d}\Omega.$$

又注意

$$\mathrm{div}(f\boldsymbol{v})=\boldsymbol{v}\cdot\mathbf{grad}\,f+f\mathrm{div}\,\boldsymbol{v},$$

及

$$\frac{\mathrm{d}f}{\mathrm{d}t}=\frac{\partial f}{\partial t}+\boldsymbol{v}\cdot\mathbf{grad}\,f,$$

从而(27)变成

$$(28)\qquad \frac{\mathrm{d}}{\mathrm{d}t}\int_{\Omega(t)} f(\boldsymbol{r},t)\,\mathrm{d}\Omega = \int_{\Omega(t)}\left(\frac{\mathrm{d}f}{\mathrm{d}t} + f\mathrm{div}\,\boldsymbol{v}\right)\mathrm{d}\Omega.$$

对于矢量函数 $\boldsymbol{a}(\boldsymbol{r},t)$，我们可以分别考虑它的三个分量，从而依照(28)可得

$$\frac{\mathrm{d}}{\mathrm{d}t}\int_{\Omega(t)} \boldsymbol{a}(\boldsymbol{r},t)\,\mathrm{d}\Omega = \int_{\Omega(t)}\left(\frac{\mathrm{d}\boldsymbol{a}}{\mathrm{d}t} + \boldsymbol{a}\mathrm{div}\,\boldsymbol{v}\right)\mathrm{d}\Omega.$$

§3 环流量

现在考察由流体的速度矢量 $\boldsymbol{v}$ 所形成的矢量场.在这场中放一个圆柱形的小轮 K，设轮缘上有大量的小轮叶，而轮能自由地环绕它的轴(用单位矢量 $\boldsymbol{e}$ 表示)旋转.流体的粒子作用在轮叶上促使轮旋转.我们来求轮旋转的角速度.流体粒子对于轮叶的作用由流体速度 $\boldsymbol{v}$ 和轮周的切线方向单位矢量 $\boldsymbol{t}$ 的内积 $\boldsymbol{v}\cdot\boldsymbol{t}$ 决定，也就是由 $\boldsymbol{v}$ 沿轮周方向的投影分量来决定.很自然地假定轮周上每一点的速度等于量 $\boldsymbol{v}\cdot\boldsymbol{t}$ 沿轮周一切叶的平均值.如果 Σ 表示轮 K 的侧面，而 R 表示圆柱 K 的底半径，H 表示轮圆柱的高，这个平均值可以表示作

$$(1)\qquad \frac{1}{2\pi RH}\int_{\Sigma}\boldsymbol{v}\cdot\boldsymbol{t}\,\mathrm{d}\sigma.$$

我们知道角速度等于速度被运动点到旋转轴的距离除，从而角速度等于上式被 R 除，但 πR^2H 等于轮作为圆柱体的体积 V，于是角速度等于

$$(2)\qquad \omega = \frac{1}{2V}\int_{\Sigma}\boldsymbol{v}\cdot\boldsymbol{t}\,\mathrm{d}\sigma.$$

这个量描述了流体运动的涡旋性质.如果 $\boldsymbol{v}$ 是常量，那么轮就不旋转了，不论轮在矢量场中的位置是怎样的，因为在轮缘的任意两个直径相对的点处所受到的流体的作用是大小相等而方向一致的.但如果流体像刚体一样地环绕一个轴旋转，那么轮也旋转，而且它的旋转角速度依赖于轮的轴对于流体旋转轴的倾斜度，也依赖于它的中心离流

体旋转轴的距离.特别当轮的轴与流体的旋转轴相重时,轮转得最快,因为这时在轮周上直径相对的每一双轮叶处作用着一个力偶.因此,积分(1)标志着流体流动时涡旋的大小.严格说来,这个量只是与在轮缘处的流体粒子有关.因此,如果要想得到场中一点处的特征,我们把上述的“试验”轮的中心放在这点处,并设想轮缩成这个点,也就是令轮半径与厚度趋于零,并求式(2)的极限.我们在后面再讨论极限的存在问题.

我们先试把 $\boldsymbol{v}\cdot\boldsymbol{t}$ 表示成某个矢量 $\boldsymbol{q}$ 在 $\boldsymbol{e}$ 方向上的投影:$\boldsymbol{v}\cdot\boldsymbol{t}=\boldsymbol{q}\cdot\boldsymbol{e}$.设 $\boldsymbol{n}$ 表示轮缘上一点处的法线方向单位矢量(图 10.10).于是 $\boldsymbol{n},\boldsymbol{t},\boldsymbol{e}$ 的定向是与右手坐标系(中的 x,y,z 轴方向)一样的,因此可写作 $\boldsymbol{t}=\boldsymbol{e}\times\boldsymbol{n}$.于是

$$\boldsymbol{v}\cdot\boldsymbol{t}=\boldsymbol{v}\cdot(\boldsymbol{e}\times\boldsymbol{n})=\boldsymbol{e}\cdot(\boldsymbol{n}\times\boldsymbol{v}).$$

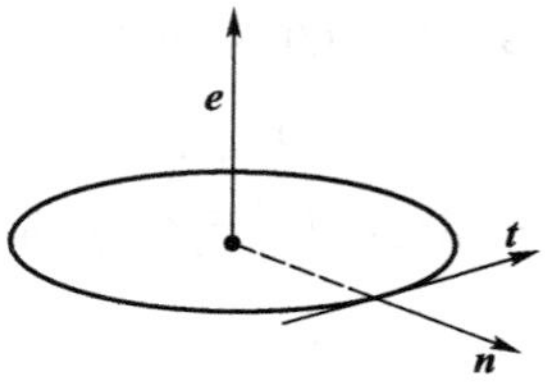

图 10.10

由此可知只需取 $\boldsymbol{q}=\boldsymbol{n}\times\boldsymbol{v}$ 就可以达到上述要求.于是

$$\omega=\frac{1}{2V}\int_{\Sigma}\boldsymbol{v}\cdot\boldsymbol{t}\mathrm{d}\sigma=\frac{1}{2V}\int_{\Sigma}\boldsymbol{e}\cdot\boldsymbol{q}\mathrm{d}\sigma=\frac{1}{2V}\left(\boldsymbol{e},\int_{\Sigma}\boldsymbol{q}\mathrm{d}\sigma\right).$$

如果把面积分

$$\int_{\Sigma}\boldsymbol{q}\mathrm{d}\sigma$$

换成

$$\int_{S}\boldsymbol{q}\mathrm{d}\sigma,$$

这里 S 表示轮的整个表面(包括侧面与上、下底),那么如果 Σ' 表示圆柱 K 的上、下底,

$$\int_{S}\boldsymbol{q}\mathrm{d}\sigma-\int_{\Sigma}\boldsymbol{q}\mathrm{d}\sigma=\int_{\Sigma'}\boldsymbol{q}\mathrm{d}\sigma$$

是与 $\boldsymbol{e}$ 正交的,因为 $\boldsymbol{q}=\boldsymbol{n}\times\boldsymbol{v}$,而 $\boldsymbol{n}$ 沿 Σ' 是与 $\boldsymbol{e}$ 平行的.为此,ω 也可表示作

$$\omega=\frac{1}{2V}\left(\boldsymbol{e},\int_{S}\boldsymbol{q}\mathrm{d}\sigma\right).$$

为此我们要考察面积分

(3) $$Q(V)=\int_S (\boldsymbol{n}\times\boldsymbol{v})\,\mathrm{d}\sigma,$$

这里 V 表示曲面 S 所围绕的区域，而 S 是任意曲面.这个量(3)叫做矢量场 $\boldsymbol{v}$ 在区域 V 的边界 S 上的旋转量.设(3)是有密度的，也就是说，设

(4) $$\boldsymbol{q}(\boldsymbol{r})=\lim_{V\downarrow P}\frac{1}{V}\int_S (\boldsymbol{n}\times\boldsymbol{v})\,\mathrm{d}\sigma$$

存在，这里 $\boldsymbol{r}$ 表示点 P 的位置矢量.这里的极限是按下列意义取的：把包含 P 点的区域按包含关系序次，也就是说，对于包含 P 点的两个区域 V 与 V'，我们写作 $V\succ V'$，是指 V 包含在 V' 中.于是这些区域 V 形成一个定向族，而(4)的右边是指向量列(α_V)的极限，这里

$$\alpha_V=\frac{1}{V}\int_S (\boldsymbol{n}\times\boldsymbol{v})\,\mathrm{d}\sigma.$$

这种极限简称作当区域无限缩向 P 点时的极限.我们在下面再考察(4)中极限的存在问题.与关于定积分的讨论一样，如果极限(4)存在，任意取缩向点 P 的一串逐个包含的区域 V_n，平常矢量列(α_{V_n})的极限与(4)中的极限相等.在假定极限(4)存在的条件下，不难看出，描述一点 P 处的旋涡性质的量 ω 可以用下列极限值表示：用 ω_K 表示(2)中的量，那么

$$\begin{aligned}\omega&=\lim_{K\to P}\omega_K=\lim_{K\to P}\left(\boldsymbol{e},\frac{1}{2V}Q(V)\right)\\&=\frac{1}{2}\left(\boldsymbol{e},\lim_{K\to P}\frac{1}{V}Q(V)\right)=\frac{1}{2}(\boldsymbol{e},\boldsymbol{q}).\end{aligned}$$

这个量依赖于矢量 $\boldsymbol{e}$，我们表示作 $\omega(\boldsymbol{e})$. $\boldsymbol{q}(P)=\boldsymbol{q}(\boldsymbol{r})$，如果存在不依赖于缩于 P 的区域 V 的选择，我们称 $\boldsymbol{q}$ 作矢量场 $\boldsymbol{v}$ 在 $\boldsymbol{r}$ 处的涡流(即涡旋流)，也叫做 $\boldsymbol{v}$ 在 $\boldsymbol{r}$ 处的旋度，表示作 $\mathbf{rot}\,\boldsymbol{v}$.于是可以写作

$$\omega(\boldsymbol{e})=\frac{1}{2}(\boldsymbol{e},\mathbf{rot}\,\boldsymbol{v}).$$

由此可见，$\mathbf{rot}\,\boldsymbol{v}$ 的方向是使以 P 为中心的无穷小轮旋转角速度最大的方向，而它的大小等于这个最大角速度的二倍.

为了求 $\mathbf{rot}\,\boldsymbol{v}$ 的用坐标表达的公式，我们利用广义散度公式.在上

节的(21)中,令 $\boldsymbol{T}\boldsymbol{u}=\boldsymbol{u}\times\boldsymbol{v}$,这当然是作用在 $\boldsymbol{u}$ 上的线性算子.注意,如果$\boldsymbol{u}=(u_1,u_2,u_3)$,

$$\boldsymbol{T}\boldsymbol{e}_1=\begin{vmatrix}\boldsymbol{e}_1 & \boldsymbol{e}_2 & \boldsymbol{e}_3\\ 1 & 0 & 0\\ u_1 & u_2 & u_3\end{vmatrix}=u_2\boldsymbol{e}_3-u_3\boldsymbol{e}_2,$$

$$\boldsymbol{T}\boldsymbol{e}_2=u_3\boldsymbol{e}_1-u_1\boldsymbol{e}_3,\quad \boldsymbol{T}\boldsymbol{e}_3=u_1\boldsymbol{e}_2-u_2\boldsymbol{e}_1,$$

从而

$$\frac{\partial}{\partial x}\boldsymbol{T}\boldsymbol{e}_1+\frac{\partial}{\partial y}\boldsymbol{T}\boldsymbol{e}_2+\frac{\partial}{\partial z}\boldsymbol{T}\boldsymbol{e}_3=\left(\frac{\partial u_3}{\partial y}-\frac{\partial u_2}{\partial z}\right)\boldsymbol{e}_1+\left(\frac{\partial u_1}{\partial z}-\frac{\partial u_3}{\partial x}\right)\boldsymbol{e}_2+\left(\frac{\partial u_2}{\partial x}-\frac{\partial u_1}{\partial y}\right)\boldsymbol{e}_3.$$

又 $\boldsymbol{T}\boldsymbol{n}=\boldsymbol{n}\times\boldsymbol{v}$,于是得

$$(5)\qquad \int_S(\boldsymbol{n}\times\boldsymbol{v})\,\mathrm{d}\sigma=\int_V(\nabla\times\boldsymbol{v})\,\mathrm{d}V,$$

这里∇表示微分式$\left(\frac{\partial}{\partial x},\frac{\partial}{\partial y},\frac{\partial}{\partial z}\right)$,从而$\nabla\times\boldsymbol{v}$表示下列式:

$$\nabla\times\boldsymbol{v}=\begin{vmatrix}\boldsymbol{e}_1 & \boldsymbol{e}_2 & \boldsymbol{e}_3\\ \frac{\partial}{\partial x} & \frac{\partial}{\partial y} & \frac{\partial}{\partial z}\\ \boldsymbol{v}_1 & \boldsymbol{v}_2 & \boldsymbol{v}_3\end{vmatrix}.$$

比较(5)和(4)可知

$$\mathbf{rot}\,\boldsymbol{v}=\lim_{V\to0}\frac{1}{V}\int_V(\nabla\times\boldsymbol{v})\,\mathrm{d}V=\nabla\times\boldsymbol{v}.$$

由此得出下列定理:

定理 1 如果矢量场 $\boldsymbol{v}(P)$的分量 $v_1(P),v_2(P),v_3(P)$在点 P 附近(即在 P 的一个邻域中)具有按诸坐标 x,y,z 的连续偏微商,那么 $\boldsymbol{v}(P)$在P 处有涡流,并且这个涡流可以按下列公式计算:

$$\mathbf{rot}\,\boldsymbol{v}=\begin{vmatrix}\boldsymbol{e}_1 & \boldsymbol{e}_2 & \boldsymbol{e}_3\\ \frac{\partial}{\partial x} & \frac{\partial}{\partial y} & \frac{\partial}{\partial z}\\ v_1 & v_2 & v_3\end{vmatrix}.$$

对于环绕一定点旋转的刚体,在以这定点作原点量起的位置矢

量为 $\boldsymbol{r}$ 的点处的速度矢量是 $\boldsymbol{v}=\boldsymbol{\omega}\times\boldsymbol{r}$，$\boldsymbol{\omega}$ 是瞬时角速度.这时

$$\mathbf{rot}\ \boldsymbol{v}=\mathbf{rot}(\boldsymbol{\omega}\times\boldsymbol{r})=2\boldsymbol{\omega},$$

因为例如

$$(\mathbf{rot}\ \boldsymbol{v})_1=\frac{\partial}{\partial y}(\omega_1 y-\omega_2 x)-\frac{\partial}{\partial z}(\omega_3 x-\omega_1 z)=2\omega_1,$$

等等.因此这时 $\boldsymbol{\omega}=\frac{1}{2}\mathbf{rot}\ \boldsymbol{v}$ 正是刚体的瞬时角速度.

例 现在计算由(可以看作)无限长的线状导体(长的电线)中强度为 j 的电流所引起的磁场 $\boldsymbol{H}$ 的涡旋.这时，矢量场 $\boldsymbol{v}$ 是由上述电流引起的磁场.取电线作 z 轴，考察距电线为 $\rho=\sqrt{x^2+y^2}$ 的一点 P 处的磁场，设 $\boldsymbol{t}(P)$ 表示垂直于 z 轴并垂直于由 P 到 z 轴的垂线的单位矢量，这里设当 P 环绕电线运动时，$\boldsymbol{t}(P)$ 的方向使电线在左边.于是由毕奥-萨伐尔公式可知

$$\boldsymbol{H}=\frac{2j}{\rho}\boldsymbol{t}(P).$$

注意

$$\boldsymbol{t}(x,y,0)=\left(\frac{-y}{\rho},\frac{x}{\rho},0\right),$$

从而 $\boldsymbol{H}$ 的分量 H_1,H_2,H_3 各等于

$$H_1=\frac{-2jy}{\rho^2},\quad H_2=\frac{2jx}{\rho^2},\quad H_3=0.$$

于是

$$\frac{\partial H_1}{\partial y}=\frac{-2j}{\rho^2}+\frac{4jy}{\rho^3}\frac{y}{\rho}=\frac{2j(y^2-x^2)}{\rho^4},$$

$$\frac{\partial H_1}{\partial z}=0,\quad \frac{\partial H_2}{\partial z}=0,$$

$$\frac{\partial H_2}{\partial x}=\frac{2j}{\rho^2}-\frac{4j}{\rho^3}\frac{x^2}{\rho}=\frac{2j(y^2-x^2)}{\rho^4},$$

从而

$$\mathbf{rot}\ \boldsymbol{H}=\boldsymbol{e}_3\left(\frac{\partial H_2}{\partial x}-\frac{\partial H_1}{\partial y}\right)=\mathbf{0}.$$

这就是说,在电线外的点 P 处,磁场是无涡旋的.

现在考察涡流与所谓环流量(也叫旋转量)的关系,并从而推出一个重要的积分公式(斯托克斯公式).为此仍考察公式

$$\omega(\boldsymbol{e})=\frac{1}{2}(\boldsymbol{e},\mathbf{rot}\ \boldsymbol{v}).$$

考察轮 K 的一个底周 L_0(图 10.11),于是 K 的侧面上每个点可以用两个坐标表示:这点到 L_0 的垂直距离 h 与这点在 L_0 上的投影从 L_0 上某矢量起的弧长 s.于是柱体侧面的面积元素 $\Delta\sigma$ 可以写成$\Delta\sigma=\Delta h\cdot\Delta s$.因此(2)中表达 ω 的面积分可以写成

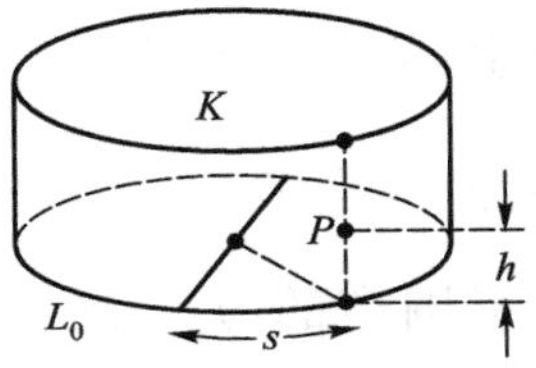

图 10.11

$$\int_\Sigma \boldsymbol{v}\cdot\boldsymbol{t}\mathrm{d}\sigma=\int_0^H\mathrm{d}h\int_{L_h}\boldsymbol{v}\cdot\boldsymbol{t}\mathrm{d}s,$$

这里 L_h 表示平行于底 L_0 并距底为 h 的平面与圆柱相截而得出的围道.由于 $\boldsymbol{v}$ 的连续性,$\int_{L_h}\boldsymbol{v}\cdot\boldsymbol{t}\mathrm{d}s$ 是 h 的连续函数,从而下列极限存在并且等于下式右边的值:

$$\lim_{H\to0}\frac{1}{H}\int_0^H\mathrm{d}h\int_{L_h}\boldsymbol{v}\cdot\boldsymbol{t}\mathrm{d}s=\int_{L_0}\boldsymbol{v}\cdot\boldsymbol{t}\mathrm{d}s. \tag{6}$$

由(2)自然会想到,用 S_0 表示 L_0 所包围的平面区域的面积,用 $2S_0$ 除(6)的右边,令 L_0 缩向 P 点,那么所得的极限就是 ω.事实上,由(2)可知

$$\omega=\frac{1}{2V}\int_\Sigma\boldsymbol{v}\cdot\boldsymbol{t}\mathrm{d}\sigma=\frac{1}{2HS_0}\int_0^H\mathrm{d}h\int_{L_h}\boldsymbol{v}\cdot\boldsymbol{t}\mathrm{d}s.$$

从而在 $\boldsymbol{v}$ 有连续偏微商的假定之下,依上述,

$$\omega(\boldsymbol{e})=\lim_{L_0\to P}\frac{1}{2S_0}\int_{L_0}\boldsymbol{v}\cdot\boldsymbol{t}\mathrm{d}s,$$

这里 $L_0\to P$ 是按下述意义理解的:底 L_0 的半径无限缩小(趋于 0).一般说来,对于任意矢量场 $\boldsymbol{v}(P)$,考察一块分片光滑的曲面 S,而 S 的

边界是一个分段光滑的围道 L. 所谓矢量场 $\boldsymbol{v}(P)$ 沿 L 的环流量或旋转量,是指线积分

(7) $$\int_L \boldsymbol{v}\cdot \mathrm{d}\boldsymbol{s}.$$

由于 $\omega(\boldsymbol{e})=\dfrac{1}{2}(\boldsymbol{e},\mathbf{rot}\ \boldsymbol{v})$,可以想到 $\mathbf{rot}\ \boldsymbol{v}$ 在 S 上的面积分与(7)有关.

为了看出这个关系,先考察一平面 α,具有固定的法向矢量 $\boldsymbol{e}$,设 $\boldsymbol{v}$ 是有涡旋 $\mathbf{rot}\ \boldsymbol{v}$ 的矢量场.在平面 α 上考察由围道 L 所界的一个区域 G. 仿上述考察线积分

(7′) $$\Phi(G)=\int_L \boldsymbol{v}\cdot \mathrm{d}\boldsymbol{s},$$

这里围道的方向是这样选定的:沿 L 绕行时使 $\boldsymbol{e}$ 相当于右手拇指,而绕行方向与右手握拳时其他各指的方向一致.和上面相仿,可以同样地证明,当 S_G 表示区域 G 的面积时,

$$\lim_{G\downarrow P}\frac{1}{S_G}\int_L \boldsymbol{v}\cdot \mathrm{d}\boldsymbol{s}=\boldsymbol{e}\cdot \mathbf{rot}\ \boldsymbol{v}.$$

但这样可以推知

(8) $$\int_G \boldsymbol{e}\cdot \mathbf{rot}\ \boldsymbol{v}\mathrm{d}\sigma=\int_L \boldsymbol{v}\cdot \mathrm{d}\boldsymbol{s}.$$

事实上,一般可以证明,如果 $\Phi(G)$ 是对平面区域有定义的函数,并且是加法的,即对于平面上两个没有公共内点的区域 G_1,G_2,常有

$$\Phi(G_1\cup G_2)=\Phi(G_1)+\Phi(G_2),$$

那么,当

$$\lim_{G\downarrow P}\frac{1}{S_G}\Phi(G)=\varphi(P)$$

对于所考察的一切点 P 存在而且 $\varphi(P)$ 是连续或分片连续的函数时,必有

(9) $$\Phi(G)=\int_G \varphi(P)\mathrm{d}\sigma.$$

事实上,作区域函数

$$\Psi(G)=\int_G \varphi(P)\mathrm{d}\sigma,$$

那么,当 $\varphi(P)$ 是连续函数时,

$$\lim_{G\downarrow P}\frac{1}{S_G}\Psi(G)=\varphi(P).$$

令 $\chi(G)=\Psi(G)-\Phi(G)$,那么

$$\lim_{G\downarrow P}\frac{1}{S_G}\chi(G)=0. \tag{10}$$

但我们可以证明,在每个点 P 满足(10)的加法区域函数 $\chi(G)$ 必恒等于 0.如果不然,设有某平面区域 G_0 使 $\chi(G_0)\neq 0$,那么

$$\mu\xlongequal{\text{def}}\left|\frac{\chi(G_0)}{S_{G_0}}\right|>0. \tag{11}$$

利用 α 平面上的两族正交的平行直线把区域 G_0 分成小块,使每一块能包含在一个直径为 1 的圆内.设 $G_1,G_2,\cdots,G_k$ 是这些小块.如果

$$\left|\frac{\chi(G_1)}{S_{G_1}}\right|<\mu,\quad \left|\frac{\chi(G_2)}{S_{G_2}}\right|<\mu,\quad \cdots,\quad \left|\frac{\chi(G_k)}{S_{G_k}}\right|<\mu,$$

那么

$$|\chi(G_0)|=\left|\sum_{j=1}^{k}\chi(G_j)\right|\leqslant\sum_{j=1}^{k}|\chi(G_j)|<\mu\sum_{j=1}^{k}S_{G_j}=\mu S_{G_0},$$

从而得出

$$\frac{|\chi(G_0)|}{S_{G_0}}<\mu,$$

与(11)矛盾.由此可知至少有一小块,设是 G_1,使 $\dfrac{|\chi(G_1)|}{S_{G_1}}\geqslant\mu$.再把 G_1 分成可以各包含在直径为 $\dfrac{1}{2}$ 的圆内的小块,同理可以证明这些小块里也有一块 $G_1^{(2)}$,使 $\dfrac{|\chi(G_1^{(2)})|}{S_{G_1^{(2)}}}\geqslant\mu$,等等.如此继续下去,设 $G_1\supset G_1^{(2)}\supset G_1^{(3)}\supset\cdots\ni$ 点 P,那么由 $\dfrac{|\chi(G_1^{(k)})|}{S_{G_1^{(k)}}}\geqslant\mu$ 可知

$$\lim_{k\to\infty}\left|\frac{1}{S_{G_1^{(k)}}}\chi(G_1^{(k)})\right|\neq 0,$$

与(10)矛盾.因此可知$\chi(G)\equiv 0$,也就是说

$$\Phi(G)=\Psi(G)=\int_G \varphi(P)\,\mathrm{d}\sigma.$$

这正是所要证的.这样,由(7′)定义的平面区域函数$\Phi(G)$是加法的,并且依上述,

$$\lim_{G\downarrow P}\frac{1}{S_G}\Phi(G)=\boldsymbol{e}\cdot\textbf{rot}\,\boldsymbol{v},$$

从而,依上述,可知

$$\int_L \boldsymbol{v}\cdot\mathrm{d}\boldsymbol{s}=\Phi(G)=\int_G \boldsymbol{e}\cdot\textbf{rot}\,\boldsymbol{v}\mathrm{d}\sigma,$$

这正是所要证明的(8).

(8)是对平面区域G和它的围道L而论的.更一般些,可以考察任意曲面S及它的边界L,这时L是空间曲线.既然在(8)中$\boldsymbol{e}$是平面区域G上的法线方向单位矢量,很自然地想到对于一般情形,应当用

$$\int_S \textbf{rot}\,\boldsymbol{v}\cdot\mathrm{d}\boldsymbol{\sigma}$$

代替(8)的左边,这里$\mathrm{d}\boldsymbol{\sigma}=\boldsymbol{n}\mathrm{d}\sigma$,$\boldsymbol{n}$表示曲面的法线方向单位矢量.于是有

定理 2 设S是分片光滑的双侧曲面$\boldsymbol{r}=\boldsymbol{r}(u,v)$,并且设它可以分割成有穷多块,使在每一块上法线矢量$\boldsymbol{r}'_u\times\boldsymbol{r}'_v$是连续变化的,并且

$$\boldsymbol{r}''_{uv}=\boldsymbol{r}''_{vu}.$$

设S的边界是分段光滑的闭曲线L,而$\boldsymbol{v}(P)$是在包含S的一个区域中具有连续偏微商的矢量场.那么,如果沿L环行时,使S常在左边,有下列公式成立:

$$\int_S \textbf{rot}\,\boldsymbol{v}\cdot\mathrm{d}\boldsymbol{\sigma}=\int_L \boldsymbol{v}\cdot\mathrm{d}\boldsymbol{r}. \tag{12}$$

证 如果用光滑曲线把S分割成有穷多块,那么(12)的左边乃是在这些小块曲面上的面积分之和.设这些小块曲面的边界各表示成$L_1,L_2,\cdots,L_n$.这些边界形成一些围道,而这些围道有些是有公共部分的.在(12)中,已经取定L的环行方向,即使沿L环行时曲面S常在围道的左边.L的方向决定了凡与L有公共部分的围道的方向——在公共

部分，定向量是一致的.这样一层一层地由边界往里推，使相邻小围道的定向是相同的，从而在相邻围道的公共部分上方向是恰好相反的.但对于一段曲线弧，按不同方向取一函数的线积分，那么依§1所得的值大小相等，正负号相反（图 10.12）.由此可知

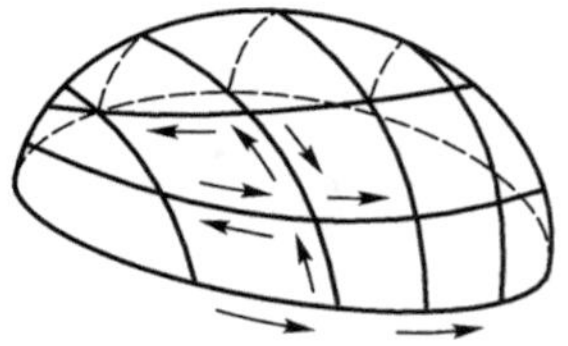

图 10.12

$$\int_L \boldsymbol{v}\cdot\mathrm{d}\boldsymbol{r}=\int_{L_1}\boldsymbol{v}\cdot\mathrm{d}\boldsymbol{r}+\int_{L_2}\boldsymbol{v}\cdot\mathrm{d}\boldsymbol{r}+\cdots+\int_{L_n}\boldsymbol{v}\cdot\mathrm{d}\boldsymbol{r}.$$

因此只要用适当的细分来代替 S，我们就可以假定 S 本身是光滑的，在整个 S 上 $\boldsymbol{r}''_{uv}=\boldsymbol{r}''_{vu}$，并可设对于参数表示 $\boldsymbol{r}=\boldsymbol{r}(u,v)$，当 $\boldsymbol{r}$ 遍经曲面 S 时，参数 (u,v) 遍经 uOv 平面的区域 $\mathscr{D}$，而且对应 $\boldsymbol{r}(u,v)\leftrightarrow(u,v)$ 是由 S 到 $\mathscr{D}$ 上的一一对应.只要对这一情形证明等式

$$\iint_{\mathscr{D}}(\boldsymbol{r}'_u\times\boldsymbol{r}'_v)\cdot\mathbf{rot}\,\boldsymbol{v}\,\mathrm{d}u\mathrm{d}v=\int_L \boldsymbol{v}\cdot\mathrm{d}\boldsymbol{r}$$

就行了.当 $\boldsymbol{r}(u,v)$ 遍经 S 的边界 L 时，(u,v) 遍经 $\mathscr{D}$ 的边界 C，而如果 C 的参数方程是

$$u=u(\tau),\quad v=v(\tau),\quad \alpha\leqslant\tau\leqslant\beta,$$

那么 L 也可以用参数方程 $\boldsymbol{r}=\boldsymbol{r}(u(\tau),v(\tau))$ 表示，从而

$$\int_L \boldsymbol{v}\cdot\mathrm{d}\boldsymbol{r}=\int_C \boldsymbol{v}\cdot\left(\boldsymbol{r}'_u\frac{\mathrm{d}u}{\mathrm{d}t}+\boldsymbol{r}'_v\frac{\mathrm{d}v}{\mathrm{d}t}\right)\mathrm{d}t$$

$$=\int_C \boldsymbol{v}\cdot(\boldsymbol{r}'_u\mathrm{d}u+\boldsymbol{r}'_v\mathrm{d}v).$$

但

$$(\boldsymbol{r}'_u\times\boldsymbol{r}'_v)\cdot\mathbf{rot}\,\boldsymbol{v}=\begin{vmatrix}\dfrac{\partial v_3}{\partial y}-\dfrac{\partial v_2}{\partial z} & \dfrac{\partial v_1}{\partial z}-\dfrac{\partial v_3}{\partial x} & \dfrac{\partial v_2}{\partial x}-\dfrac{\partial v_1}{\partial y}\\ x'_u & y'_u & z'_u\\ x'_v & y'_v & z'_v\end{vmatrix}$$

$$=\left(\frac{\partial v_3}{\partial y}-\frac{\partial v_2}{\partial z}\right)(y'_uz'_v-z'_uy'_v)+$$

$$\left(\frac{\partial v_1}{\partial z}-\frac{\partial v_3}{\partial x}\right)(z'_ux'_v-x'_uz'_v)+$$

$$\begin{aligned}
&\left(\frac{\partial v_2}{\partial x}-\frac{\partial v_1}{\partial y}\right)(x'_u y'_v - y'_u x'_v)\\
&=\left(\frac{\partial v_3}{\partial x}x'_u+\frac{\partial v_3}{\partial y}y'_u\right)z'_v-\left(\frac{\partial v_3}{\partial x}x'_v+\frac{\partial v_3}{\partial y}y'_v\right)z'_u+\\
&\left(\frac{\partial v_2}{\partial x}x'_u+\frac{\partial v_2}{\partial z}z'_u\right)y'_v-\left(\frac{\partial v_2}{\partial x}x'_v+\frac{\partial v_2}{\partial z}z'_v\right)y'_u+\\
&\left(\frac{\partial v_1}{\partial y}y'_u+\frac{\partial v_1}{\partial z}z'_u\right)x'_v-\left(\frac{\partial v_1}{\partial y}y'_v+\frac{\partial v_1}{\partial z}z'_u\right)x'_u\\
&=\left(\frac{\partial v_3}{\partial x}x'_u+\frac{\partial v_3}{\partial y}y'_u+\frac{\partial v_3}{\partial z}z'_u\right)z'_v-\\
&\left(\frac{\partial v_3}{\partial x}x'_v+\frac{\partial v_3}{\partial y}y'_v+\frac{\partial v_3}{\partial z}z'_v\right)z'_u+\\
&\left(\frac{\partial v_2}{\partial x}x'_u+\frac{\partial v_2}{\partial y}y'_u+\frac{\partial v_2}{\partial z}z'_u\right)y'_v-\\
&\left(\frac{\partial v_2}{\partial x}x'_v+\frac{\partial v_2}{\partial y}y'_v+\frac{\partial v_2}{\partial z}z'_v\right)y'_u+\\
&\left(\frac{\partial v_1}{\partial x}x'_u+\frac{\partial v_1}{\partial y}y'_u+\frac{\partial v_1}{\partial z}z'_u\right)x'_v-\\
&\left(\frac{\partial v_1}{\partial x}x'_v+\frac{\partial v_1}{\partial y}y'_v+\frac{\partial v_1}{\partial z}z'_v\right)x'_u\\
&=\left(\frac{\partial v_3}{\partial u}z'_v-\frac{\partial v_3}{\partial v}z'_u\right)+\left(\frac{\partial v_2}{\partial u}y'_v-\frac{\partial v_2}{\partial v}y'_u\right)+\\
&\left(\frac{\partial v_1}{\partial u}x'_v-\frac{\partial v_1}{\partial v}x'_u\right)\\
&=\boldsymbol{v}'_u\cdot\boldsymbol{r}'_v-\boldsymbol{v}'_v\cdot\boldsymbol{r}'_u=(\boldsymbol{r}'_v\cdot\boldsymbol{v})'_u-(\boldsymbol{r}'_u\cdot\boldsymbol{v})'_v,
\end{aligned}$$

因为 $\boldsymbol{r}''_{uv}=\boldsymbol{r}''_{vu}$. 于是问题变成证明下列等式:

(13)
$$\iint_{\mathscr{D}}[(\boldsymbol{r}'_v\cdot\boldsymbol{v})'_u-(\boldsymbol{r}'_u\cdot\boldsymbol{v})'_v]\,\mathrm{d}u\mathrm{d}v$$
$$=\int_C(\boldsymbol{v}\cdot\boldsymbol{r}'_u)\,\mathrm{d}u+(\boldsymbol{v}\cdot\boldsymbol{r}'_v)\,\mathrm{d}v.$$

但这正是(8)用(u,v)坐标的表示.事实上,在(8)中,令 G 与 L 各是

uOv 平面中的区域和它的边界，而把 $\boldsymbol{v}$ 换成平面矢量$(\boldsymbol{v}\cdot\boldsymbol{r}_u',\boldsymbol{v}\cdot\boldsymbol{r}_v')$，那么 $\boldsymbol{e}\cdot\mathbf{rot}\,\boldsymbol{v}$ 换成

$$\frac{\partial(\boldsymbol{v}\cdot\boldsymbol{r}_v')}{\partial u}-\frac{\partial(\boldsymbol{v}\cdot\boldsymbol{r}_u')}{\partial v},$$

从而就得到了所要证的(13).全部证完.

注 我们还可以在更一般的情形下，更确切些，在不假定 $\boldsymbol{r}=\boldsymbol{r}(u,v)$ 有二阶偏微商的情形下，证明定理 2①.但对于实际问题，这里的定理 2 也够用了.

§4 矢量场的理论

在前面已经介绍了矢量场的概念.这乃是反映很多物理现象的数学工具，例如在一般的动力学中可以考虑力场：$\boldsymbol{F}$ 表示在点 $\boldsymbol{r}$ 处的力(例如引力等)；在流体力学中，考虑流体运动的速度 $\boldsymbol{v}$；在电磁场中，考察电场强度 $\boldsymbol{E}$，磁场强度 $\boldsymbol{H}$，电位移 $\boldsymbol{D}=\varepsilon\boldsymbol{E}$($\varepsilon$ 表示介电常数)，磁感强度 $\boldsymbol{B}=\mu\boldsymbol{H}$($\mu$ 表示介质的磁导率).本节结合这些场的研究补充一些有用的定理，这些定理是与前两节的定理密切关联的，并且都是不难从前两节的定理导出的.

前面已经指出，线积分 $\int_C\boldsymbol{F}\cdot\mathrm{d}\boldsymbol{r}$ 不只依赖于函数 $\boldsymbol{F}(\boldsymbol{r})$，而且依赖于线路 C.但这并不排斥在一些特殊条件下，这个积分不依赖于线路 C，而只依赖于线路的起点 $\boldsymbol{r}(a)$ 和终点 $\boldsymbol{r}(b)$.事实上，在很多力场的作用下，一质点克服这个场的力的作用由一点移到另一点所作的功是不依赖于所采取的路径，而只依赖于这两个点的位置的.下面我们来研究函数 $\boldsymbol{F}(\boldsymbol{r})$ 由点 $\boldsymbol{r}(a)$ 到点 $\boldsymbol{r}(b)$ 的线积分与线路 C 无关的条件.注意由于两条由 $\boldsymbol{r}(a)$ 到 $\boldsymbol{r}(b)$ 的线路 C_1,C_2 构成一个闭围道：$C=C_1\cup(-C_2)$，而因

① 见希洛夫(Г. Е. ШИЛОВ)：《矢量分析讲义》，第七章.

$$\int_C \boldsymbol{F}\cdot \mathrm{d}\boldsymbol{r}=\int_{C_1}\boldsymbol{F}\cdot \mathrm{d}\boldsymbol{r}-\int_{C_2}\boldsymbol{F}\cdot \mathrm{d}\boldsymbol{r},$$

从而 $\boldsymbol{F}$ 的线积分与线路无关这一事实等价于下列事实：$\boldsymbol{F}$ 沿任意闭围道的积分等于 0. 下面所考察的曲线除加特别声明时外，都是指分段光滑而无重点的定向曲线.

定理 1 如果连续矢量场 $\boldsymbol{F}(\boldsymbol{r})$（即 $\boldsymbol{F}(\boldsymbol{r})$ 是连续算子）在区域 Ω 中是一个标量场 $\varphi(\boldsymbol{r})$ 的梯度：

$$\boldsymbol{F}=\mathbf{grad}\ \varphi, \tag{1}$$

那么 $\boldsymbol{F}$ 由 Ω 中一点 $\boldsymbol{r}_0$ 到 Ω 中另一点 $\boldsymbol{r}^*$ 的线积分与 Ω 中的积分线路 C 无关，而且这时

$$\int_{\boldsymbol{r}_0}^{\boldsymbol{r}^*}\boldsymbol{F}\cdot \mathrm{d}\boldsymbol{r}=\int_{\boldsymbol{r}_0}^{\boldsymbol{r}^*}\mathbf{grad}\ \varphi\cdot \mathrm{d}\boldsymbol{r}=\varphi(\boldsymbol{r}^*)-\varphi(\boldsymbol{r}_0). \tag{2}$$

证 既然(1)成立，如果 $\boldsymbol{r}=\boldsymbol{r}(t)$ 是积分线路 C 的参数表示，那么

$$\boldsymbol{F}(\boldsymbol{r}(t))=\mathbf{grad}\ \varphi,$$

从而，如果令 $\boldsymbol{r}_0=\boldsymbol{r}(a)$，$\boldsymbol{r}^*=\boldsymbol{r}(b)$，那么

$$\begin{aligned}\int_{\boldsymbol{r}_0}^{\boldsymbol{r}^*}\boldsymbol{F}\cdot \mathrm{d}\boldsymbol{r}&=\int_a^b \mathbf{grad}\ \varphi(\boldsymbol{r})\cdot\frac{\mathrm{d}\boldsymbol{r}}{\mathrm{d}t}\mathrm{d}t\\&=\int_a^b\frac{\mathrm{d}\varphi}{\mathrm{d}t}\mathrm{d}t=\varphi(\boldsymbol{r}(b))-\varphi(\boldsymbol{r}(a)).\end{aligned}$$

证完.

定理 2 如果 $\boldsymbol{F}(\boldsymbol{r})$ 在区域 Ω 中是连续矢量场并且对于 Ω 中任意两点 $\boldsymbol{r}_0,\boldsymbol{r}^*$，由 $\boldsymbol{r}_0$ 到 $\boldsymbol{r}^*$ 的线积分 $\int_{\boldsymbol{r}_0}^{\boldsymbol{r}^*}\boldsymbol{F}\cdot \mathrm{d}\boldsymbol{r}$ 与 Ω 中的积分线路 C 的选择无关，那么必然在 Ω 中 $\boldsymbol{F}=\mathbf{grad}\ \varphi$，这里

$$\varphi(\boldsymbol{r})=\int_{\boldsymbol{r}_0}^{\boldsymbol{r}}\boldsymbol{F}\cdot \mathrm{d}\boldsymbol{r}. \tag{3}$$

证 在(3)中，固定了 $\boldsymbol{r}_0$，右边是 $\boldsymbol{r}$ 的函数，因为它的值与积分途径 C 的选择无关，从而由 $\boldsymbol{r}$ 唯一决定. 为了证明 $\boldsymbol{F}=\mathbf{grad}\ \varphi$，我们先计算 $\dfrac{\partial\varphi}{\partial x}$，也就是要计算

$$\frac{\varphi(x+h,y,z)-\varphi(x,y,z)}{h}$$

的极限.为了计算 $\varphi(x+h,y,z)$,可以取一线路,通过(x,y,z)点,并且在(x,y,z)与$(x+h,y,z)$之间取平行于 x 轴的线段.于是

$$\begin{aligned}\varphi(x+h,y,z)-\varphi(x,y,z)&=\int_{(x,y,z)}^{(x+h,y,z)}\boldsymbol{F}\cdot\mathrm{d}\boldsymbol{r}\\&=\int_{x}^{x+h}F_1(t,y,z)\,\mathrm{d}t,\end{aligned}$$

因为沿平行于 x 轴的直线,y,z 是不变的.于是不难看出

$$\frac{\partial\varphi}{\partial x}=\lim_{h\to 0}\frac{1}{h}\int_{x}^{x+h}F_1(t,y,z)\,\mathrm{d}t=F_1(x,y,z),$$

因为已经假定 F_1 是连续函数.同理可以证明

$$\frac{\partial\varphi}{\partial y}=F_2(x,y,z),\quad \frac{\partial\varphi}{\partial z}=F_3(x,y,z),$$

从而

$$\mathbf{grad}\ \varphi=\boldsymbol{F},$$

证明完结.

在力学中,为了克服力场 $\boldsymbol{F}$ 而作的功与走的路径无关,必须且只需 $\boldsymbol{F}$ 可以表示成(1)的形式.这时,(1)中的标量场 φ 的负值 $-\varphi$ 叫做力场 $\boldsymbol{F}$ 的势(函数)或位势.这时,力 $\boldsymbol{F}$ 是 φ 的空间变化率.对于静电场 $\boldsymbol{F}$,φ 正是电势.

万有引力场是具有位势的,事实上,这时

$$\boldsymbol{F}=\frac{k\boldsymbol{r}}{\|\boldsymbol{r}\|^3},$$

从而不难验证

$$\boldsymbol{F}=\mathbf{grad}\ \frac{-k}{\|\boldsymbol{r}\|}.$$

在(2)中,由于可以写成

$$\boldsymbol{F}\cdot\mathrm{d}\boldsymbol{r}=\mathbf{grad}\ \varphi\cdot\mathrm{d}\boldsymbol{r}=\mathbf{grad}\ \varphi\cdot\frac{\mathrm{d}\boldsymbol{r}}{\mathrm{d}t}\mathrm{d}t=\frac{\mathrm{d}\varphi}{\mathrm{d}t}\mathrm{d}t=\mathrm{d}\varphi,$$

从而在(1)成立的情形下,$\boldsymbol{F}\cdot\mathrm{d}\boldsymbol{r}$ 叫做恰当微分.下面讨论 $\boldsymbol{F}\cdot\mathrm{d}\boldsymbol{r}$ 是恰当微分的条件,这对于解某些微分方程是方便的.

前面已经谈到过,$\mathbf{rot}\ \boldsymbol{v}$ 表示矢量场 $\boldsymbol{v}$ 的旋转量,在流体力学中用

以描述涡旋的大小.因此,当 **rot** $\boldsymbol{v}=\mathbf{0}$ 时,称 $\boldsymbol{v}$ 作**无旋场**.特别如果 $\boldsymbol{v}$ 是具有势函数 $-\varphi$ 的,而且 φ 在区域 Ω 中具有连续二阶偏微商,那么

$$\textbf{rot } \boldsymbol{v}=\textbf{rot grad } \varphi=\begin{vmatrix} \boldsymbol{e}_1 & \boldsymbol{e}_2 & \boldsymbol{e}_3 \\ \dfrac{\partial}{\partial x} & \dfrac{\partial}{\partial y} & \dfrac{\partial}{\partial z} \\ \dfrac{\partial \varphi}{\partial x} & \dfrac{\partial \varphi}{\partial y} & \dfrac{\partial \varphi}{\partial z} \end{vmatrix}=\mathbf{0}.$$

反过来,是否凡无旋场都是有位势的呢? 换句话说,是否凡满足 **rot** $\boldsymbol{v}=\mathbf{0}$ 的 $\boldsymbol{v}$ 必可表达成 $\boldsymbol{v}=\textbf{grad } \varphi$ 的形状呢? 下面定理在单连通区域的情形对这问题给出了肯定的回答.

定义 区域 Ω 叫做单连通的,是指其中每条闭连续曲线可以连续变化缩成一点,或者说,每条闭的单连续曲线所包围的区域整个包含在 Ω 中.

用更通俗的话说,Ω 叫做单连通的,是指这个区域中没有洞(图 10.13).非单连通区域就是指那些有洞的区域.

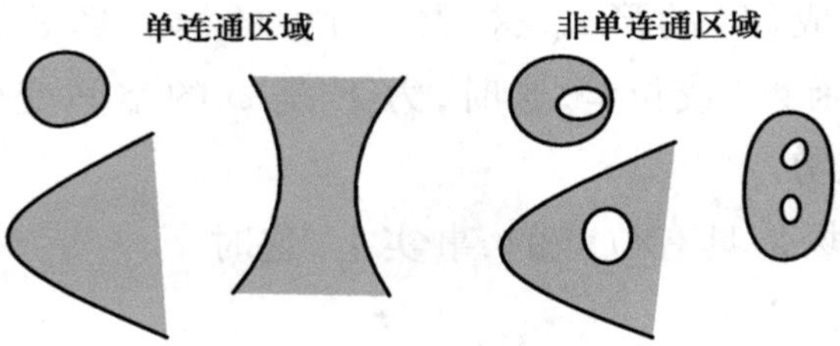

图 10.13

例如平面上圆内部是单连通的,但两圆之间的环形区域是非单连通的.在空间中,轮胎形的环面内部是非单连通的(图 10.14),因为它内部任意一条贯穿它整个内部的线不能连续地在它内部缩成一点.

定理 3 设矢量场 $\boldsymbol{v}(\boldsymbol{r})$ 在单连通区域 Ω 内具有连续一阶偏微商,那么为了 $\boldsymbol{v}$ 沿 Ω 中的任意一条连续可求长曲线 C 的线积分与路径无关,必须且只需 **rot** $\boldsymbol{v}=\mathbf{0}$.

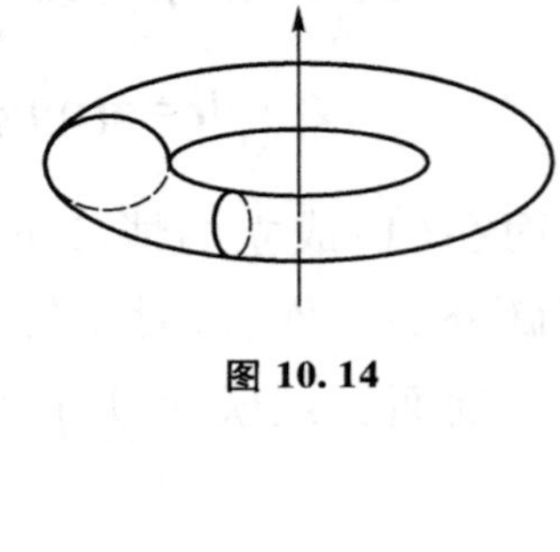

图 10.14

证 依定理 2,条件的必要性已经证明

了.现在证明条件的充分性.为此,我们把证明分成下列几步.

1) 先证:如果 $\boldsymbol{v}(\boldsymbol{r})=(v_1,v_2,v_3)$ 在一长方体 Ω 中具有连续一阶偏微商,并且 $\mathbf{rot}\ \boldsymbol{v}=\mathbf{0}$,那么 $\boldsymbol{v}$ 是位势型的,即存在标量场 φ,使

$$\boldsymbol{v}=\mathbf{grad}\ \varphi.$$

事实上,考察线积分

$$\int_L \boldsymbol{v}\cdot \mathrm{d}\boldsymbol{r}=\int v_1\mathrm{d}x+v_2\mathrm{d}y+v_3\mathrm{d}z, \tag{4}$$

这里 L 是折线 $(x_0,y_0,z_0)\to(x,y_0,z_0)\to(x,y,z_0)\to(x,y,z)$,这里 (x_0,y_0,z_0) 是在 Ω 中选定的一点.于是依假定,由(4)定义的乃是 (x,y,z) 的函数 φ.不难看出

$$\varphi(x,y,z)=\int_{x_0}^{x}v_1(\tau,y_0,z_0)\mathrm{d}\tau+\int_{y_0}^{y}v_2(x,\tau,z_0)\mathrm{d}\tau+\int_{z_0}^{z}v_3(x,y,\tau)\mathrm{d}\tau.$$

于是利用在积分号下取微商的定理可得

$$\varphi'_z=v_3(x,y,z),$$

$$\begin{aligned}\varphi'_y&=v_2(x,y,z_0)+\int_{z_0}^{z}\frac{\partial v_3}{\partial y}\mathrm{d}\tau\\&=v_2(x,y,z_0)+\int_{z_0}^{z}\frac{\partial v_2}{\partial \tau}\mathrm{d}\tau\\&=v_2(x,y,z_0)+v_2(x,y,z)-v_2(x,y,z_0)\\&=v_2(x,y,z).\end{aligned}$$

此外,

$$\begin{aligned}\varphi'_x&=v_1(x,y_0,z_0)+\int_{y_0}^{y}\frac{\partial v_2(x,\tau,z_0)}{\partial x}\mathrm{d}\tau+\int_{z_0}^{z}\frac{\partial v_3(x,y,\tau)}{\partial x}\mathrm{d}\tau\\&=v_1(x,y_0,z_0)+\int_{y_0}^{y}\frac{\partial v_1(x,\tau,z_0)}{\partial \tau}\mathrm{d}\tau+\int_{z_0}^{z}\frac{\partial v_1(x,y,\tau)}{\partial \tau}\mathrm{d}\tau\\&=v_1(x,y_0,z_0)+v_1(x,y,z_0)-v_1(x,y_0,z_0)+v_1(x,y,z)-v_1(x,y,z_0)\\&=v_1(x,y,z).\end{aligned}$$

这正是说,

$$\boldsymbol{v}=\mathbf{grad}\ \varphi.$$

由此可知 $\int \boldsymbol{v} \cdot \mathrm{d}\boldsymbol{r}$ 与积分路径无关,从而对于 Ω 中联结 (x_0, y_0, z_0) 与 (x, y, z) 的任意连续可求长曲线 C,也有

$$\varphi(x, y, z) = \int_C \boldsymbol{v} \cdot \mathrm{d}\boldsymbol{r}.$$

2) 现在考察一般单连通区域 Ω 的情形.这时,在 1) 中所用的折线路径 $(x_0, y_0, z_0) \to (x, y, z_0) \to (x, y, z_0) \to (x, y, z)$ 就可能越出 Ω 范围之外,从而上述证明不适用.

为此,依 §1 的定理,沿 Ω 中任意连续可求长曲线 L 的线积分 $\int_L \boldsymbol{v} \cdot \mathrm{d}\boldsymbol{r}$ 可以用沿折线的线积分任意逼近,所以只需对于折线 L,证明

$$\int_L \boldsymbol{v} \cdot \mathrm{d}\boldsymbol{r} = 0$$

就够了.设这条折线的顶点是 $\boldsymbol{r}_1(t), \boldsymbol{r}_2(t), \cdots, \boldsymbol{r}_k(t)$,$t$ 表示时间,而用 $L(t)$ 表示这条折线.如果当 t 由 0 变到 1 时,这条折线由 $L = L(0)$ 缩成一点(这由区域的单连通性是可能的),只需证明

$$J(t) \xlongequal{\text{def}} \int_{L(t)} \boldsymbol{v} \cdot \mathrm{d}\boldsymbol{r}$$

是不依赖于 t 的常数就够了,因为对于缩成一点的曲线 $L(1)$,$J(1) = 0$.考察 t 的两个值 $\tau \neq \tau'$,$0 \leqslant \tau < \tau' \leqslant 1$.取 $L(\tau)$ 上 n 个点 $P_1, P_2, \cdots, P_n$,使得相邻两点 $P_i P_{i+1}$ 可以包容在 Ω 内一个各面平行于坐标面的长方体 R_i 中——这由于 Ω 是单连通区域总是可能的.设当 $\tau \to \tau'$ 时,$P_i \to Q_i$,Q_i 是 $L(\tau')$ 上的点.可以取 $\tau' - \tau$ 足够小,使得 Q_i,Q_{i+1} 也在 R_i 中 $(1 \leqslant i < n-1)$.由于 R_i 是长方体,由 $P_i P_{i+1} Q_{i+1} Q_i P_i$ 形成的四边形围道 l_i 整个含在 R_i 中.由 1) 可知 $\int_{l_i} \boldsymbol{v} \cdot \mathrm{d}\boldsymbol{r} = 0$.把所有这些线积分相加,并注意沿 $A_i B_i$ 的积分都要消去,可得

$$\int_{L(\tau)} \boldsymbol{v} \cdot \mathrm{d}\boldsymbol{r} - \int_{L(\tau')} \boldsymbol{v} \cdot \mathrm{d}\boldsymbol{r} = 0,$$

从而

$$\int_{L(\tau)} \boldsymbol{v} \cdot \mathrm{d}\boldsymbol{r} = \int_{L(\tau')} \boldsymbol{v} \cdot \mathrm{d}\boldsymbol{r} = 0.$$

τ, τ' 既是 0 与 1 之间的任意数,这正是所要证的.

注 上面定理还可以在更一般的条件下证明,也就是说,只要假定 $\boldsymbol{v}$ 在单连通区域 Ω 中除某曲面 S 上之外满足定理中的条件,而在 S 上设 $\boldsymbol{v}$ 具有有穷间断性,$\boldsymbol{v}$ 沿围道 L 的切线方向分量在 S 上连续,那么

$$\int_L \boldsymbol{v} \cdot \mathrm{d}\boldsymbol{r} = 0$$

仍成立.事实上,设 S 把 Ω 分成两部分 Ω_1,Ω_2,而设 $PAQB$ 是一闭曲线,与 S 相交于 A,B 两点(图 10.15).在 S 上取联结 A,B 的分段连续曲线.那么设 $\boldsymbol{v}'$,$\boldsymbol{v}''$各表示 $\boldsymbol{v}$ 在 S 的两侧所取的值,那么

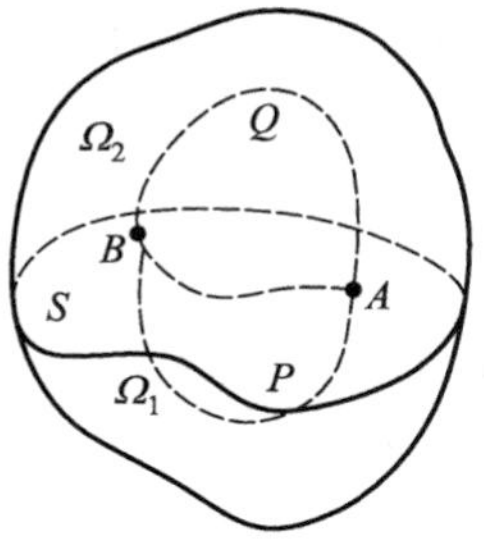

图 10.15

$$\int_{ABPA} \boldsymbol{v} \cdot \mathrm{d}\boldsymbol{r} = \int_{AB} \boldsymbol{v}' \cdot \mathrm{d}\boldsymbol{r} + \int_{BPA} \boldsymbol{v} \cdot \mathrm{d}\boldsymbol{r} = 0,$$

$$\int_{BAQB} \boldsymbol{v} \cdot \mathrm{d}\boldsymbol{r} = \int_{BA} \boldsymbol{v}'' \cdot \mathrm{d}\boldsymbol{r} + \int_{AQB} \boldsymbol{v} \cdot \mathrm{d}\boldsymbol{r} = 0.$$

于是

$$\int_{AB} (\boldsymbol{v}' - \boldsymbol{v}'') \cdot \mathrm{d}\boldsymbol{r} + \int_{BPAQB} \boldsymbol{v} \cdot \mathrm{d}\boldsymbol{r} = 0.$$

因此,为了对于 Ω 中任意闭围道 C,

$$\int_C \boldsymbol{v} \cdot \mathrm{d}\boldsymbol{r} = 0,$$

必须且只需对于 S 上的任意路径 AB,

$$\int_{AB} (\boldsymbol{v}' - \boldsymbol{v}'') \cdot \mathrm{d}\boldsymbol{r} = 0.$$

这正是说,如果 $\boldsymbol{t}$ 表示曲线 $l=AB$ 的切线单位矢量,那么

$$\int_l (\boldsymbol{v}' - \boldsymbol{v}'') \cdot \boldsymbol{t}\mathrm{d}s = 0,$$

而既然要求这对于 S 上任意曲线 l 成立,必须且只需

$$\boldsymbol{v}' \cdot \boldsymbol{t} = \boldsymbol{v}'' \cdot \boldsymbol{t},$$

也就是说 $\boldsymbol{v} \cdot \boldsymbol{t}$ 在 S 上连续,证完.

下面讨论一下上述定理的应用.

前面已经提到一个质点在克服力场 $\boldsymbol{F}$ 的作用而沿曲线 L 运动时所作的功等于线积分

$$\int_L \boldsymbol{F}\cdot \mathrm{d}\boldsymbol{r}.$$

依牛顿第二定律知道

$$\boldsymbol{F}=m\ddot{\boldsymbol{r}},$$

从而设在 L 的起点和终点的时刻各是 t_1,t_2，有

$$\int_L \boldsymbol{F}\cdot \mathrm{d}\boldsymbol{r}=\int_{t_1}^{t_2} m\ddot{\boldsymbol{r}}\cdot\dot{\boldsymbol{r}}\mathrm{d}t=\frac{m}{2}\dot{\boldsymbol{r}}\cdot\dot{\boldsymbol{r}}\Big|_{t_1}^{t_2}$$

$$=\frac{m}{2}[\|\dot{\boldsymbol{r}}(t_2)\|^2-\|\dot{\boldsymbol{r}}(t_1)\|^2].$$

但

$$\frac{m}{2}\dot{\boldsymbol{r}}\cdot\dot{\boldsymbol{r}}=T(t)$$

正是质点在时刻 t 的动能，于是得出

$$\int_L \boldsymbol{F}\cdot \mathrm{d}\boldsymbol{r}=T(t_2)-T(t_1).$$

当质点克服力场 $\boldsymbol{F}$ 而作功时，上式左边是负量$\left(\text{因}(\widehat{\boldsymbol{F},\boldsymbol{r}})>\frac{\pi}{2}\right)$，从而动能减少.对于无旋场，力可以表示成

$$\boldsymbol{F}=-\mathbf{grad}\,V,$$

这里 V 是势函数，也就是表示质点的势能.依上述，由于 $V=V(\boldsymbol{r},t)$ 依赖于位置和时间，有

$$\frac{\mathrm{d}}{\mathrm{d}t}(T+V)=\frac{\mathrm{d}T}{\mathrm{d}t}+\frac{\mathrm{d}V}{\mathrm{d}t}=\boldsymbol{F}\cdot\dot{\boldsymbol{r}}+\mathbf{grad}\,V\cdot\dot{\boldsymbol{r}}+\frac{\partial V}{\partial t}$$

$$=\boldsymbol{F}\cdot\dot{\boldsymbol{r}}-\boldsymbol{F}\cdot\dot{\boldsymbol{r}}+\frac{\partial V}{\partial t}=\frac{\partial V}{\partial t},$$

从而当势能不明显依赖于时间（即 $V=V(\boldsymbol{r})$ 只通过 $\boldsymbol{r}$ 而依赖于 t，不直接依赖于时间 t）时，$\frac{\partial V}{\partial t}=0$，从而总能量 $T+V$ 不随时间变化，这正是能量守恒定律.这正是说，在无旋力场中质点的运动满足能量守恒定律，从而无旋力场也叫做保守场.

§2 散度公式是涉及通过一个闭曲面流入或流出曲面所围的立

体的流量与区域内流体的增长率的关系的. 对于不可压缩流体，在固定区域中的流体量是不变的，从而这种增长率 = 0，也就是说 $\operatorname{div}\boldsymbol{v}=0$. 更确切地说，对于流体运动，有连续性方程

$$\frac{\mathrm{d}\rho}{\mathrm{d}t}+\rho\operatorname{div}\boldsymbol{v}=0,$$

从而当流体不可压缩时(液体是近似不可压缩的，与气体有本质的不同)，密度不随时间变化，即 $\frac{\mathrm{d}\rho}{\mathrm{d}t}=0$，从而得

$$\operatorname{div}\boldsymbol{v}=0. \tag{5}$$

这条件与下列条件等价：即通过任意闭曲面的边界 S 的不可压缩流体的流量是 0：

$$\int_S \boldsymbol{v}\cdot\mathrm{d}\boldsymbol{\sigma}=0. \tag{6}$$

事实上，由(5)得(6)可以用散度公式得出，而反过来，由于(6)，$\operatorname{div}\boldsymbol{v}$ 在任意立体上的积分等于 0，从而 $\operatorname{div}\boldsymbol{v}$ 本身也必是 0.

一般，满足条件(5)的矢量场 $\boldsymbol{v}$ 叫做螺线状场. 下面有关于螺线状场的几个定理.

定理 4 如果 $\boldsymbol{u}(\boldsymbol{r})$ 在一区域 Ω 中具有二阶连续偏微商，那么 $\mathbf{rot}\,\boldsymbol{u}$ 是在 Ω 中的螺线状场.

证 事实上，由于 $\frac{\partial^2 u_i}{\partial x\partial y}$ 与 $\frac{\partial^2 u_i}{\partial y\partial x}$ $(i=1,2,3)$ 连续，所以相等，从而

$$\operatorname{div}\mathbf{rot}\,\boldsymbol{u}=\frac{\partial}{\partial x}\left(\frac{\partial u_3}{\partial y}-\frac{\partial u_2}{\partial z}\right)+\frac{\partial}{\partial y}\left(\frac{\partial u_1}{\partial z}-\frac{\partial u_3}{\partial x}\right)+\frac{\partial}{\partial z}\left(\frac{\partial u_2}{\partial x}-\frac{\partial u_1}{\partial y}\right)=0.$$

系 凡表示成 $\mathbf{grad}\,\varphi\times\mathbf{grad}\,\psi$ 形式(φ,ψ 是标量场)的矢量场是螺线状场.

证 事实上，不难验明：

$$\mathbf{grad}\,\varphi\times\mathbf{grad}\,\psi=\mathbf{rot}(\varphi\,\mathbf{grad}\,\psi).$$

定理 5 设 $\operatorname{div}\boldsymbol{v}=0$ 在一长方体 V 中成立，那么 $\boldsymbol{v}$ 必可以表示成 $\mathbf{rot}\,\boldsymbol{u}$ 的形式，换句话说，必有一定义在 V 中的矢量场 $\boldsymbol{u}$，使 $\boldsymbol{v}=\mathbf{rot}\,\boldsymbol{u}$.

证 我们试求一矢量场

$$G=(G_1,G_2,0),$$

使得 $\boldsymbol{v}=\mathbf{rot}\,\boldsymbol{G}$,也就是说,使

$$-\frac{\partial G_2}{\partial z}=v_1,\quad \frac{\partial G_1}{\partial z}=v_2,\quad \frac{\partial G_2}{\partial x}-\frac{\partial G_1}{\partial y}=v_3. \tag{7}$$

如果 $\boldsymbol{r}_0=(x_0,y_0,z_0)$ 是 V 中的一个定点,那么可以令

$$G_2=-\int_{z_0}^{z}v_1(x,y,z)\,\mathrm{d}z,$$

$$G_1=\int_{z_0}^{z}v_2(x,y,z)\,\mathrm{d}z+\alpha(x,y),$$

这里 $\alpha(x,y)$ 是任意函数.这样定义出来的函数 G_1,G_2 还应该满足(7),也就是说,应当使

$$-\int_{z_0}^{z}\left(\frac{\partial v_1}{\partial x}+\frac{\partial v_2}{\partial y}\right)\mathrm{d}z-\frac{\partial\alpha}{\partial y}=v_3.$$

由于 $\operatorname{div}\boldsymbol{v}=0$,上式左边被积分函数等于$-\dfrac{\partial v_3}{\partial z}$,于是得

$$v_3(x,y,z)-v_3(x,y,z_0)-\frac{\partial\alpha}{\partial y}=v_3(x,y,z),$$

从而

$$\alpha(x,y)=-\int_{y_0}^{y}v_3(x,\tau,z_0)\,\mathrm{d}\tau.$$

于是得:由

$$G_1=\int_{z_0}^{z}v_2(x,y,\tau)\,\mathrm{d}\tau-\int_{y_0}^{y}v_3(x,\tau,z_0)\,\mathrm{d}\tau,$$

$$G_2=-\int_{z_0}^{z}v_1(x,y,\tau)\,\mathrm{d}\tau,\quad G_3=0$$

决定的矢量 $\boldsymbol{G}=(G_1,G_2,G_3)$ 满足 $\boldsymbol{v}=\mathbf{rot}\,\boldsymbol{G}$.这不难由直接求 G_1,G_2 的微商来验明.

如果 $\boldsymbol{g}$ 也满足 $\boldsymbol{v}=\mathbf{rot}\,\boldsymbol{g}$,那么

$$\mathbf{rot}(\boldsymbol{g}-\boldsymbol{G})=0,$$

从而 $\boldsymbol{g}-\boldsymbol{G}$ 是无旋的.依定理 1、定理 3 可知 $\boldsymbol{g}-\boldsymbol{G}$ 可以表示成一个标量场 φ 的梯度:

$$\boldsymbol{g}=\boldsymbol{G}+\mathbf{grad}\,\varphi.$$

定理证完.

注 在数学物理中, $\boldsymbol{v}=\mathbf{rot}\ \boldsymbol{g}$ 叫做矢势 g 的旋度场.

定理 3 给出解某种类型的微分方程的方法. 考察微分方程

$$\frac{\mathrm{d}y}{\mathrm{d}x}=-\frac{M(x,y)}{N(x,y)}. \tag{8}$$

这个方程常写成

$$M(x,y)\,\mathrm{d}x+N(x,y)\,\mathrm{d}y=0$$

的形式. 设 $M(x,y)\,\mathrm{d}x+N(x,y)\,\mathrm{d}y+0\cdot\mathrm{d}z$ 是恰当微分, 即设 $\boldsymbol{v}\overset{\text{def}}{=\!=}(M,N,0)$ 满足 $\mathbf{rot}\ \boldsymbol{v}=\mathbf{0}$, 那么线积分

$$\int_{(x_0,y_0)}^{(x,y)} M(x,y)\,\mathrm{d}x+N(x,y)\,\mathrm{d}y$$

与积分路径无关, 从而对于取定的点 (x_0,y_0), 定义一个 (x,y) 的函数 $u(x,y)$. 由方程(8)可知 $u(x,y)-u(x_0,y_0)=0$, 从而

$$u(x,y)=C\quad(=u(x_0,y_0))$$

正是方程(8)的一个积分曲线, 这里 C(点 (x_0,y_0))是任意的.

例 1 求解微分方程

$$(x+y+1)\,\mathrm{d}x+(x-y^2+3)\,\mathrm{d}y=0. \tag{9}$$

这里

$$\frac{\partial(x+y+1)}{\partial y}=1=\frac{\partial(x-y^2+3)}{\partial x},$$

从而(9)的左边是恰当微分. 依上述, 只需得出

$$u(x,y)=\int_{(x_0,y_0)}^{(x,y)}(x+y+1)\,\mathrm{d}x+(x-y^2+3)\,\mathrm{d}y.$$

注意

$$\frac{\partial u}{\partial x}=x+y+1,\quad \frac{\partial u}{\partial y}=x-y^2+3,$$

从而

$$u(x,y)=\frac{1}{2}x^2+yx+x+C(y),$$

这里 $C(y)$ 是 y 的函数. 由此得

$$\frac{\partial u}{\partial y}=x+C'(y),$$

而这应当等于 $x-y^2+3$.从而

$$C'(y)=-y^2+3,$$

即 $C(y)=-\frac{1}{3}y^3+3y+C$,$C$ 是常数.由此得

$$u(x,y)=\frac{1}{2}x^2+yx+x-\frac{1}{3}y^3+3y+C.$$

而方程(9)的解是

$$3x^2+6xy-2y^3+6x+18y=C',$$

C'是任意常数.

注意我们也可以取定某种简单的积分路径来计算 $u(x,y)$.例如取由(0,0)到$(x,0)$的直线,再取由$(x,0)$到(x,y)的直线,那么

$$\begin{aligned}u(x,y)&=\int_{(0,0)}^{(x,0)}(x+y+1)\,\mathrm{d}x+\int_{(x,0)}^{(x,y)}(x-y^2+3)\,\mathrm{d}y\\&=\int_0^x(x+1)\,\mathrm{d}x+\int_0^y(x-y^2+3)\,\mathrm{d}y\\&=\frac{x^2}{2}+x+yx-\frac{1}{3}y^3+3y+C.\end{aligned}$$

如果所给的方程 $M\,\mathrm{d}x+N\,\mathrm{d}y=0$ 不满足

$$\frac{\partial M}{\partial y}=\frac{\partial N}{\partial x}, \tag{10}$$

有时还有可能在乘上一个因子 $\mu(x,y)$(叫做积分因子)之后,使方程变成能满足(10),即使

$$\frac{\partial(\mu M)}{\partial y}=\frac{\partial(\mu N)}{\partial x}. \tag{11}$$

于是上述的方法可以用到 $\mu M\mathrm{d}x+\mu N\mathrm{d}y=0$ 上来,而所求得的关系也就满足原来的方程(8).

例 2 考察

$$x\mathrm{d}x+y\mathrm{d}y+(x^2+y^2)x^2\mathrm{d}x=0,$$

(10)显然不满足.如果乘

$$\mu(x,y)=\frac{1}{x^2+y^2},$$

方程变成

$$\frac{x\mathrm{d}x+y\mathrm{d}y}{x^2+y^2}+x^2\mathrm{d}x=0,$$

从而直接看出,

$$\frac{1}{2}\ln(x^2+y^2)+\frac{1}{3}x^3=C',$$

C'是常数.由此得出

$$(x^2+y^2)^{\frac{1}{2}}\mathrm{e}^{\frac{1}{3}x^3}=C.$$

但怎样求出积分因子 $\mu(x,y)$ 来呢？一般情形,未必像例 2 那样容易看出.(11)可以改写成

$$\frac{\partial\mu}{\partial y}M+\mu\frac{\partial M}{\partial y}=\frac{\partial\mu}{\partial x}N+\frac{\partial N}{\partial x}\mu,$$

或

$$\frac{\partial\ln\mu}{\partial y}M-\frac{\partial\ln\mu}{\partial x}N=\frac{\partial N}{\partial x}-\frac{\partial M}{\partial y}.$$

如果有只依赖于一个变量(例如 x)的积分因子,那么,

$$-\frac{\mathrm{d}}{\mathrm{d}x}\ln\mu=\frac{1}{N}\left(\frac{\partial N}{\partial x}-\frac{\partial M}{\partial y}\right),$$

从而 μ 不难求出.

例 3 求解

(12) $$y\mathrm{d}x-x\mathrm{d}y=x^2y\mathrm{d}y.$$

这里 $M=y,N=-x-x^2y$,从而

$$\frac{\partial N}{\partial x}=-1-2xy\neq 1=\frac{\partial M}{\partial y}.$$

但

$$\frac{\partial N}{\partial x}-\frac{\partial M}{\partial y}=-2(1+xy),$$

从而

$$\frac{\mathrm{d}}{\mathrm{d}x}\ln\mu=-\frac{2}{x},\quad \ln\mu=-2\ln x,$$

$$\mu=\frac{1}{x^2},$$

由(12)得出

$$\frac{y\mathrm{d}x-x\mathrm{d}y}{x^2}=y\mathrm{d}y,$$

从而

$$\frac{y}{x}+\frac{y^2}{2}=C.$$

§5 流体动力学中的一些问题

下面利用上述的矢量场理论讨论流体力学中的几个问题.流体动力学中的另外一些问题将和弹性力学一起,在讲张量分析时再讨论.特别是黏滞性的流体的情况,将在那里叙述.另外,还有一些要在讲过反常积分后,在“位势理论”的标题下讨论.

在第七章中已经谈到理想流体的运动.由于忽略黏性,理想流体在静止时只有法向压力.在第七章中已经证明,在理想流体内部一点处,各方向的压强是相同的.

前面已经讨论了连续性方程

$$\frac{\mathrm{d}\rho}{\mathrm{d}t}+\rho\,\mathrm{div}\ \boldsymbol{v}=0,$$

$\boldsymbol{v}$ 表示流速,ρ 表示密度.

对于密度 ρ,以及对于一般地依赖于时间 t 与位置 $\boldsymbol{r}$ 的函数 $\varphi(\boldsymbol{r},t)$,注意要考虑到如果这函数是联系着流体质点时,它不仅显依赖于 t(在它的函数解析式中有 t 出现),而且通过 $\boldsymbol{r}$ 隐依赖于 t.因此,它对于 t 的变化率要通过复合函数的微商求法得出:

$$\frac{\mathrm{d}\varphi}{\mathrm{d}t}=\frac{\partial\varphi}{\partial t}+\mathbf{grad}\ \varphi\cdot\dot{\boldsymbol{r}}=\frac{\partial\varphi}{\partial t}+\boldsymbol{v}\cdot\mathbf{grad}\ \varphi.$$

同理，当考虑联系着流体质点的矢值函数 $\boldsymbol{F}(\boldsymbol{r},t)$ 时，也有

(1) $$\frac{\mathrm{d}F}{\mathrm{d}t}=\frac{\partial F}{\partial t}+\frac{\partial F}{\partial x}\frac{\mathrm{d}x}{\mathrm{d}t}+\frac{\partial F}{\partial y}\frac{\mathrm{d}y}{\mathrm{d}t}+\frac{\partial F}{\partial z}\frac{\mathrm{d}z}{\mathrm{d}t}=\frac{\partial F}{\partial t}+(\boldsymbol{v}\cdot\nabla)F,$$

这里用 $\boldsymbol{v}\cdot\nabla$ 表示微分运算符号

$$\boldsymbol{v}\cdot\nabla=\frac{\mathrm{d}x}{\mathrm{d}t}\frac{\partial}{\partial x}+\frac{\mathrm{d}y}{\mathrm{d}t}\frac{\partial}{\partial y}+\frac{\mathrm{d}z}{\mathrm{d}t}\frac{\partial}{\partial z}.$$

特别，考察流体的速度 $\boldsymbol{v}$，运动的流体质点的实际加速度乃是

$$\frac{\mathrm{d}\boldsymbol{v}}{\mathrm{d}t}=\frac{\partial \boldsymbol{v}}{\partial t}+(\boldsymbol{v}\cdot\nabla)\boldsymbol{v},$$

这里 $\frac{\partial \boldsymbol{v}}{\partial t}$ 表示在空间一个固定点处流体速度的变化. 注意(1)式中的左右共三项，各叫做实质变化率、局部变化率和驻定变化率. 这里的表达公式是值得注意的. $\boldsymbol{r}$ 表示空间一点的位置矢量，而不是表达流体的一个质点的位置. 我们考虑流体运动时它的粒子经过这个点 $\boldsymbol{r}$. $\boldsymbol{v}=\boldsymbol{v}(\boldsymbol{r},t)$ 表示流体在时刻 t 过点 $\boldsymbol{r}$ 处的速度，$\rho=\rho(\boldsymbol{r},t)$ 表示流体在时刻 t 在点 $\boldsymbol{r}$ 处的密度. 一般，$\boldsymbol{v}$，ρ 都直接（显）依赖于 t，这时流体的运动叫做非定常的. 这时，如果 $p=p(\boldsymbol{r},t)$ 表示流体在时刻 t 在点 $\boldsymbol{r}$ 处的压强，

$$\frac{\partial \boldsymbol{v}}{\partial t}\neq\mathbf{0},\quad \frac{\partial p}{\partial t}\neq 0.$$

例如在水头（水压）变化时由孔流出的流体的运动就是非定常的. 但如果水头是不变的，运动就成为定常的：这时，

$$\frac{\partial \boldsymbol{v}}{\partial t}=\mathbf{0},\quad \frac{\partial p}{\partial t}=0,$$

即速度 $\boldsymbol{v}$ 与压强 p 都不显依赖于时间 t，而只依赖于位置矢量 $\boldsymbol{r}$.

以前已经提到，流体运动的流线是指一条曲线，它在 $\boldsymbol{r}$ 处的切线与 $\boldsymbol{v}(\boldsymbol{r},t)$ 的方向一致. 注意流线并不一定就是流体粒子流动的轨道——这只当定常流的情形才是一致的. 流线可以由方程

(2) $$\delta\boldsymbol{r}=\alpha\boldsymbol{v}(\boldsymbol{r},t)$$

表示，α 是比例常数，这里 $\delta\boldsymbol{r}$ 表示 $\boldsymbol{r}$ 沿流线的无穷小增量. 但流体粒子流动轨道的方程是

(3) $$\dot{\boldsymbol{r}}=\boldsymbol{v}(\boldsymbol{r},t).$$

这两个方程有显著不同.在定常的情形,$\boldsymbol{v}$ 不显依赖于 t,那么(3)可以写成

(4) $$\mathrm{d}\boldsymbol{r}=\boldsymbol{v}(\boldsymbol{r},t)\,\mathrm{d}t,$$

而由于 $\boldsymbol{v}(\boldsymbol{r},t)$ 不显依赖于 t,(2),(4)都可以改写成

$$\frac{\mathrm{d}x}{v_1(\boldsymbol{r})}=\frac{\mathrm{d}y}{v_2(\boldsymbol{r})}=\frac{\mathrm{d}z}{v_3(\boldsymbol{r})},$$

那是同一个常微分方程组,从而这时流线与流体粒子运动轨道一致.

于是 $\dfrac{\partial \boldsymbol{v}}{\partial t}\cdot \mathrm{d}t$ 表示在固定点 $\boldsymbol{r}$ 处流体速度在时间间隔 $\mathrm{d}t$ 内的变化(这由场的非定常性产生),而另一部分 $(\boldsymbol{v}\cdot\nabla)\boldsymbol{v}\mathrm{d}t$,是由于速度场的非齐匀性产生的,表示由于在时间间隔 $\mathrm{d}t$ 中流体粒子沿轨道移动了 $\boldsymbol{v}\mathrm{d}t=\delta\boldsymbol{r}$ 而产生的 $\boldsymbol{v}$ 的空间变化 $(\delta\boldsymbol{r}\cdot\nabla)\boldsymbol{v}$.特别,如果运动是定常的,那么 $\dfrac{\partial \boldsymbol{v}}{\partial t}=\boldsymbol{0}$,而如果场是齐匀的,速度在空间中各点处是一样的,从而 $(\boldsymbol{v}\cdot\nabla)\boldsymbol{v}=\boldsymbol{0}$.例如流体整个在加速运动时,像刚体那样,就出现齐匀场的情形.由于加速,速度依赖于时间,但在空间中各点处并没有差别.例如当流体静止或均匀流动时忽然在表面上受到物体的撞击,于是突然产生加速度,而局部加速度产生了速度场的非齐匀性,$(\boldsymbol{v}\cdot\nabla)\boldsymbol{v}$ 这一项就产生了.

刻画流体的运动,就是要把速度 $\boldsymbol{v}$、密度 ρ 以及压强 p 表示成 $\boldsymbol{r}$ 与 t 的表达式找出来.根据达朗贝尔原理,作用在一个力学系统上的外力与相反的惯性力之和等于零.考察在时刻 t 包容在一个闭曲面 S 中的流体.这时作用在这一部分流体上的有质量力、表面力和惯性力 $-m\boldsymbol{a}$,$\boldsymbol{a}$ 表示流体质点的加速度.如果考察理想流体,表面力等于 $-p\boldsymbol{n}$,$\boldsymbol{n}$ 表示曲面 S 的外法线单位矢量.设 $\boldsymbol{F}$ 表示作用在流体的单位质量上的质量力,那么,根据达朗贝尔原理,作用在 S 所包容的流体部分 Ω 上的这些力的总和等于零,即

$$\int_\Omega \boldsymbol{F}\rho\,\mathrm{d}\Omega-\int_\Omega \boldsymbol{a}\rho\,\mathrm{d}\Omega-\int_S p\,\mathrm{d}\boldsymbol{\sigma}=\boldsymbol{0}.$$

同样,这些力的(环绕 0 点的)力矩总和也等于零,从而

$$\int_{\Omega}\boldsymbol{r}\times(\boldsymbol{F}-\boldsymbol{a})\rho\mathrm{d}\Omega-\int_{S}\boldsymbol{r}\times p\mathrm{d}\boldsymbol{\sigma}=\boldsymbol{0}.$$

今利用散度公式把面积分化为体积分：

(5) $$\int_{S}p\mathrm{d}\boldsymbol{\sigma}=\int_{\Omega}\mathbf{grad}\,p\mathrm{d}\Omega.$$

事实上，散度公式乃是

$$\int_{S}\boldsymbol{u}\cdot\mathrm{d}\boldsymbol{\sigma}=\int_{\Omega}\mathrm{div}\,\boldsymbol{u}\mathrm{d}\Omega,$$

这里 $\boldsymbol{u}(\boldsymbol{r})$ 乃是在 S 所围绕的区域 Ω 中具有连续一阶微商的矢值函数.特别令 $\boldsymbol{u}=p\boldsymbol{e}$，$\boldsymbol{e}$ 是任意单位矢量，那么，如果 $\boldsymbol{e}=(\lambda_1,\lambda_2,\lambda_3)$，有

$$\mathrm{div}\,\boldsymbol{u}=\frac{\partial(p\lambda_1)}{\partial x}+\frac{\partial(p\lambda_2)}{\partial y}+\frac{\partial(p\lambda_3)}{\partial z}=\mathbf{grad}\,p\cdot\boldsymbol{e},$$

从而，令 $\boldsymbol{n}$ 表示 S 的法线单位矢量，则有

$$\int_{S}p\boldsymbol{e}\cdot\boldsymbol{n}\mathrm{d}\sigma=\int_{\Omega}\boldsymbol{e}\cdot\mathbf{grad}\,p\mathrm{d}\Omega.$$

既然这式对于任意单位矢量 $\boldsymbol{e}$ 成立，所以

$$\int_{S}p\boldsymbol{n}\mathrm{d}\sigma=\int_{\Omega}\mathbf{grad}\,p\mathrm{d}\Omega,$$

这正是所要证的(5).

又利用 §3，(5)，有

$$\int_{S}\boldsymbol{n}\times p\boldsymbol{r}\mathrm{d}\sigma=\int_{\Omega}(\mathbf{rot}\,p\boldsymbol{r})\mathrm{d}\Omega.$$

于是得

$$\int_{\Omega}[(\boldsymbol{F}-\boldsymbol{a})\rho-\mathbf{grad}\,p]\mathrm{d}\Omega=\boldsymbol{0},$$

$$\int_{\Omega}[\boldsymbol{r}\times(\boldsymbol{F}-\boldsymbol{a})\rho+\mathbf{rot}(p\boldsymbol{r})]\mathrm{d}\Omega=\boldsymbol{0},$$

S 既是从流体中任意画出的一个闭曲面，仿以前常用的推理可知在每点处

(6) $$(\boldsymbol{F}-\boldsymbol{a})\rho-\mathbf{grad}\,p=\boldsymbol{0},$$

(7) $$\boldsymbol{r}\times(\boldsymbol{F}-\boldsymbol{a})\rho+\mathbf{rot}(p\boldsymbol{r})=\boldsymbol{0}.$$

但

$$\mathbf{rot}(p\boldsymbol{r})=\begin{vmatrix}\boldsymbol{e}_1 & \boldsymbol{e}_2 & \boldsymbol{e}_3\\ \dfrac{\partial}{\partial x} & \dfrac{\partial}{\partial y} & \dfrac{\partial}{\partial z}\\ px & py & pz\end{vmatrix}$$

$$=\left(\frac{\partial p}{\partial y}z-\frac{\partial p}{\partial z}y\right)\boldsymbol{e}_1+\left(\frac{\partial p}{\partial z}x-\frac{\partial p}{\partial x}z\right)\boldsymbol{e}_2+\left(\frac{\partial p}{\partial x}z-\frac{\partial p}{\partial z}x\right)\boldsymbol{e}_3$$

$$=\mathbf{grad}\,p\times\boldsymbol{r},$$

所以(7)可以写成

$$\boldsymbol{r}\times[(\boldsymbol{F}-\boldsymbol{a})\rho-\mathbf{grad}\,p]=\mathbf{0}.$$

但这说明(7)只是(6)的推论.注意 $\boldsymbol{a}=\dot{\boldsymbol{v}}=\dfrac{\mathrm{d}\boldsymbol{v}}{\mathrm{d}t}$,由(6)得出理想流体运动的欧拉方程:

$$\frac{\mathrm{d}\boldsymbol{v}}{\mathrm{d}t}=\boldsymbol{F}-\frac{1}{\rho}\mathbf{grad}\,p. \tag{8}$$

如果密度 ρ 只是压强 p 的函数,我们引入函数

$$P=\int_{p_0}^{p}\frac{\mathrm{d}p}{\rho},$$

于是得

$$\mathbf{grad}\,P=\frac{\mathrm{d}P}{\mathrm{d}p}\mathbf{grad}\,p=\frac{1}{\rho}\mathbf{grad}\,p.$$

如果质量力 $\boldsymbol{F}$ 是保守的,即它具有势函数 Q:

$$\boldsymbol{F}=-\mathbf{grad}\,Q,$$

那么(8)变成

$$\frac{\mathrm{d}\boldsymbol{v}}{\mathrm{d}t}=-\mathbf{grad}(Q+P).$$

特别,如果质量力只是由于重力产生的,

$$\rho=\text{常量},\quad P=\frac{p}{\rho},\quad \boldsymbol{F}=-g\boldsymbol{e}_3,\quad Q=gz.$$

于是欧拉方程变成

$$\frac{\mathrm{d}\boldsymbol{v}}{\mathrm{d}t}=-\mathbf{grad}\left(gz+\frac{p}{\rho}\right).$$

写出(8)的分量形式的第一式：

(9) $$F_1-\frac{1}{\rho}\frac{\partial p}{\partial x}=\frac{\partial v_1}{\partial t}+v_1\frac{\partial v_1}{\partial x}+v_2\frac{\partial v_1}{\partial y}+v_3\frac{\partial v_1}{\partial z},$$

这式也可以写成

$$F_1-\frac{1}{\rho}\frac{\partial p}{\partial x}=\frac{\partial v_1}{\partial t}+\left(v_1\frac{\partial v_1}{\partial x}+v_2\frac{\partial v_2}{\partial x}+v_3\frac{\partial v_3}{\partial x}\right)+$$

$$v_3\left(\frac{\partial v_1}{\partial z}-\frac{\partial v_3}{\partial x}\right)-v_2\left(\frac{\partial v_2}{\partial x}-\frac{\partial v_1}{\partial y}\right),$$

但上式第一个括号中的项可以写成

$$\frac{\partial}{\partial x}\left(\frac{v^2}{2}\right),\quad v\overset{\text{记}}{=\!=\!=}\|\boldsymbol{v}\|.$$

又上式第二、三两个括号中的项正是

$$\boldsymbol{e}_2\cdot\mathbf{rot}\,\boldsymbol{v},\quad \boldsymbol{e}_3\cdot\mathbf{rot}\,\boldsymbol{v},$$

从而各是角速度相应分量的二倍：$2\omega_y,2\omega_z$. 于是(9)可以写成

$$F_1-\frac{1}{\rho}\frac{\partial p}{\partial x}=\frac{\partial v_1}{\partial t}+\frac{\partial}{\partial x}\left(\frac{v^2}{2}\right)+2(v_3\omega_y-v_2\omega_z).$$

同理得出(8)的其他两分量关系.合并成矢量式，得

(10) $$\boldsymbol{F}-\frac{1}{\rho}\mathbf{grad}\,p=\frac{\partial\boldsymbol{v}}{\partial t}+\mathbf{grad}\left(\frac{v^2}{2}\right)+2(\boldsymbol{\omega}\times\boldsymbol{v}).$$

(10)叫做欧拉方程的格罗米柯形式.特别对于有位势的流，$\mathbf{rot}\,\boldsymbol{v}=\mathbf{0}$，从而欧拉方程化成

(11) $$\boldsymbol{F}-\frac{1}{\rho}\mathbf{grad}\,p=\frac{\partial v}{\partial t}+\mathbf{grad}\left(\frac{v^2}{2}\right).$$

如果设力 $\boldsymbol{F}$ 有势函数 U：

$$-\mathbf{grad}\,U=\boldsymbol{F},$$

并设 ρ 不依赖于 $\boldsymbol{r}$(均匀的!)，这时(10)可以写成

(12) $$\mathbf{grad}\left(-U-\frac{p}{\rho}-\frac{v^2}{2}\right)=\frac{\partial\boldsymbol{v}}{\partial t}+2(\boldsymbol{\omega}\times\boldsymbol{v}).$$

由上式不难导出伯努利方程.考察定常流，这时$\frac{\partial\boldsymbol{v}}{\partial t}=\mathbf{0}$，而由(12)

可得

$$(13)\qquad \left(-U-\frac{p}{\rho}-\frac{v^2}{2}\right)\Bigg|_{r_0}^{r}=\int_{r_0}^{r}\mathbf{grad}\left(-U-\frac{p}{\rho}-\frac{v^2}{2}\right)\cdot \mathrm{d}\boldsymbol{r}$$

$$=\int_{r_0}^{r}2(\boldsymbol{\omega}\times\boldsymbol{v})\cdot \mathrm{d}\boldsymbol{r}$$

在下面将举出的一些条件下,(13)中右边等于0,从而得出

$$(14)\qquad U+\frac{p}{\rho}+\frac{v^2}{2}=\text{常量}.$$

如果质量力只是重力,那么 $F_1=F_2=0,F_3=-g,U=\int g\mathrm{d}z=gz+$常量,而(14)化成

$$(15)\qquad z+\frac{p}{\rho g}+\frac{v^2}{2g}=\text{常量},$$

这里 ρ 表示流体的密度,即单位体积的质量.

$(\boldsymbol{\omega}\times\boldsymbol{v})\cdot\mathrm{d}\boldsymbol{r}$ 至少在下列一些情况下等于0:

1° $\boldsymbol{\omega}=\mathbf{0}$,即流体运动是没有涡旋的.

2° 积分线路 $\boldsymbol{r}=\boldsymbol{r}(t)$ 满足微分方程

$$\frac{\dot{x}}{v_1}=\frac{\dot{y}}{v_2}=\frac{\dot{z}}{v_3},\quad \text{即}\quad \dot{\boldsymbol{r}}=\alpha\boldsymbol{v},$$

α 是比例常数;这就是说,线路是沿流线的.

3° 积分线路 $\boldsymbol{r}=\boldsymbol{r}(t)$ 满足微分方程

$$\frac{\dot{x}}{\omega_1}=\frac{\dot{y}}{\omega_2}=\frac{\dot{z}}{\omega_3},\quad \text{即}\quad \dot{\boldsymbol{r}}=\alpha\boldsymbol{\omega},$$

α 是比例常数;这就是说,线路是沿涡流线的.

4° $\boldsymbol{\omega}=\alpha\boldsymbol{v}$,即 $\boldsymbol{\omega}$ 与 $\boldsymbol{v}$ 平行,这就是说,流体的运动是螺旋式运动,因为有以速度,即运动方向为轴的旋转.

注意方程(15)的物理意义.(15)中每一项具有长度的量纲.由于 $z+\frac{p}{\rho g}$ 等于流体的水头,即等于单位质量流体的势能,而 $\frac{v^2}{2g}=$ 单位质量的动能,因为(15)恰表示了流体的能量守恒律.z 叫做位置水头(乘上 ρg 后,ρgz 表示由位置决定的势能),$\frac{p}{\rho g}$ 表示压力水头,$\frac{v^2}{2g}$ 叫做速度

水头.

关于以上一些公式的意义以及在水流抽气机等方面的应用,大家在普通物理课中已经熟悉了[①].

把上述结果用到气体上,由于气体很轻,可以设质量力 $\boldsymbol{F}=\mathbf{0}$,从而欧拉方程变成

$$\frac{\mathrm{d}\boldsymbol{v}}{\mathrm{d}t}=-\frac{1}{\rho}\mathbf{grad}\,p.$$

由此得出

$$\boldsymbol{v}\cdot\frac{\mathrm{d}\boldsymbol{v}}{\mathrm{d}t}=-\frac{1}{\rho}\mathbf{grad}\,p\cdot\boldsymbol{v}=-\frac{1}{\rho}\mathbf{grad}\,p\cdot\frac{\mathrm{d}\boldsymbol{r}}{\mathrm{d}t}=-\frac{1}{\rho}\frac{\mathrm{d}p}{\mathrm{d}t},$$

从而

(16) $$\int\frac{\mathrm{d}p}{\rho}+\frac{v^2}{2}=C(\text{常量})$$

当压力变化很小时,可设密度 ρ 为常量,从而得出关系

$$p=C-\frac{\rho\boldsymbol{v}^2}{2}.$$

(16)叫做气体流的伯努利积分.

我们把上述一般讨论应用到一些具体问题上来.

例 1 设液体(装在盛器中)环绕一铅垂的轴按常角速度 $\boldsymbol{\omega}=\omega\boldsymbol{e}_3$ 旋转.这时速度是

$$\boldsymbol{v}=\boldsymbol{\omega}\times\boldsymbol{r}.$$

于是加速度是

$$\boldsymbol{a}=\boldsymbol{\omega}\times\dot{\boldsymbol{r}}=\boldsymbol{\omega}\times(\boldsymbol{\omega}\times\boldsymbol{r})=-\mathbf{grad}\left(gz+\frac{p}{\rho}\right).$$

现在令 $\omega=\|\boldsymbol{\omega}\|$,

$$\begin{aligned}\boldsymbol{\omega}\times(\boldsymbol{\omega}\times\boldsymbol{r})&=(\boldsymbol{\omega}\cdot\boldsymbol{r})\boldsymbol{\omega}-\boldsymbol{\omega}^2\boldsymbol{r}=(\omega\boldsymbol{e}_3\cdot\boldsymbol{r})\omega\boldsymbol{e}_3-\omega^2\boldsymbol{r}\\&=\omega^2(z\boldsymbol{e}_3-\boldsymbol{r})=-\omega^2(x\boldsymbol{e}_1+y\boldsymbol{e}_2)\\&=-\frac{\omega^2}{2}\mathbf{grad}(x^2+y^2).\end{aligned}$$

① 例如见福里斯-季莫列娃(Фриш-Тиморева):《普通物理学》第一卷第一编第六章.

因此欧拉方程变成

$$\mathbf{grad}\left[gz+\frac{p}{\rho}-\frac{1}{2}\omega^2(x^2+y^2)\right]=\mathbf{0},$$

从而得出

$$gz+\frac{p}{\rho}-\frac{1}{2}\omega^2(x^2+y^2)=C(\text{常量}).$$

在液体的自由表面上，$p=$常量，从而自由表面是一个旋转抛物面.

例 2 浮体问题：设浮体 V 半浮在液体表面之上，从而液体表面的平面 A 把浮体表面 S 分成两部分 S_1 与 S_2，S_1 没于液体中，S_2 接触空气（图 10.16）. 设 p_0 是大气压力，$p_1=\rho gz$ 表示流体静力学压强，p_0+p_1 作用在 S_1 上，p_0 作用在 S_2 上，换句话说，在 S 上有压强 p_0，在 $S_1\cup A$ 上作用有压强 p_1. 由于物体达到平衡，于是有

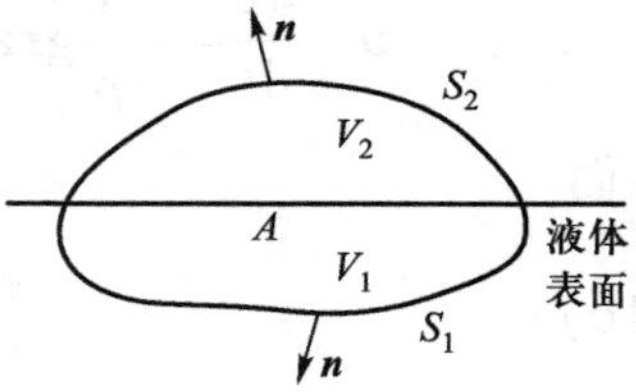

图 10.16

(17) $$\int_V \boldsymbol{e}_3 g\rho\,\mathrm{d}V-\int_S p_0\boldsymbol{n}\,\mathrm{d}\sigma-\int_{S_1\cup A}p_1\boldsymbol{n}\,\mathrm{d}\sigma=\mathbf{0},$$

(18) $$\int_V \boldsymbol{r}\times g\boldsymbol{e}_3\rho\,\mathrm{d}V-\int_S \boldsymbol{r}\times p_0\boldsymbol{n}\,\mathrm{d}\sigma-\int_{S_1\cup A}\boldsymbol{r}\times p_1\boldsymbol{n}\,\mathrm{d}\sigma=\mathbf{0}.$$

但

$$\int g\rho\,\mathrm{d}V=W=\text{浮体所受的重力},$$

$$\int_S \boldsymbol{n}p_0\,\mathrm{d}\sigma=p_0\int_S\boldsymbol{n}\,\mathrm{d}\sigma=\mathbf{0},$$

因为 S 是闭曲面，而利用(5)，有

$$\int_{S_1\cup A}\boldsymbol{n}p_1\,\mathrm{d}\sigma=\int_{V_1}\mathbf{grad}\,p_1\,\mathrm{d}V=\int_{V_1}\rho g\,\mathbf{grad}\,z\,\mathrm{d}V$$

$$=\int_{V_1}\rho g\boldsymbol{e}_3\,\mathrm{d}V=\boldsymbol{W}_1,$$

这里 W_1 乃是浮体所排除的液体所受的重力. 由(17)可知 $W=W_1$，这正是熟知的阿基米德原理：浮体在平衡位置所排除的液体所受的重力等于浮体本身所受的重力.

又在(18)中,如果 $\bar{\boldsymbol{r}}$ 表示浮体的质心位置矢量,

$$-\int_V \boldsymbol{r}\times g\boldsymbol{e}_3\rho\mathrm{d}V=g\boldsymbol{e}_3\times\int_V\rho\boldsymbol{r}\mathrm{d}V=g\boldsymbol{e}_3\times m\bar{\boldsymbol{r}}=W\,\boldsymbol{e}_3\times\bar{\boldsymbol{r}},$$

另一方面,如果 $\bar{\boldsymbol{r}}_1$ 表示被排去的液体的质心,

$$p_0\int_S\boldsymbol{n}\times\boldsymbol{r}\mathrm{d}\sigma=p_0\int_V\mathbf{rot}\,\boldsymbol{r}\mathrm{d}V=\mathbf{0},$$

$$\begin{aligned}\int_{S_1\cup A}\boldsymbol{n}\times p_1\boldsymbol{r}\mathrm{d}\sigma&=\int_{V_1}\mathbf{rot}(p_1\boldsymbol{r})\mathrm{d}V=\int_{V_1}(\mathbf{grad}\,p_1\times\boldsymbol{r})\mathrm{d}V\\&=g\boldsymbol{e}_3\times\int_{V_1}\rho\boldsymbol{r}\mathrm{d}V=g\boldsymbol{e}_3\times m_1\bar{\boldsymbol{r}}_1=W_1\boldsymbol{e}_3\times\bar{\boldsymbol{r}}_1,\end{aligned}$$

既然已证得 $W=W_1$,(18)化成

$$W\boldsymbol{e}_3\times(\bar{\boldsymbol{r}}-\bar{\boldsymbol{r}}_1)=\mathbf{0},$$

这就是说,$\bar{\boldsymbol{r}}$ 与 $\bar{\boldsymbol{r}}_1$ 的连线与 $\boldsymbol{e}_3$ 平行,换句话说,浮体的质心与被它排除的液体的质心是在同一条铅垂直线上.

前面已经讨论到欧拉方程的一种形式

$$\dot{\boldsymbol{v}}=-\mathbf{grad}(Q+P),$$

这里 Q 表示质量力的位势,而

$$P=\int_{p_0}^{p}\frac{\mathrm{d}p}{\rho}.$$

但
$$\dot{\boldsymbol{v}}=\frac{\partial\boldsymbol{v}}{\partial t}+(\boldsymbol{v}\cdot\mathbf{grad})\boldsymbol{v},$$

而注意

$$\frac{1}{2}\mathbf{grad}\,v^2=\frac{1}{2}\mathbf{grad}(\boldsymbol{v}\cdot\boldsymbol{v})=(\boldsymbol{v}\cdot\mathbf{grad})\boldsymbol{v}+\boldsymbol{v}\times\mathbf{rot}\,\boldsymbol{v},$$

可得

$$\frac{\partial\boldsymbol{v}}{\partial t}-\boldsymbol{v}\times\mathbf{rot}\,\boldsymbol{v}=-\mathbf{grad}\left(Q+P+\frac{1}{2}v^2\right),$$

从而依照梯度的一般性质,有

$$\mathbf{rot}\left(\frac{\partial\boldsymbol{v}}{\partial t}-\boldsymbol{v}\times\mathbf{rot}\,\boldsymbol{v}\right)=\mathbf{0}.$$

既然 $\dfrac{\partial}{\partial t}$ 表示假定 $\boldsymbol{r}$ 不变时按 t 求偏微商,因此 $\dfrac{\partial}{\partial t}$ 与 $\dfrac{\partial}{\partial x},\dfrac{\partial}{\partial y},\dfrac{\partial}{\partial z}$ 的序次可

以对换，从而

$$\frac{\partial}{\partial t}\mathbf{rot}\ \boldsymbol{v}=\mathbf{rot}\ \frac{\partial \boldsymbol{v}}{\partial t}=\mathbf{rot}(\boldsymbol{v}\times\mathbf{rot}\ \boldsymbol{v})$$

$$=[(\mathbf{rot}\ \boldsymbol{v})\cdot\mathbf{grad}]\boldsymbol{v}-(\boldsymbol{v}\cdot\mathbf{grad})\mathbf{rot}\ \boldsymbol{v}-(\mathbf{rot}\ \boldsymbol{v})(\mathrm{div}\ \boldsymbol{v}),$$

这是因为对于任意两矢量 $\boldsymbol{a},\boldsymbol{b}$，有

$$\begin{aligned}\mathbf{rot}(\boldsymbol{a}\times\boldsymbol{b})&=\left(\boldsymbol{e}_1\frac{\partial}{\partial x}+\boldsymbol{e}_2\frac{\partial}{\partial y}+\boldsymbol{e}_3\frac{\partial}{\partial z}\right)\times(\boldsymbol{a}\times\boldsymbol{b})\\&=\boldsymbol{e}_1\times(\boldsymbol{a}_x'\times\boldsymbol{b}+\boldsymbol{a}\times\boldsymbol{b}_x')+\boldsymbol{e}_2\times(\boldsymbol{a}_y'\times\boldsymbol{b}+\boldsymbol{a}\times\boldsymbol{b}_y')+\boldsymbol{e}_3\times(\boldsymbol{a}_z'\times\boldsymbol{b}+\boldsymbol{a}\times\boldsymbol{b}_z')\\&=(\boldsymbol{b}\cdot\boldsymbol{e}_1)\boldsymbol{a}_x'-(\boldsymbol{e}_1\cdot\boldsymbol{a}_x')\boldsymbol{b}+(\boldsymbol{e}_1\cdot\boldsymbol{b}_x')\boldsymbol{a}-(\boldsymbol{a}\cdot\boldsymbol{e}_1)\boldsymbol{b}_x'+\\&\quad(\boldsymbol{b}\cdot\boldsymbol{e}_2)\boldsymbol{a}_y'-(\boldsymbol{e}_2\cdot\boldsymbol{a}_y')\boldsymbol{b}+(\boldsymbol{e}_2\cdot\boldsymbol{b}_y')\boldsymbol{a}-(\boldsymbol{a}\cdot\boldsymbol{e}_2)\boldsymbol{b}_y'+\\&\quad(\boldsymbol{b}\cdot\boldsymbol{e}_3)\boldsymbol{a}_z'-(\boldsymbol{e}_3\cdot\boldsymbol{a}_z')\boldsymbol{b}+(\boldsymbol{e}_3\cdot\boldsymbol{b}_z')\boldsymbol{a}-(\boldsymbol{a}\cdot\boldsymbol{e}_3)\boldsymbol{b}_z'\\&=(\boldsymbol{b}\cdot\mathbf{grad})\boldsymbol{a}-(\mathrm{div}\ \boldsymbol{a})\boldsymbol{b}+(\mathrm{div}\ \boldsymbol{b})\boldsymbol{a}-(\boldsymbol{a}\cdot\mathbf{grad})\boldsymbol{b}.\end{aligned}$$

又注意

$$\frac{\partial}{\partial t}\mathbf{rot}\ \boldsymbol{v}+(\boldsymbol{v}\cdot\mathbf{grad})\mathbf{rot}\ \boldsymbol{v}=\frac{\mathrm{d}}{\mathrm{d}t}\mathbf{rot}\ \boldsymbol{v},$$

可得

$$\frac{\mathrm{d}}{\mathrm{d}t}\mathbf{rot}\ \boldsymbol{v}+(\mathbf{rot}\ \boldsymbol{v})(\mathrm{div}\ \boldsymbol{v})=[(\mathbf{rot}\ \boldsymbol{v})\cdot\mathbf{grad}]\boldsymbol{v}.$$

既然前面已经知道

$$\boldsymbol{\omega}=\frac{1}{2}\mathbf{rot}\ \boldsymbol{v}$$

表达流体的涡流（即它的粒子的旋转运动），并利用连续性方程，

$$\mathrm{div}\ \boldsymbol{v}=-\frac{1}{\rho}\frac{\mathrm{d}\rho}{\mathrm{d}t}=\rho\frac{\mathrm{d}}{\mathrm{d}t}\left(\frac{1}{\rho}\right),$$

可得
$$\frac{\mathrm{d}\boldsymbol{\omega}}{\mathrm{d}t}+\boldsymbol{\omega}\rho\frac{\mathrm{d}}{\mathrm{d}t}\left(\frac{1}{\rho}\right)=(\boldsymbol{\omega}\cdot\mathbf{grad})\boldsymbol{v},$$

即

$$\frac{1}{\rho}\frac{\mathrm{d}\boldsymbol{\omega}}{\mathrm{d}t}+\boldsymbol{\omega}\frac{\mathrm{d}}{\mathrm{d}t}\left(\frac{1}{\rho}\right)=\left(\frac{\boldsymbol{\omega}}{\rho}\cdot\mathbf{grad}\right)\boldsymbol{v}.$$

于是得出所谓亥姆霍兹方程

$$\frac{\mathrm{d}}{\mathrm{d}t}\left(\frac{\boldsymbol{\omega}}{\rho}\right)=\left(\frac{\boldsymbol{\omega}}{\rho}\cdot\mathbf{grad}\right)\boldsymbol{v}.$$

如果 $\boldsymbol{\omega}=\mathbf{0}$,那么,对于不可压缩流体,必有 $\dot{\boldsymbol{\omega}}=\mathbf{0}$,即如果作用在流体上的外力是守恒的,没有旋转的流体粒子,在多少时间之后仍是没有旋转的.换句话说,在这种假定之下,对于理想流体,涡流既不会产生,也不会消灭.

考察两个位于同一条涡流线上的粒子,它们的位置矢量各是 $\boldsymbol{r}$ 与 $\boldsymbol{r}+\varepsilon\boldsymbol{\omega}$,$\varepsilon$ 是一很小的数.设前一粒子的速度是 $\boldsymbol{v}$,那么后一粒子的速度是 $\boldsymbol{v}+\varepsilon(\boldsymbol{\omega}\cdot\mathbf{grad})\boldsymbol{v}$.这两个粒子在时间 Δt 之后将各处在位置

$$\boldsymbol{r}+\boldsymbol{v}\Delta t\quad 与\quad \boldsymbol{r}+\varepsilon\boldsymbol{\omega}+[\boldsymbol{v}+\varepsilon(\boldsymbol{\omega}\cdot\mathbf{grad})\boldsymbol{v}]\Delta t$$

处,从而这两粒子间的位置差别是

$$\varepsilon\boldsymbol{\omega}+\varepsilon(\boldsymbol{\omega}\cdot\mathbf{grad})\boldsymbol{v}\Delta t=\varepsilon\boldsymbol{\omega}+\frac{\mathrm{d}(\varepsilon\boldsymbol{\omega})}{\mathrm{d}t}\Delta t.$$

这个位置差矢量的方向恰是在通过前一粒子在 $t+\Delta t$ 时的涡流线的方向,从而这两粒子在时间 Δt 之后仍在同一条涡流线之上.因此,在流体中,涡流线的运动好像是一条物质的流线,即好像是由同一质点在不同时刻的位置形成.这叫做亥姆霍兹第一涡流定理.

我们再考虑环流量随时间的变化.考察通过理想流体的一些取定的粒子的一条闭线路 L,并设 L 随着流体运动.环流量

$$\Gamma_L=\int_L\boldsymbol{v}\cdot\mathrm{d}\boldsymbol{r},$$

从而

$$\frac{\mathrm{d}\Gamma_L}{\mathrm{d}t}=\frac{\mathrm{d}}{\mathrm{d}t}\int_L\boldsymbol{v}\cdot\mathrm{d}\boldsymbol{r}.$$

但

$$\frac{\mathrm{d}}{\mathrm{d}t}\boldsymbol{v}\cdot\dot{\boldsymbol{r}}=\dot{\boldsymbol{v}}\cdot\dot{\boldsymbol{r}}+\boldsymbol{v}\cdot\ddot{\boldsymbol{r}}=\dot{\boldsymbol{v}}\cdot\dot{\boldsymbol{r}}+\boldsymbol{v}\cdot\dot{\boldsymbol{v}},$$

从而利用在积分号下取微商的定理(仿第九章 §5),

$$\frac{\mathrm{d}\Gamma_L}{\mathrm{d}t}=\int_L(\dot{\boldsymbol{v}}\cdot\dot{\boldsymbol{r}}+\boldsymbol{v}\cdot\dot{\boldsymbol{v}})\mathrm{d}t=\int_L(\dot{\boldsymbol{v}}\cdot\mathrm{d}\boldsymbol{r}+\boldsymbol{v}\cdot\mathrm{d}\boldsymbol{v}).$$

但理想流体的运动方程是

$$\boldsymbol{F}-\frac{1}{\rho}\textbf{grad}\ p-\dot{\boldsymbol{v}}=\boldsymbol{0},$$

而在假定外力有位势($\boldsymbol{F}=\textbf{grad}\ U$)之下,有

$$\textbf{grad}\ U-\frac{1}{\rho}\textbf{grad}\ p-\dot{\boldsymbol{v}}=\boldsymbol{0}.$$

于是

$$\begin{aligned}\frac{\mathrm{d}\Gamma_L}{\mathrm{d}t}&=\int_L\left[\left(\textbf{grad}\ U-\frac{1}{\rho}\textbf{grad}\ p\right)\cdot\mathrm{d}\boldsymbol{r}+\boldsymbol{v}\cdot\mathrm{d}\boldsymbol{v}\right]\\&=\int_L\mathrm{d}\left(U-\frac{1}{\rho}p+\frac{v^2}{2}\right)=0.\end{aligned}$$

这正是说 Γ 不随时间变化.于是得到(所谓汤姆孙)定理:

定理 如果作用在理想流体上的外力具有位势,而密度是压强的函数,那么速度沿通过流体的取定的一些粒子的一个闭线路的环流量不随时间变化.

以前曾定义过,矢量场 $\boldsymbol{v}$ 叫做无旋的,是指 $\textbf{rot}\ \boldsymbol{v}=\boldsymbol{0}$.如果 $\boldsymbol{v}$ 表示流体的速度,$\textbf{rot}\ \boldsymbol{v}=\boldsymbol{0}$ 正是指 $\boldsymbol{\omega}=\boldsymbol{0}$,即流体的运动是无旋涡的.依 §4 的讨论,在流体中一个单连通区域中,这时 $\boldsymbol{v}$ 可以表示成

$$\boldsymbol{v}=\textbf{grad}\ \varphi,$$

φ 是一个标量场,仿力场的情况,φ 叫做速度势.如果再假定流体是不可压缩的,那么连续性方程变成 $\mathrm{div}\ \boldsymbol{v}=0$,即

$$\mathrm{div}\ \textbf{grad}\ \varphi=0.$$

换句话说,对于不可压缩流体的无旋涡流,速度势 φ 满足"调和方程"(也叫做拉普拉斯方程).下面对于无旋涡流的物理意义进行进一步的讨论.为简单起见,考虑水平的流动,即设 $v_3=0$.这时设 $\boldsymbol{v}$ 与 z 无关,从而

$$\textbf{rot}\ \boldsymbol{v}=\boldsymbol{0}$$

化成

$$(19)\qquad \begin{vmatrix}\boldsymbol{e}_1&\boldsymbol{e}_2&\boldsymbol{e}_3\\\dfrac{\partial}{\partial x}&\dfrac{\partial}{\partial y}&\dfrac{\partial}{\partial z}\\v_1&v_2&0\end{vmatrix}=\boldsymbol{0},\quad 即\quad \frac{\partial v_2}{\partial x}-\frac{\partial v_1}{\partial y}=0.$$

如果设 v_2 不依赖于 x,那么依(19),v_1 也不依赖于 y.

考察 $v_2=0$ 的情形.图 10.17 中画有一个试验轮.由于 v_1 也不依赖于 y,必然 $\mathbf{rot}\ \boldsymbol{v}=\mathbf{0}$.这样,试验轮沿 x 轴方向平移,但并没有作用在它上面的力偶,从而不产生旋转.

仍设 $v_2=0$,但 $\mathbf{rot}\ \boldsymbol{v}\neq\mathbf{0}$,从而 v_1 依赖于 y.由图 10.18 可以看出,试验轮除受到推力而平移外,也受到力偶作用而环绕它自己的轴而旋转.这正是说,流体的运动是有涡旋的.

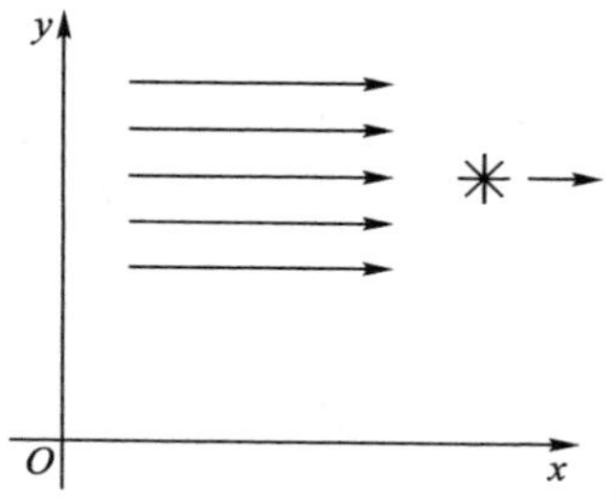

图 10.17

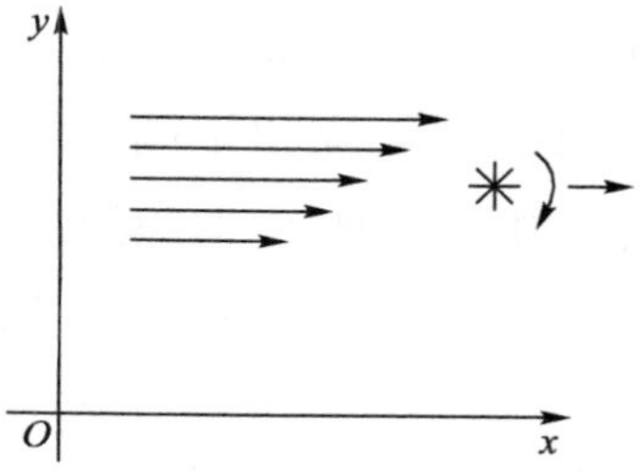

图 10.18

注意涡旋是指流体的无穷小元素绕它自己的轴旋转,但沿圆周运动的流体并不一定是有涡旋的.这由图 10.19 可以看出.

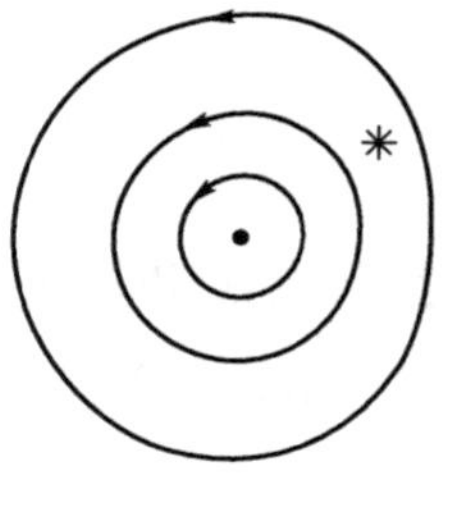
图 10.19

如果在一点处,流体以均匀速度向各方向射出,这个点叫做点源.如果流体从各个方向向这一点流入,这点叫做尾闾.考察一个点源.设 q 表示从这点源射出的流体质量的速率.如果流体是不可压缩的,那么流体流过一个以这点源为中心,以 a 为半径的球面的质量流速率乃是

$$q=\int_S\rho\boldsymbol{v}\cdot\mathrm{d}\boldsymbol{\sigma}=\rho 4\pi r^2 v_r,$$

v_r 表示沿这个球的半径方向的流体速度分量.因此得

$$v_r=\frac{q}{4\pi r^2\rho},$$

$m=\dfrac{q}{\rho}$ 叫做点源的强度.如果设流体是无涡旋的,$\boldsymbol{v}=\mathbf{grad}\ \varphi$($\varphi$ = 速度

势),从而

$$v_r=\frac{\partial\varphi}{\partial r},$$

于是

$$\varphi=\int v_r\mathrm{d}r=-\frac{m}{4\pi r},$$

这里特别取积分常数=0.

如果考察一个点源 m 和一个尾闾 $-m$(尾闾可以看作是强度为负的点源),相距为 $2a$.设 r_1,r_2 表示由任意一点 P 到这个点源和尾闾的距离(图 10.20).由点源和尾闾所产生的速度势在 P 点乃是

$$\varphi=-\frac{m}{4\pi}\left(\frac{1}{r_1}-\frac{1}{r_2}\right).$$

设想 $2a\to0$,而 m 无限增大以保持 $2am=$常数$(=C)$,那么得到一个"偶极子",它的势是

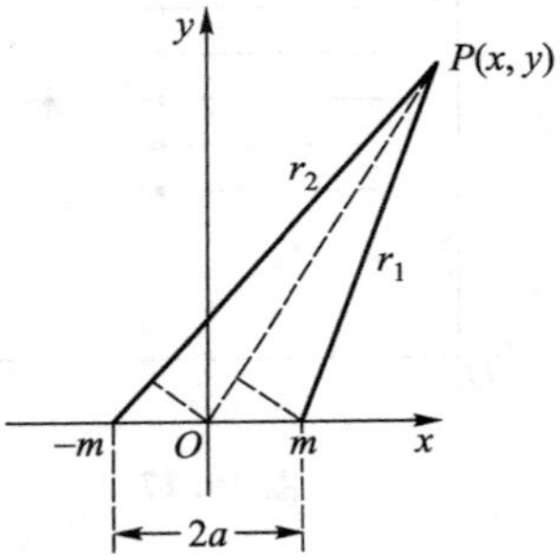

图 10.20

$$\varphi=\frac{C}{4\pi r^2}\cos\theta,$$

θ 表示点源和尾闾的连线与由连线中点到 P 点的连线之间的夹角.事实上,由图 10.20 看出,

$$r_1-r_2\approx-2a\cdot\cos\theta.$$

于是

$$\varphi=\lim_{a\to0}\left(-\frac{m}{4\pi}\frac{-2a\cos\theta}{r_1r_2}\right)=\frac{C}{4\pi r^2}\cos\theta.$$

对于相离很近的点源和尾闾,流线从点源出发,以尾闾为终点,在这两点之间是连续的.

前边已经谈到过旋涡矢量

$$\boldsymbol{\omega}=\frac{1}{2}\mathbf{rot}\ \boldsymbol{v}.$$

一条曲线,如果在它上面的每点处切线与该点处旋涡矢量的方向一

致,就叫做涡线,它的方程是

$$\frac{\mathrm{d}\boldsymbol{r}}{\mathrm{d}t}=\alpha\boldsymbol{\omega},$$

α 是比例常数,t 是参数($\boldsymbol{r}=\boldsymbol{r}(t)$ 是涡线的方程).穿过某一小闭合曲线的全部涡线构成所谓涡管,而涡管内部称作涡束.

考察用柱面坐标表示的势函数

$$\varphi=C'\theta, \tag{20}$$

那么沿从原点出发与极轴夹角为 θ 的半线方向(这个方向的单位矢量表示成 $\boldsymbol{e}_\theta$)的方向微商是

$$\mathbf{grad}\ \varphi\cdot\boldsymbol{e}_\theta=\frac{1}{r}\frac{\partial\varphi}{\partial\theta}=\frac{C'}{r}.$$

前面已经提到过,这样的流体运动是无涡旋的,但在 $r=0$ 处有奇点.

由§3 的定理 2 可知对于无涡旋流,环流量等于 0:

$$\int_C \boldsymbol{v}\cdot\mathrm{d}\boldsymbol{r}=0.$$

对于(20)中的流,沿中心在 z 轴上的一个圆形围道 C 的环流量等于

$$\int_C \boldsymbol{v}\cdot\mathrm{d}\boldsymbol{r}=\int_0^{2\pi}v_\theta r\mathrm{d}\theta=2\pi C',$$

因为 C 的参数可以取作弧长 $s=r\theta$.这里环流量不等于 0,乃是由于围道环绕奇点 $r=0$.

对于定常流,$\boldsymbol{v}$ 不显依赖于时间 t,从而 $\boldsymbol{\omega}$ 也不显依赖于时间 t.由此可知涡束不改变形状,也不移动.但对于非定常流,情形就相反了.

下面简单介绍一下可压缩流体的情况.这时密度也是变量.在声波的情况,流体速度 $\boldsymbol{v}$ 以及压强和密度的变化都很小,从而这些量的乘积都可以忽略(作为初步近似).我们假定流体在膨胀与压缩时不发生热的变换,换句话说,我们假定流是绝热的.在这种情形下(参看福里斯等著《普通物理学》第一卷第二编第八章),态方程是

$$p=k\rho^\gamma,$$

k 与 γ 都是常量.

设声波引起密度的变化,这变化规律是

$$\rho=\rho_0(1+\sigma).$$

这里,依上述,$\sigma=\sigma(\boldsymbol{r},t)\ll 1$.这个量 σ 叫做凝聚量.这时,连续性方程

(21) $$\operatorname{div}(\rho\boldsymbol{v})=-\frac{\partial\rho}{\partial t}$$

可以近似地写成

(22) $$\rho_0\operatorname{div}\boldsymbol{v}=-\frac{\partial\rho}{\partial t}.$$

事实上,(21)可以写成

$$\rho_0(1+\sigma)\operatorname{div}\boldsymbol{v}+\boldsymbol{v}\cdot\mathbf{grad}[\rho_0(1+\sigma)]=-\frac{\partial\rho}{\partial t}.$$

由于 $\mathbf{grad}\,\rho_0=\mathbf{0}$ 并略去高阶无穷小量,就得出(22)来.欧拉方程这时可以写成

$$\frac{\partial\boldsymbol{v}}{\partial t}+(\boldsymbol{v}\cdot\mathbf{grad})\boldsymbol{v}=-\frac{1}{\rho_0}\mathbf{grad}\,p.$$

由于$(\boldsymbol{v}\cdot\mathbf{grad})\boldsymbol{v}$乃是很小的量的乘积之和,它可以忽略,从而上面的方程变成

(23) $$\frac{\partial\boldsymbol{v}}{\partial t}=-\frac{1}{\rho_0}\mathbf{grad}\,p.$$

又由 $p=k\rho^{\gamma}$ 可得

(24) $$\mathbf{grad}\,p=k\gamma\rho^{\gamma-1}\mathbf{grad}\,\rho.$$

由(23),(24)可得

(25) $$\frac{\partial\boldsymbol{v}}{\partial t}=-k\gamma\rho_0^{\gamma-2}\mathbf{grad}\,\rho.$$

取(22)的按 t 的微商,并由(22)与(25)消去 $\boldsymbol{v}$,得

$$\rho_0\operatorname{div}\frac{\partial\boldsymbol{v}}{\partial t}=-\frac{\partial^2\rho}{\partial t^2},$$

(26) $$\operatorname{div}\mathbf{grad}\,\rho=\frac{1}{C^2}\frac{\partial^2\rho}{\partial t^2},$$

这里 $C^2=k\gamma\rho_0^{\gamma-1}=\gamma p_0/\rho_0$.例如在大气压力下的空气,$p=1.01\times10^6\,\text{dyn/cm}^2$ (1 dyn(1 达因)= 0.000 01 N),$\rho=0.001\ 205\ \text{g/cm}^3$,温度为20 ℃,气压为

760 mmHg(760 mmHg=1 标准大气压=1.013 25×10^5 Pa),$\gamma=1.403$,这时声的速度是 $C=34\ 400$ cm/s.

方程(26)就是理想可压缩流体中声波传播的方程.这时 C 是声速(详见后文).

下面我们导出在可压缩流体中超声速的流动的方程.从(24)出发:

$$\mathbf{grad}\ p=C^2\mathbf{grad}\ \rho,$$

在没有质量力作用的情形下,

(27)
$$\frac{\mathrm{d}\boldsymbol{v}}{\mathrm{d}t}=-\frac{1}{\rho}\mathbf{grad}\ p.$$

由(24),(27)消去 $\mathbf{grad}\ p$,得

(28)
$$\mathbf{grad}\ \rho=-\frac{\rho}{C^2}\dot{\boldsymbol{v}},$$

连续性方程可以写成

$$\mathrm{div}\ \rho\boldsymbol{v}=\boldsymbol{v}\cdot\mathbf{grad}\ \rho+\rho\mathrm{div}\ \boldsymbol{v}=-\frac{\partial\rho}{\partial t},$$

而利用(28),得

(29)
$$-\frac{\rho}{C^2}\dot{\boldsymbol{v}}\cdot\boldsymbol{v}+\rho\mathrm{div}\ \boldsymbol{v}=-\frac{\partial\rho}{\partial t}.$$

考虑二维流的情形——实际上是考虑在一定范围内相互平行的截面上并无区别的情况,像流体流过一个柱体时,与柱体轴垂直的各平面截面上的情况是相同的.于是

$$\dot{\boldsymbol{v}}=\frac{\partial\boldsymbol{v}}{\partial t}+v_1\frac{\partial\boldsymbol{v}}{\partial x}+v_2\frac{\partial\boldsymbol{v}}{\partial y},$$

这里 $\boldsymbol{v}=(v_1,v_2,v_3)$.代入(29),得

$$\left(1-\frac{v_1^2}{C^2}\right)\frac{\partial v_1}{\partial x}+\left(1-\frac{v_2^2}{C^2}\right)\frac{\partial v_2}{\partial y}-\frac{v_1v_2}{C^2}\left(\frac{\partial v_1}{\partial y}+\frac{\partial v_2}{\partial x}\right)=\frac{1}{C^2}\frac{\partial(v^2)}{\partial t}-\frac{1}{\rho}\frac{\partial\rho}{\partial t}.$$

在定常流的情形,上式右边诸项都等于0.如果设流是无旋涡的,即设速度矢量有一势函数:

$$v_1=\frac{\partial\varphi}{\partial x},\quad v_2=\frac{\partial\varphi}{\partial y},$$

得

$$(30)\qquad \left(1-\frac{v_1^2}{C^2}\right)\frac{\partial^2\varphi}{\partial x^2}+\left(1-\frac{v_2^2}{C^2}\right)\frac{\partial^2\varphi}{\partial y^2}-\frac{2v_1v_2}{C^2}\frac{\partial^2\varphi}{\partial x\partial y}=0.$$

注意(30)与第一卷第二分册中所介绍的一些偏微分方程有很大的不同.首先,它是非线性方程,因为所要求的函数 φ 不只是以一次幂出现在方程中(因为 v_1,v_2 是依赖于 φ 的).如果$\frac{v^2}{C^2}\ll 1$,即速度比声速慢得多时,(30)近似地成为调和方程

$$\frac{\partial^2\varphi}{\partial x^2}+\frac{\partial^2\varphi}{\partial y^2}=0.$$

但在现代超声速的飞行的情况下,(30)中的系数 $1-\frac{v_1^2}{C^2}$与 $1-\frac{v_2^2}{C^2}$可能由正数(亚声速)变到负数(超声速),从而方程的类型也起了变化.这将在以后再讨论.

§6 复变函数的积分·平面流问题

在很多实际问题中,在一定范围内,与某一方向垂直的各平面截部中流的情况可以看作是相同的:例如空气流绕过飞机翼横截面的流,或水流过桥墩的情况,等等.因此,我们可以在 xOy 平面中考虑问题,z 轴就是垂直于这些平面截部的方向.这时,流线的微分方程是

$$(1)\qquad v_2\,\mathrm{d}x-v_1\,\mathrm{d}y=0.$$

如果考虑无涡旋的流,必有速度势 φ,使

$$\boldsymbol{v}=\mathbf{grad}\ \varphi,$$

即 $v_1=\frac{\partial\varphi}{\partial x},v_2=\frac{\partial\varphi}{\partial y}$.在定常流的情况,已知 φ 满足调和方程

$$\frac{\partial^2\varphi}{\partial x^2}+\frac{\partial^2\varphi}{\partial y^2}=0.$$

由(1)可以看出,如果取一函数 ψ,使

(2) $$-\frac{\partial\psi}{\partial x}=v_2=\frac{\partial\varphi}{\partial y},\quad \frac{\partial\psi}{\partial y}=v_1=\frac{\partial\varphi}{\partial x},$$

那么(1)的左边成为恰当微分

$$\frac{\partial\psi}{\partial x}\mathrm{d}x+\frac{\partial\psi}{\partial y}\mathrm{d}y=\mathrm{d}\psi,$$

从而流线的方程是

$$\psi(x,y)=C,$$

C 是任意常数.但由(2)可以看出,如果令

$$w(z)=\varphi(x,y)+\mathrm{i}\psi(x,y),$$

(2)正是解析性条件.这正是说,表达平面流的一个很自然的工具正是解析函数 $w(z)$,这个函数的实部就是速度势,而虚部正是流函数 ψ:$\psi(x,y)=C$ 就表示诸流线.这个复变函数 $w(z)$ 叫做这个定常有位势流的复势.注意 $\varphi=C$ 叫做等势线(即势是常数的曲线).由解析性条件(2)可知

$$\varphi=C \quad 与 \quad \psi=C'$$

是互相正交的两组曲线,因为它们在交点的法线方向各是

$$\frac{\partial\varphi}{\partial x},\frac{\partial\varphi}{\partial y} \quad 与 \quad \frac{\partial\psi}{\partial x},\frac{\partial\psi}{\partial y},$$

而由(2),

$$\frac{\partial\varphi}{\partial x}\frac{\partial\psi}{\partial x}+\frac{\partial\varphi}{\partial y}\frac{\partial\psi}{\partial y}=-\frac{\partial\varphi}{\partial x}\frac{\partial\varphi}{\partial y}+\frac{\partial\varphi}{\partial y}\frac{\partial\varphi}{\partial x}=0.$$

考察两邻近的流线 $\psi=\psi_1,\psi=\psi_2>\psi_1$,与一条等势线 $\varphi=C$ 交于 P,Q 两点(图 10.21).考察在单位时间内经 PQ 这条线(沿等势线)流过的流体是

$$\int_P^Q v\mathrm{d}s=\int(\boldsymbol{v}\times\mathrm{d}\boldsymbol{r})_3=\int(v_1\mathrm{d}y-v_2\mathrm{d}x)$$

$$=\int\frac{\partial\psi}{\partial y}\mathrm{d}y+\frac{\partial\psi}{\partial x}\mathrm{d}x=\psi_2-\psi_1,$$

这说明了 ψ 作为流函数的意义.

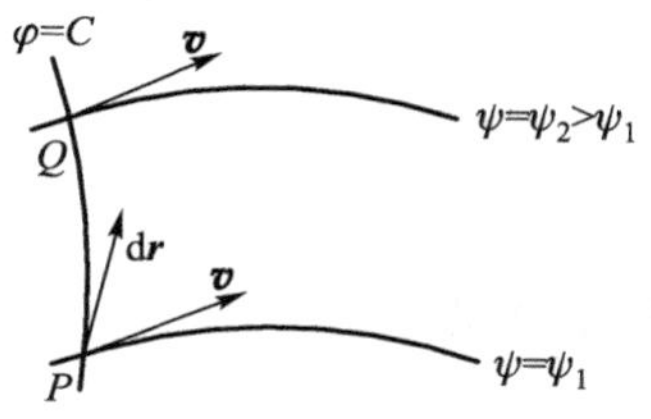

图 10.21

在§5中考虑可忽略质量的流体(例如气体)时,得到关系

$$p=\rho\left(C-\frac{v^2}{2}\right).$$

取一闭围道 L 所包容的流体所受到的力，那么这个力等于

$$-\int p\boldsymbol{n}\mathrm{d}s.$$

因此，沿 x 轴方向，有

$$X=-\int_L p\cos(\widehat{\boldsymbol{n},x})\,\mathrm{d}s,$$

而沿 y 轴方向，

$$Y=-\int_L p\cos(\widehat{\boldsymbol{n},y})\,\mathrm{d}s.$$

既然 $\alpha=(\widehat{s,x})=\dfrac{\pi}{2}-(\widehat{\boldsymbol{n},x})$，$(\widehat{\boldsymbol{n},y})=(\widehat{s,-x})=\pi-\alpha$，可知

$$X=-\int p\sin\alpha\,\mathrm{d}s=-\int p\mathrm{d}y,$$

$$Y=\int p\cos\alpha\,\mathrm{d}s=\int p\mathrm{d}x,$$

从而

$$Y-\mathrm{i}X=\int p\mathrm{d}z=\rho\int_L\left(C-\frac{v^2}{2}\right)\mathrm{d}z=-\frac{\rho}{2}\int_L v^2\mathrm{d}z$$

$$=-\frac{\rho}{2}\int_L|w'|^2\mathrm{d}z,$$

因为 $\boldsymbol{v}=\mathbf{grad}\,\varphi$，$v^2=\left(\dfrac{\partial\varphi}{\partial x}\right)^2+\left(\dfrac{\partial\varphi}{\partial y}\right)^2=\left(\dfrac{\partial\varphi}{\partial x}\right)^2+\left(\dfrac{\partial\psi}{\partial x}\right)^2=\left|\dfrac{\partial w}{\partial x}\right|^2=\left|\dfrac{\partial w}{\partial z}\right|^2$. 如果上述的闭围道乃是一个实体表面的截线，那么 L 本身就是流线 $\psi=$ 常量，从而沿 L，$\mathrm{d}\psi=0$，于是 $\mathrm{d}w=\mathrm{d}\overline{w}=\mathrm{d}\varphi$，

$$Y-\mathrm{i}X=-\frac{\rho}{2}\int_L|w'|^2\mathrm{d}z=-\frac{\rho}{2}\int_L w'\mathrm{d}\overline{w}$$

$$=-\frac{\rho}{2}\int_L w'^2\mathrm{d}z.$$

又力矩是

$$M=\int_L(x\mathrm{d}Y-y\mathrm{d}X)=\int_L(xp\mathrm{d}x+yp\mathrm{d}y)$$

$$= \frac{1}{2}\int_L p\mathrm{d}(x^2+y^2) = -\frac{\rho}{4}\int_L |w'|^2\mathrm{d}(z\overline{z})$$

$$= -\frac{\rho}{4}\int_L (w'\overline{w}'z\mathrm{d}\overline{z} + w'\overline{w}'\overline{z}\mathrm{d}z)$$

$$= -\frac{\rho}{4}\int_L (zw'\mathrm{d}\overline{w} + \overline{z}\overline{w}'\mathrm{d}w) = -\frac{\rho}{2}\mathscr{R}\int_L z|w'|^2\mathrm{d}\overline{z}.$$

总之,对这些平面流的考虑引导我们来考虑复变函数的积分.上面的叙述是形式的,即根据力学的概念形式地写出一些公式.这样的积分还有待于更进一步的研究,即这种积分是怎样定义的.

为了考察平面流的情形,往往引入一些方便的符号.注意复数 $f=u+\mathrm{i}v$, $g=s+\mathrm{i}t$ 可以看作是平面矢量的端点,我们把这些矢量表示成

$$\boldsymbol{f}=(u,v,0),\quad \boldsymbol{g}=(s,t,0).$$

注意

$$\overline{f}g=(us+vt)+\mathrm{i}(ut-vs)=\boldsymbol{f}\cdot\boldsymbol{g}+\mathrm{i}(\boldsymbol{f}\times\boldsymbol{g})_3, \tag{3}$$

这里 $(\boldsymbol{f}\times\boldsymbol{g})_3$ 表示矢量 $\boldsymbol{f}\times\boldsymbol{g}$ 的沿 z 轴方向的分量.由此可知,为了 $\boldsymbol{f}$ 与 $\boldsymbol{g}$ 正交,必须且只需复数 $\overline{f}g$ 的实部等于 0,而为了 $\boldsymbol{f}$ 与 $\boldsymbol{g}$ 平行,必须且只需复数 $\overline{f}g$ 的虚部等于 0.这时,梯度也可以写成复数形式:

$$\mathbf{grad}\ \varphi=\frac{\partial\varphi}{\partial x}+\mathrm{i}\frac{\partial\varphi}{\partial y}.$$

把 $\frac{\partial}{\partial x}+\mathrm{i}\frac{\partial}{\partial y}$ 形式上看作一个复数 $\left(\text{相当于平面矢量}\nabla=\left(\frac{\partial}{\partial x},\frac{\partial}{\partial y},0\right)\right)$,于是依(3)可以写成

$$\overline{\nabla}g=\mathrm{div}\,\boldsymbol{g}+\mathrm{i}(\mathbf{rot}\,\boldsymbol{g})_3. \tag{4}$$

如果 g 是实值函数,那么 $\boldsymbol{g}=(q,0,0)$,从而

$$\overline{\nabla}g=\frac{\partial \boldsymbol{g}}{\partial x}-\mathrm{i}\frac{\partial \boldsymbol{g}}{\partial y}.$$

注意

$$z=x+\mathrm{i}y,\quad \overline{z}=x-\mathrm{i}y,\quad x=\frac{1}{2}(z+\overline{z}),\quad y=-\frac{1}{2}\mathrm{i}(z-\overline{z}),$$

于是可以写成(形式上)

(5)
$$\nabla = 2\cdot\frac{\partial x}{\partial \bar{z}}\frac{\partial}{\partial x}+2\frac{\partial y}{\partial \bar{z}}\cdot\frac{\partial}{\partial y}=2\frac{\partial}{\partial \bar{z}},$$

$$\bar{\nabla}=2\frac{\partial}{\partial z}.$$

考察无源与无涡旋的流.设 $\boldsymbol{v}$ 是流速度.依前述,

$$\operatorname{div}\boldsymbol{v}=0,\quad \mathbf{rot}\ \boldsymbol{v}=\mathbf{0}.$$

由(4),(5),这可以表示作

$$\bar{\nabla}\boldsymbol{v}=\mathbf{0},\quad 或\quad \frac{\partial \boldsymbol{v}}{\partial z}=\mathbf{0}.$$

这正是说,矢量场 $\boldsymbol{v}$ 只依赖于 $\bar{z}$,而不依赖于 z.同时,共轭数 $\bar{\boldsymbol{v}}$ 只依赖于 z,而不依赖于 $\bar{z}$.这样就有

$$\frac{\partial \bar{\boldsymbol{v}}}{\partial \bar{z}}=\mathbf{0},$$

而分出实虚部,恰得($\boldsymbol{v}=u+\mathrm{i}v$)

$$\frac{\partial u}{\partial x}=-\frac{\partial v}{\partial y},\quad \frac{\partial u}{\partial y}=\frac{\partial v}{\partial x}.$$

今取任意闭路径 L,在 L 的每一小段 $\Delta \boldsymbol{s}$ 上,把矢量场 $\boldsymbol{v}$ 分成切线方向分量 v_t 与法线方向分量 v_n.由于

$$\bar{\boldsymbol{v}}\Delta z=\boldsymbol{v}\cdot\Delta \boldsymbol{s}+\mathrm{i}(\boldsymbol{v}\times\Delta \boldsymbol{s})_3,$$

从而取和并取极限,可得

$$\begin{aligned}\int_L \bar{\boldsymbol{v}}\mathrm{d}z &= \int_L \boldsymbol{v}\cdot\mathrm{d}\boldsymbol{s}+\mathrm{i}\int_L(\boldsymbol{v}\times\mathrm{d}\boldsymbol{s})_3\\ &=\int_L v_t\mathrm{d}s+\mathrm{i}\int_L v_n\mathrm{d}s.\end{aligned}$$

换句话说,由极限

$$\lim\sum\bar{\boldsymbol{v}}\Delta z$$

所表示的复积分 $\int_L\bar{\boldsymbol{v}}\mathrm{d}z$ 实际上是一个复数,它的实部是矢量场 $\boldsymbol{v}$ 的沿 L 的环流量,而虚部乃是流体流过以 L 为底,以单位长为高的柱形侧面的流量速率,如果所考虑的区域中无流源也无尾闾,流量速率与环流量都是零,从而得出

$$\int_L \bar{\boldsymbol{v}}\mathrm{d}z = \mathbf{0}.$$

如果 L 所围的区域中有一点源,它的强度是 q,那么通过上述周界 L 的流量(实际上是指分布在铅垂直线上的源,通过上述柱形面的流量)与通过以这个点为中心的圆周的流量相同,从而有

$$\int_L \bar{\boldsymbol{v}}\mathrm{d}z = 2\pi \mathrm{i} q.$$

上述的描述平面流的问题使我们自然地提出下列数学问题:

1° 对于复变量复值函数 $f(z)$,以及一条可求长连续曲线 L,作和

$$\sum_{i=1}^{n} f(\zeta_i)(z_i - z_{i-1}),$$

$z_0, z_1, \cdots, z_n$ 是 L 的点,并考虑当分割 $z_0, z_1, \cdots, z_n$ 无限细分时这和的极限的问题,也就是积分 $\int_L f(z)\mathrm{d}z$ 的存在问题.

2° 对于解析函数 $f(z)$,要证明它沿任意封闭可求长连续曲线的积分是零.

3° 讨论 $f(z)$ 的沿闭围道的积分不等于 0 的情况.

以上除第 3°问题外将在本节解答.

对于复变量 z 的复值函数 $f(z)$,我们也可以仿实变量 t 的实值函数那样考察下列和的极限:

$$\sigma_{\mathscr{P}} = \sum_{i=1}^{n} f(\zeta_i)(z_i - z_{i-1}). \tag{6}$$

这里要考察一下在什么情况下才能作这样的和的极限.首先 $z_0, z_1, \cdots, z_n$ 是平面上的点,从而不一定是分布在一条线段上的,我们必须取定它们所在的曲线弧 C.这样,设 C 是一条曲线 $z=z(t)\ (a \leqslant t \leqslant b)$,而 $z_0 = z(a), z_n = z(b), z_i = z(t_i), a = t_0 < t_1 < \cdots < t_n = b$.于是可以想到,在(6)中的 ζ_i 应当取作曲线 C 上在 z_{i-1}, z_i 之间的点:$\zeta_k = z(\tau_k), t_{k-1} \leqslant \tau_k \leqslant t_k$,而我们要考察(6)在无限细分$[a,b]$时的极限:

$$\lim_{\mathscr{P}} \sum_{k=1}^{n} f(\zeta_k)(z_k - z_{k-1}), \tag{7}$$

这里$\mathscr{P}$表示$[a,b]$的分割$a=t_0<t_1<\cdots<t_n=b$,相当于曲线弧 C 的分割$z_0,z_1,\cdots,z_n$,而极限值的存在是指对于无论怎样选取的点$\zeta_i=z(\tau_i)$,$t_{i-1}\leqslant\tau_i\leqslant t_i$,极限值是一样的.(7)中的极限值,仿照单实变量的情况,叫做$f(z)$沿曲线弧 C 的积分,写作

$$\int_C f(z)\,\mathrm{d}z. \tag{8}$$

注意(8)中的积分并不是什么新的东西.把$f(z)$分成实、虚部:

$$f(z)=u(x,y)+\mathrm{i}v(x,y),$$

那么,注意 z_i 可以看作从原点出发的平面矢量的端点,从而 z_i-z_{i-1} 表示 z_i 点与 z_{i-1} 点的位置矢量的差,从而(8)可以表示作

$$\int_C u(x,y)\,\mathrm{d}z+\mathrm{i}\int_C v(x,y)\,\mathrm{d}z.$$

如果再在(7)中写成

$$z_k-z_{k-1}=(x_k-x_{k-1})+\mathrm{i}(y_k-y_{k-1}),$$

可得

$$\begin{aligned}\int_C f(z)\,\mathrm{d}z=\lim_{\mathscr{P}}\Big[&\sum_{k=1}^n u(x(\tau_k),y(\tau_k))(x_k-x_{k-1})-\\&\sum_{k=1}^n v(x(\tau_k),y(\tau_k))(y_k-y_{k-1})+\\&\mathrm{i}\sum_{k=1}^n v(x(\tau_k),y(\tau_k))(x_k-x_{k-1})+\\&\mathrm{i}\sum_{k=1}^n u(x(\tau_k),y(\tau_k))(y_k-y_{k-1})\Big].\end{aligned}$$

仿§1,我们把上式右边诸项写成

$$\int_C u\,\mathrm{d}x-v\,\mathrm{d}y+\mathrm{i}\int_C v\,\mathrm{d}x+u\,\mathrm{d}y, \tag{9}$$

这实际上是平常实值函数的线积分.

由此可知积分(8)也具有平常积分的一些性质:如果 α 是常数,那么

$$\int_C \alpha f(z)\,\mathrm{d}z=\alpha\int_C f(z)\,\mathrm{d}z,$$

$$\int_C[f_1(z)+f_2(z)]\,\mathrm{d}z=\int_C f_1(z)\,\mathrm{d}z+\int_C f_2(z)\,\mathrm{d}z.$$

例 1 设 C 是任意光滑简单曲线,它的端点是 $z=a$ 与 $z=b$,那么

$$\int_C \mathrm{d}z = b - a.$$

事实上,对于 C 的任意分割 $z_0=a, z_1, \cdots, z_n=b$,

$$\sum_{k=1}^{n} f(\zeta_k)(z_k - z_{k-1}) = \sum_{k=1}^{n}(z_k - z_{k-1}) = b - a,$$

从而依(7),就得到所要证的.

仿单变量的实值函数的情形不难看出,如果 $f(z)$ 是连续函数,极限(7)的确存在,当极限(7)存在时,只要取一串分割 $\mathscr{P}_n$,使 $\mathscr{P}_n$ 所分成的每小段弦长 $|z_k-z_{k-1}|$ 中的最大的一个趋于 0,所得的极限 $\lim\limits_{\mathscr{P}_n}\sum\limits_{k=1}^{n} f(\zeta_k^{(n)})[z_k^{(n)} - z_{k-1}^{(n)}]$ 也存在,并且等于(7),无论如何取 $\zeta_k^{(n)}$ 都是一样的.

例 2 由上述不难算出 $\int_C z\mathrm{d}z$:

$$\begin{aligned}\int_C z\mathrm{d}z &= \lim_{\mathscr{P}_n}\sum_{k=1}^{n} z_k(z_k - z_{k-1}) = \lim_{\mathscr{P}_n}\sum_{k=1}^{n} z_{k-1}(z_k - z_{k-1})\\ &= \frac{1}{2}\lim_{\mathscr{P}_n}\sum_{k=1}^{n}(z_k + z_{k-1})(z_k - z_{k-1})\\ &= \frac{1}{2}\lim_{\mathscr{P}_n}\sum_{k=1}^{n}(z_k^2 - z_{k-1}^2) = \frac{1}{2}(b^2 - a^2).\end{aligned}$$

依 §3 的一般定理,如果 C 是包容一个单连通区域的闭连续简单曲线,而 $f(z)$ 具有连续微商,也就是说,如果 $\frac{\partial u}{\partial x}, \frac{\partial v}{\partial y}, \frac{\partial u}{\partial y}, \frac{\partial v}{\partial x}$ 存在且连续并且满足

$$\frac{\partial u}{\partial y} = -\frac{\partial v}{\partial x}, \quad \frac{\partial v}{\partial y} = \frac{\partial u}{\partial x},$$

那么(9)中的两个线积分都等于 0,从而

$$\int_C f(z)\,\mathrm{d}z = 0. \tag{10}$$

我们还可以在更一般的形式下证明上述结果.这个结果的重要性将在本章后面以及下一章的讨论中显示出来.

定理 1 如果复值函数 $f(z)$ 在一单连通区域 $\mathscr{D}$ 的内部和边界 C 上是解析的，更确切地说，$f(z)$ 在 $C\cup\mathscr{D}$ 的每点附近是解析的，而 C 是封闭的连续可求长简单曲线，那么

$$\int_C f(z)\,\mathrm{d}z = 0.$$

证 证明是按照这样的步骤进行的：合乎定理的要求的曲线 C 可以用内接多边形 L 来逼近，而沿 C 的积分(10)可以用沿 L 的积分逼近.多边形又可以用一些直线分割成很小的三角形，而沿两个相邻三角形的公共边的积分是按不同方向取的，从而互相抵消，由此沿整个 L 的积分化成沿这些小三角形的周界的积分之和.但沿三角形的积分等于零就比较容易证明了.这里我们要用到一个由积分(8)的定义直接看出的不等式：如果 $f(z)$ 沿 C 按绝对值不超过 M，那么由(7)可以看出，如果 C 是可求长的并且它的长是 l，有

$$\left|\int_C f(z)\,\mathrm{d}z\right| \leqslant Ml. \tag{11}$$

由上所述，我们把证明分作三步：

1° 设 C 是三角形.联结三边的中点把它分成四个小三角形，C_1, C'_1, C''_1, C'''_1（图 10.22）.与在前节中一样，可以证明，$f(z)$ 沿两相邻三角形的公共边的积分等于 0，从而

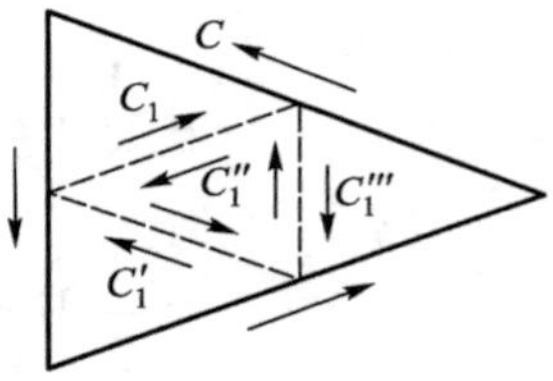

图 10.22

$$\int_C f(z)\,\mathrm{d}z = \int_{C_1} f(z)\,\mathrm{d}z + \int_{C'_1} f(z)\,\mathrm{d}z + \int_{C''_1} f(z)\,\mathrm{d}z + \int_{C'''_1} f(z)\,\mathrm{d}z.$$

因此，如果 $\int_{C_1} f(z)\,\mathrm{d}z$ 表示上式右边四项按绝对值最大的，那么

$$\left|\int_C f(z)\,\mathrm{d}z\right| \leqslant 4\left|\int_{C_1} f(z)\,\mathrm{d}z\right|.$$

再把 C_1 依上述方式分成四个小三角形 C_2, C'_2, C''_2, C'''_2，并且设 C_2 是使 $\int_{C_2} f(z)\,\mathrm{d}z$ 为沿这四个小三角形边界所取的积分按绝对值最大的一个，那么

$$\left|\int_{C_1} f(z)\,\mathrm{d}z\right| \leqslant 4\left|\int_{C_2} f(z)\,\mathrm{d}z\right|,$$

从而

$$\left|\int_{C} f(z)\,\mathrm{d}z\right| \leqslant 4^2\left|\int_{C_2} f(z)\,\mathrm{d}z\right|.$$

这样继续下去,可以作一串三角形 $C_1, C_2, C_3, \cdots$,每一个 C_n 是它前面一个 C_{n-1} 的四个相等部分中的一个,并且

$$\left|\int_{C} f(z)\,\mathrm{d}z\right| \leqslant 4^n\left|\int_{C_n} f(z)\,\mathrm{d}z\right|. \tag{12}$$

设 l 表示 C 的周长,l_n 表示 C_n 的周长,那么不难看出 $l_n=\dfrac{l}{2^n}$.这一串三角形 (C_n) 有一个,而且只有一个公共点 z_0.依假设 $f'(z_0)$ 存在,从而对于任意 $\varepsilon>0$,存在 $\delta>0$,使当 $0<|z-z_0|<\delta$ 时,有

$$\left|\frac{f(z)-f(z_0)}{z-z_0}-f'(z_0)\right|<\varepsilon,$$

从而

$$f(z)=f(z_0)+f'(z_0)(z-z_0)+\eta(z-z_0),$$

这里 η 是一复数,依赖于 z,并且当 $|z-z_0|<\delta$ 时,有 $|\eta|<\varepsilon$.既然 $|z-z_0|<\delta$ 表示环绕 z_0 的一个半径为 δ 的圆,当取 n 足够大时,例如从某标号 N 起,就有 C_n 含在这个圆中.但

$$\int_{C_n} f(z)\,\mathrm{d}z=\int_{C_n} f(z_0)\,\mathrm{d}z+f'(z_0)\int_{C_n}(z-z_0)\,\mathrm{d}z+\int_{C_n}\eta(z-z_0)\,\mathrm{d}z.$$

$f(z_0)$ 是常数;$z-z_0$ 具有连续微商,从而依定理前面的叙述,上式右边前两个积分等于 0.依(11),

$$\left|\int_{C_n} f(z)\,\mathrm{d}z\right| \leqslant \left|\int_{C_n}\eta(z-z_0)\,\mathrm{d}z\right| \leqslant \varepsilon\,\frac{l_n^2}{2}=\frac{\varepsilon l^2}{2^{2n+1}},\quad n\geqslant N,$$

因为 C_n 当 $n\geqslant N$ 时含在 $|z-z_0|<\delta$ 之中.于是依(12)可知

$$\left|\int_{C} f(z)\,\mathrm{d}z\right| \leqslant \varepsilon l^2.$$

ε 既是任意的,而 l 是定数,可知 $\int_C f(z)\,\mathrm{d}z=0$.

2° 设 C 是多边形,于是把一个顶点和其他顶点联结,可以把多

边形分成几个三角形，而由图 10.23 可以看出沿 C 的积分等于沿这些三角形的积分之和，从而依 1°中已证的部分，沿 C 的积分 $\int_C f(z)\,\mathrm{d}z=0$.

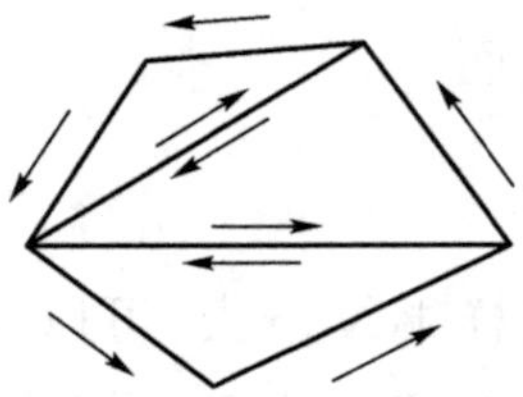

图 10.23

3° 一般情形. 设 $\mathscr{D}_r$ 表示当 z_0 遍经曲线 C 时，一切圆 $|z-z_0|\leqslant r$ 合并而成的区域. 注意对于 C 的每一点 z_0，依假定（$f(z)$ 在 C 上解析），存在正数 ρ_{z_0}，使 $f(z)$ 在圆 $|z-z_0|\leqslant\rho_{z_0}$ 中是解析的. 令 $r_{z_0}=\sup\rho_{z_0}$，并命

$$r_0=\inf_{z_0\in C} r_{z_0},$$

我们证明 $r_0>0$. 如果不然，可以找到 C 上一串点 z_n，使 $r_{z_n}\to 0\ (n\to\infty)$. (z_n) 既是有界闭集 C（因为 $C=\{z(t)\mid a\leqslant t\leqslant b\}$，$z(t)$ 是 t 的连续函数），(z_n) 有一子列（为简单起见仍记作 (z_n)）收敛于 C 上一点 ζ. 既然 $f(z)$ 在 ζ 点是解析的，$r_\zeta>0$，从而当 n 足够大时，就有 $|z_n-\zeta|<r_\zeta$，从而 $f(z)$ 至少在圆 $|z-z_n|\leqslant r_\zeta-|z_n-\zeta|$ 中解析，因为这个圆包含在 $|z-\zeta|<r_\zeta$ 中：

$$|z-\zeta|\leqslant|z-z_n|+|z_n-\zeta|<r_\zeta.$$

这就是说，当 n 足够大时，$r_{z_n}\geqslant r_\zeta-|z_n-\zeta|$，从而

$$\varliminf_{n\to\infty} r_{z_n}\geqslant r_\zeta>0,$$

与假定 $r_{z_n}\to 0$ 矛盾. 于是得知，如果取 $r<r_0$，那么 $f(z)$ 在 $\mathscr{D}_r$ 中是解析的.

依 $\mathscr{D}_r$ 的定义，对于任意 $\varepsilon>0$，可以取 C 的足够细的分割 z_0，$z_1,\cdots,z_n$，使依次联结 $z_0,z_1,\cdots,z_n$ 而成的多边形完全包含在 $\mathscr{D}_r\cup\mathscr{D}$ 中. 依 § 1 的定理，只要取分割 $z_0,z_1,\cdots,z_n$ 足够细，可以使 $f(z)$ 沿这个多边形围道的积分逼近

$$\int_C f(z)\,\mathrm{d}z$$

到任意程度. 但既然 $f(z)$ 在 $\mathscr{D}_r\cup\mathscr{D}$ 中是解析的，依 2°，沿多边形围道的积分等于 0，从而 $\int_C f(z)\,\mathrm{d}z$ 也等于 0，证完.

注 1）这个定理也常表述如下：如果函数 $f(z)$ 在单连通区域 $\mathscr{D}$

中是解析的，而 C 是 $\mathscr{D}$ 内一条封闭连续可求长曲线，那么

$$\int_C f(z)\,\mathrm{d}z = 0.$$

2）定理还可以稍稍推广如下：设函数 $f(z)$ 在区域 $\mathscr{D}$ 中解析而在 $\mathscr{D}\cup C$ 中连续，这里 C 表示 $\mathscr{D}$ 的边界，是一条连续可求长曲线．那么

$$\int_C f(z)\,\mathrm{d}z = 0. \tag{13}$$

事实上，由于 $f(z)$ 在闭区域 $\mathscr{D}\cup C$ 上连续，从而一致连续，如果取 $\mathscr{D}$ 内的点 z_k' 代替边界 C 上的点 z_k，f 的变化 $|f(z_k')-f(z_k)|$ 可以成为任意小，只要取 z_k 与 z_k' 足够近．如果取分割 $z_0,z_1,\cdots,z_n$ 足够细，可以使多边形 $z_0',z_1',\cdots,z_n'$ 整个含在 $\mathscr{D}$ 内，从而依假定，沿这个多边形 L'，

$$\int_{L'} f(z)\,\mathrm{d}z = 0.$$

既然这样的积分 $\int_{L'} f(z)\,\mathrm{d}z$ 可以取得与沿多边形 L：$z_0,z_1,\cdots,z_n$ 的积分任意接近，而依§1的定理，沿 L 的积分又可以取得与 $\int_C f(z)\,\mathrm{d}z$ 任意接近，可得(13)．

3）现在把定理推广到多连通区域上去．设 $C_0,C_1,\cdots,C_p$ 是可求长连续曲线，而 $C_1,C_2,\cdots,C_p$ 所围的区域两两不相交，但都包含在 C_0 所围的区域中（图10.24）．那么，当 $f(z)$ 在 $C_0,C_1,\cdots,C_p$ 所界的区域（即 C_0 所围绕的区域挖去 $C_1,C_2,\cdots,C_p$ 所围绕的区域（洞）而成的区域）$\mathscr{D}$ 中是解析函数并且在 $\mathscr{D}$ 和 $\mathscr{D}$ 的边界上是连续的，就有

$$\int_{C_0} f(z)\,\mathrm{d}z = \int_{C_1} f(z)\,\mathrm{d}z + \int_{C_2} f(z)\,\mathrm{d}z + \cdots + \int_{C_p} f(z)\,\mathrm{d}z.$$

证 只需对 $p=1$ 的情形证明就够了，其他情形可以类推．取两条可求长连续曲线弧 l_1,l_2，各联结 C_0 上的某点 P,Q 与 C_1 上的某点 A，B，如图10.25．于是多连通区域 $\mathscr{D}$ 被分成两个单连通区域，各由 C_0 的一部分，l_1，C_1 的一部分，l_2 围成．依假定及注2)：

$$\int_{Q\,C_0}^{P} f(z)\,\mathrm{d}z + \int_{l_1} f(z)\,\mathrm{d}z + \int_{A\,-C_1}^{B} f(z)\,\mathrm{d}z + \int_{l_2} f(z)\,\mathrm{d}z = 0,$$

$$\int_{P\,C_0}^{Q} f(z)\,\mathrm{d}z + \int_{-l_2} f(z)\,\mathrm{d}z + \int_{B\,-C_1}^{A} f(z)\,\mathrm{d}z + \int_{-l_1} f(z)\,\mathrm{d}z = 0,$$

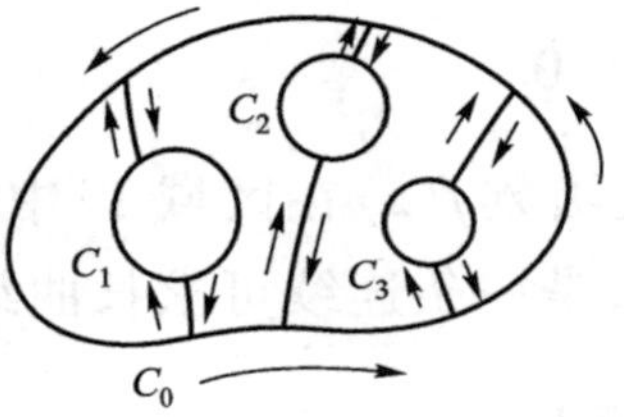

图 10.24

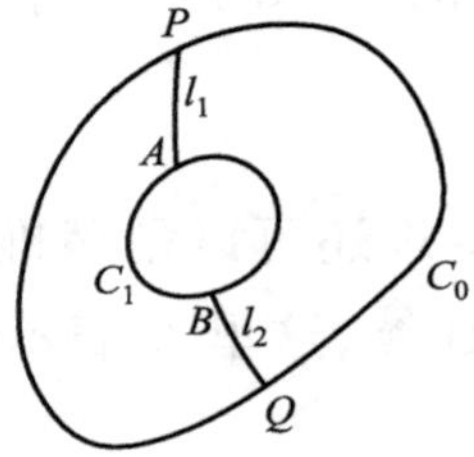

图 10.25

从而把上两等式相加，得

$$\int_{C_0} f(z)\,\mathrm{d}z - \int_{C_1} f(z)\,\mathrm{d}z = 0,$$

证完.

4) 如果 $f(z)$ 在单连通区域 $\mathscr{D}$ 内除一点 z_0 外都是解析的，而 C, C' 是 $\mathscr{D}$ 内环绕 z_0 的任意两个封闭可求长连续曲线，那么

$$\int_C f(z)\,\mathrm{d}z = \int_{C'} f(z)\,\mathrm{d}z.$$

证 事实上，取以 z_0 为中心的小圆 K, K_1，使 K_1 的半径比 K 的小，并使 K, K_1 各在 C, C' 所围的区域内. 依 3)，

$$\int_C f(z)\,\mathrm{d}z = \int_K f(z)\,\mathrm{d}z, \quad \int_{C'} f(z)\,\mathrm{d}z = \int_{K_1} f(z)\,\mathrm{d}z.$$

但 $f(z)$ 在 K, K_1 所围成的环形区域中是解析的，从而依 3)，

$$\int_K f(z)\,\mathrm{d}z = \int_{K_1} f(z)\,\mathrm{d}z,$$

证完.

定理 2 如果 $f(z)$ 是单连通区域 $\mathscr{D}$ 中的解析函数，而 a 是 $\mathscr{D}$ 中的一个点，那么由积分

$$\Phi(z) = \int_a^z f(\zeta)\,\mathrm{d}\zeta \tag{14}$$

定义的函数 $\Phi(z)$ 的值与在 $\mathscr{D}$ 中取的积分路径无关，并且是解析函数，它在 $\mathscr{D}$ 内每点处的微商等于 $f(z)$：$\Phi'(z) = f(z)$.

证 取 C_1, C_2 是联结 a 与 z 的任意两条连续可求长曲线弧. 于是 $C_1, -C_2$ 构成 $\mathscr{D}$ 的一个闭围道，而依假定

$$\int_{C_1} f(z)\,\mathrm{d}z - \int_{C_2} f(z)\,\mathrm{d}z = \int_{C_1\cup(-C_2)} f(z)\,\mathrm{d}z = 0.$$

从而 $\boldsymbol{\Phi}(z)$ 确是与积分路径无关,从而由(14)定义出来 z 的一个函数.

设 z_0 是 $\mathscr{D}$ 内任意一点,而取复数 h 足够小,使 z_0+h 仍在 $\mathscr{D}$ 内.于是

$$\begin{aligned}\boldsymbol{\Phi}(z_0+h)-\boldsymbol{\Phi}(z_0) &= \int_a^{z_0+h} f(\zeta)\,\mathrm{d}\zeta - \int_a^{z_0} f(\zeta)\,\mathrm{d}\zeta \\ &= \int_{z_0}^{z_0+h} f(\zeta)\,\mathrm{d}\zeta.\end{aligned}$$

由于 $f(z)$ 在 $\mathscr{D}$ 内解析,上式右边的积分值与积分路径无关,因此特别可以取由 z_0 到 z_0+h 的线段.但不难看出

$$\int_{z_0}^{z_0+h} \mathrm{d}\zeta = h,$$

从而

$$f(z_0) = \frac{1}{h}\int_{z_0}^{z_0+h} f(z_0)\,\mathrm{d}\zeta,$$

于是

$$(15)\qquad \frac{\boldsymbol{\Phi}(z_0+h)-\boldsymbol{\Phi}(z_0)}{h} - f(z_0) = \frac{1}{h}\int_{z_0}^{z_0+h}[f(\zeta)-f(z_0)]\,\mathrm{d}\zeta.$$

既然 z_0 是 $\mathscr{D}$ 内的一点,而 $f(\zeta)$ 在 z_0 处解析,从而连续,所以可以取 h 足够小,使得当 ζ 表示线段 z_0, z_0+h 上的任意一点时,总有

$$|f(\zeta)-f(z_0)|<\varepsilon.$$

由此可知(15)的右边按绝对值不超过

$$\frac{1}{|h|}\varepsilon|h| = \varepsilon.$$

由(15)的左边可以看出,这正是说

$$\boldsymbol{\Phi}'(z_0) = f(z_0).$$

证完.

在实变函数的情形,有下列关系成立:

$$\ln x = \int_a^x \frac{\mathrm{d}t}{t} + \ln a,$$

这里 $[a,x]$ 是不包含 0 的,由正数组成的闭区间.在复变量的情况,也

有类似的关系，这个关系对以后是有用的.

定理 3 设 $\mathscr{D}$ 是不包含 0 与无穷远点的任意单连通区域，那么在 $\mathscr{D}$ 中一定有对数的一支，这个对数的支由下列积分表示：

$$\ln z=\int_a^z \frac{\mathrm{d}\zeta}{\zeta}+\ln a, \tag{16}$$

这里 a 是 $\mathscr{D}$ 中的任意点，积分路径是任意的，而 $\ln a$ 是任意取定的.还有下式成立：

$$(\ln z)'=\frac{1}{z}.$$

证 用 $l(z)$ 表示(16)右边所定义的函数.由于$\frac{1}{\zeta}$在定理中所说的区域 $\mathscr{D}$ 中是解析的，依定理 2，$l(z)$ 是解析函数并且 $l'(z)=\frac{1}{z}$.我们只需证明，$\mathrm{e}^{l(z)}\equiv z$.为此，首先证明

$$\left[\frac{z}{\mathrm{e}^{l(z)}}\right]'$$

在 $\mathscr{D}$ 中是常数.事实上，由于 $l'(z)=\frac{1}{z}$，(定理 2)可知

$$[z\mathrm{e}^{-l(z)}]'=\mathrm{e}^{-l(z)}-zl'(z)\mathrm{e}^{-l(z)}=0.$$

既然当 $z=a$ 时 $l(a)=\ln a$，可知

$$\frac{z}{\mathrm{e}^{l(z)}}=\frac{a}{\mathrm{e}^{\ln a}}=1,$$

即 $\mathrm{e}^{l(z)}=z$.证完.

系 在每个不含点 0 与∞的单连通区域中，函数 $z^{\mu}=\mathrm{e}^{\mu\ln z}$必存在，这里 μ 是复数，并且

$$(z^{\mu})'=\mathrm{e}^{\mu\ln z}\frac{\mu}{z}=\mu z^{\mu-1}.$$

由此可知 z^{μ}在这样一个区域中是解析函数.

注 如果沿一条环绕原点的路径取$\frac{1}{z}$的积分，情形就不一样了，

因为由于$\frac{1}{z}$在除 $z=0$ 这点之外遍处是解析的;从而沿绕原点的任意路径 C 同沿以原点为中心的任何圆 $K: z=re^{i\theta}, 0\leqslant\theta\leqslant 2\pi$ 所取的积分相等:

$$\int_C \frac{1}{z}dz = \int_{|z|=r} \frac{1}{z}dz = \int_0^{2\pi} \frac{1}{re^{i\theta}} re^{i\theta} i d\theta = 2\pi i.$$

同理,如果 K^n 表示沿 K 绕行 n 周而形成的路径,那么

$$\int_{K^n} \frac{1}{z}dz = 2n\pi i.$$

更一般些,如果 $a_1, a_2, \cdots, a_m$ 是复平面上 m 个点,而 C 是包容这 m 个点的任意路径,那么,如果 K_j 表示以 a_j 为中心,并完全包容在 C 所围的区域中的圆,注意在 K_j 上,$z-a_j=r_je^{i\theta_j}(0\leqslant\theta_j\leqslant 2\pi)$,则可得

$$\int_C \sum_{k=1}^{m} \frac{A_k}{z-a_k}dz = \sum_{k=1}^{m} \int_{K_j} \frac{A_j}{z-a_j}dz = 2\pi i(A_1+A_2+\cdots+A_m).$$

与定理 3 一样,不难证明下列结果:设 $\mathscr{D}$ 是单连通区域,而 $f(z)$ 在 $\mathscr{D}$ 中是解析函数并且在 $\mathscr{D}$ 中不等于 0. 又设 $w=\ln f(z)$ 是连续函数,并满足 $e^w=f(z)$. 那么在 $\mathscr{D}$ 中,$\ln f(z)$ 存在并且等于

$$\ln f(z) = \int_a^z \frac{f'(\zeta)}{f(\zeta)}d\zeta + \ln f(a),$$

这里 $a\in\mathscr{D}$. 此外,$\ln f(z)$ 在 $\mathscr{D}$ 中各点处的微商等于$\frac{f'(z)}{f(z)}$.

定理 4(柯西公式) 设函数 $f(z)$ 在区域 $\mathscr{D}$ 的内部和边界上是解析的,而 $\mathscr{D}$ 的边界是光滑简单曲线 C,按适当方式定向,那么对于 $\mathscr{D}$ 内任意一点 z,下列公式成立:

(17)
$$f(z) = \frac{1}{2\pi i}\int_C \frac{f(\zeta)}{\zeta-z}d\zeta.$$

证 设 z 是 $\mathscr{D}$ 内任意取定的一点. 设 K 是以 z 为中心的足够小的圆,使这个圆所围的区域完全含在 $\mathscr{D}$ 内. 于是函数

$$\frac{f(\zeta)}{\zeta-z}$$

在 C 与 K 所夹的区域中是解析的，从而依柯西定理，

$$\int_K \frac{f(\zeta)}{z-\zeta}\mathrm{d}\zeta = \int_C \frac{f(\zeta)}{z-\zeta}\mathrm{d}\zeta.$$

则只需证明上式左边等于 $2\pi \mathrm{i} f(z)$. 为此，把这左边的积分写作

$$\int_K \frac{f(\zeta)}{\zeta-z}\mathrm{d}\zeta = \int_K \frac{f(z)}{\zeta-z}\mathrm{d}\zeta + \int_K \frac{f(\zeta)-f(z)}{\zeta-z}\mathrm{d}\zeta.$$

上式右边第一个积分等于 $2\pi \mathrm{i} f(z)$. 现在只需证上式右边第二项 J 等于 0. 事实上，取圆 K 的半径 r 足够小，使当 $|\zeta-z|\leqslant r$ 时，有 $|f(\zeta)-f(z)|<\frac{\varepsilon}{2\pi}$. 在 K 上，$|\zeta-z|=r$；因此 J 的积分号下函数按绝对值不超过

$$\frac{\varepsilon}{2\pi r}2\pi r=\varepsilon.$$

ε 既是任意的，J 的值必是 0. 证完.

注 定理 4 中的公式的重要性在于解析函数在区域内部任何一点的值完全由它在边界上的值决定. 更重要的，乃是这个积分公式 (17) 使得可以求出解析函数的任意阶微商来，从而证明了解析函数的一个重要属性：它具有任意阶微商！

上面定理涉及形式如下的积分：

(18) $$\frac{1}{2\pi \mathrm{i}}\int_C \frac{\varphi(\zeta)}{\zeta-z}\mathrm{d}\zeta.$$

一般，如果 C 是任意连续可求长曲线弧（不必封闭），而 $\varphi(\zeta)$ 是在 C 上连续的函数，z 是 C 以外的一点，那么形如 (18) 的积分叫做柯西型积分. 这种积分在很多实际问题中是有用的. 我们证明这样的积分确定一个 z 的函数，而这个函数具有各阶微商！

定理 5 设 $F(z)$ 是由柯西型积分 (18) 定义的函数，而 $\mathscr{G}$ 是不含 C 上任何点的区域，那么 $F(z)$ 在 $\mathscr{G}$ 中每点处具有任意阶的微商，这些微商可以按下列公式求出：

(19) $$F^{(n)}(z)=\frac{n!}{2\pi \mathrm{i}}\int_C \frac{\varphi(\zeta)}{(\zeta-z)^{n+1}}\mathrm{d}\zeta.$$

证 我们用数学归纳法. 当 $n=0$ 时，这正是函数 $F(z)$ 的定义，从

而(19)当 $n=0$ 时成立.设(19)对于自然数 n 成立.我们证明它对于自然数 $n+1$ 也成立.为此,我们只需求下列极限值:

$$\lim_{z'\to z}\frac{F^{(n)}(z')-F^{(n)}(z)}{z'-z}.$$

今取区域 $\mathscr{G}$ 中一个闭圆 $K_1:|z'-z|\leqslant\rho$.设 $\delta>0$ 是这个由圆周到曲线弧 C 的最短距离.设 K 表示以原点为中心、R 为半径的一个圆,包含 C 与 K_1 在它之内.设 z' 是闭圆 K_1 中的一点.那么

$$F^{(n)}(z')-F^{(n)}(z)=\frac{n!}{2\pi\mathrm{i}}\int_C\varphi(\zeta)\frac{(\zeta-z)^{n+1}-(\zeta-z')^{n+1}}{(\zeta-z)^{n+1}(\zeta-z')^{n+1}}\mathrm{d}\zeta.$$

令 $\zeta-z=t,z'-z=h$,那么 $\zeta-z'=t-h$,而

$$\frac{F^{(n)}(z+h)-F^{(n)}(z)}{h}=\frac{n!}{2\pi\mathrm{i}}\int_C\varphi(\zeta)\frac{(t-h)^n+t(t-h)^{n-1}+\cdots+t^n}{t^{n+1}(t-h)^{n+1}}\mathrm{d}\zeta.$$

我们希望证明,当 $h\to0$ 时,上式趋于极限

$$\psi(z)=\frac{(n+1)!}{2\pi\mathrm{i}}\int_C\frac{\varphi(\zeta)\mathrm{d}\zeta}{(\zeta-z)^{n+2}}=\frac{(n+1)!}{2\pi\mathrm{i}}\int_C\varphi(\zeta)\frac{1}{t^{n+2}}\mathrm{d}\zeta.$$

为此,考察

$$\begin{aligned}&\frac{F^{(n)}(z+h)-F^{(n)}(z)}{h}-\psi(z)\\&=\frac{n!}{2\pi\mathrm{i}}\int_C\varphi(\zeta)[t(t-h)^n+t^2(t-h)^{n-1}+\cdots+\\&\quad t^{n+1}-(n+1)(t-h)^{n+1}]/t^{n+2}(t-h)^{n+1}\mathrm{d}\zeta\\&=\frac{n!h}{2\pi\mathrm{i}}\int_C\varphi(\zeta)\{(t-h)^n+[t+(t-h)](t-h)^{n-1}+\cdots+\\&\quad[t^n+t^{n-1}(t-h)+\cdots+(t-h)^n]\}/t^{n+2}(t-h)^{n+1}\mathrm{d}\zeta.\end{aligned}$$

在所设的条件下,

$$2R>|t|=|\zeta-z|>\delta,\quad 2R>|t-h|=|\zeta-z'|\geqslant\delta.$$

令 $M=\max\limits_{\zeta\in C}|\varphi(\zeta)|$,而 l 表示 C 的长,那么

$$\begin{aligned}&\left|\frac{F^{(n)}(z+h)-F^{(n)}(z)}{h}-\psi(z)\right|\\&\leqslant\frac{n!|h|}{2\pi}Ml\frac{(2R)^n+2(2R)^n+3(2R)^n+\cdots+(n+1)(2R)^n}{\delta^{2n+3}},\end{aligned}$$

这里 R,δ 等都已固定，从而令 $h\to 0$，上式右边趋于 0. 这正是说 $\psi(z)=F^{(n+1)}(z)$，这样就完成了证明.

定理 6 在某区域 $\mathscr{G}$ 中解析的复变函数在这区域中每点处具有各阶微商.

证 设 $f(z)$ 在 $\mathscr{G}$ 中解析，而 z_0 是 $\mathscr{G}$ 中一点. 设 γ 是以 z_0 为中心的圆，并且它所包含的圆形区域完全含在 $\mathscr{G}$ 中. 依积分公式，有

$$f(z)=\frac{1}{2\pi \mathrm{i}}\int_{\gamma}\frac{f(\zeta)}{\zeta-z}\mathrm{d}\zeta.$$

依定理 5，对于 γ 内的一切点 z，$f(z)$ 具有各阶微商. z_0 既是任意取的，定理证完.

系 在区域 $\mathscr{G}$ 中解析的函数 $f(z)$ 的各阶微商在 $\mathscr{G}$ 中仍是解析的.

现在我们证明柯西定理的反定理.

定理 7（莫雷拉定理） 设 $f(z)$ 是某单连通区域 $\mathscr{G}$ 中的单值连续函数，并且对于 $\mathscr{G}$ 中任意三角形围道 C，有

$$\int_{C} f(z)\,\mathrm{d}z=0,$$

那么 $f(z)$ 必是 $\mathscr{G}$ 中的解析函数.

证 由假定可以推出 $f(z)$ 沿 $\mathscr{G}$ 中任意连续可求长简单闭曲线的积分等于 0，从而积分

$$\int_{z_0}^{z} f(\zeta)\,\mathrm{d}\zeta \quad (z_0,z\in\mathscr{G})$$

与积分路径无关. 由于 $\mathscr{G}$ 是单连通区域，这积分定义出一个单值函数 $F(z)$. 依定理 2，$F(z)$ 在 $\mathscr{G}$ 中是解析的，并且 $F'(z)=f(z)$. 于是依定理 6 的系，$f(z)$ 在 $\mathscr{G}$ 中也是解析的. 证完.

第十一章

无穷级数

引言

在第一卷第四章 §4 中,我们考察了用多项式近似地表达任意函数的问题.那里用的是泰勒公式,就是说若函数 $x(t)$ 当 $t_0-\rho\leqslant t\leqslant t_0+\rho$ 时具有连续的 $n+1$ 阶微商,则有公式

$$(1)\qquad x(t)=x(t_0)+\frac{x'(t_0)}{1!}(t-t_0)+\frac{x''(t_0)}{2!}(t-t_0)^2+\cdots+\frac{x^{(n)}(t_0)}{n!}(t-t_0)^n+R_n(t),$$

其中

$$R_n(t)=\frac{(t-t_0)^{n+1}}{(n+1)!}x^{(n+1)}(\xi),$$

$$|t-t_0|\leqslant\rho,\xi \text{ 是 } t \text{ 与 } t_0 \text{ 中的某一点.}$$

如果当 n 充分大时,对一切 $t\in[t_0-\rho,t_0+\rho]$,$R_n(t)$ 都可以任意小,那么可以认为在所论范围内(1)右边除 $R_n(t)$ 以外的那个 n 次多项式可以很好地近似函数 $x(t)$.例如考察 $x(t)=\sin t$,在(1)中取 $t_0=0$,就得到

$$(2)\qquad \sin t=t-\frac{t^3}{3!}+\frac{t^5}{5!}-\cdots+(-1)^n\frac{t^{2n+1}}{(2n+1)!}+R_{2n+1}(t),$$

这里

$$R_{2n+1}(t)=\frac{t^{2n+2}}{(2n+2)!}(-1)^{n+1}\sin\xi.$$

由于

$$|R_{2n+1}(t)| \leqslant \frac{|t|^{2n+2}}{(2n+2)!},$$

而因对任意固定的 t 有

$$\lim_{n\to\infty}\frac{t^n}{n!}=0,$$

可知对任意固定的 t 来说有

$$\lim_{n\to\infty} R_{2n+1}(t)=0,$$

或者

$$\sin t=\lim_{n\to\infty}\left[t-\frac{t^3}{3!}+\frac{t^5}{5!}-\cdots+(-1)^n\frac{t^{2n+1}}{(2n+1)!}\right].$$

我们常将最后一式写成

$$\begin{aligned}\sin t &= \sum_{k=0}^{\infty}(-1)^k\frac{t^{2k+1}}{(2k+1)!}\\ &=t-\frac{t^3}{3!}+\frac{t^5}{5!}-\cdots+(-1)^n\frac{t^{2n+1}}{(2n+1)!}+\cdots.\end{aligned}$$

这式的意义是说:等式右边的“无穷多项的和”等于 $\sin t$.当然“和”只是对有穷项有定义的(平常对两项有定义,再用数学归纳法对任意有穷多项定义),因而“无穷多项的和”是无意义的.这里的“无穷多项的和”实际上只是指有穷项的和当项数 n 无限增大时的极限值!

在解决自然科学与工程技术等问题中,常用这样的“无穷多项的和”来表示出函数.特别在解一些微分方程时,这是实用上一个有力的工具.但应如何理解这种“无穷多项的和”,需要作进一步的考察.实际上,并非一切“无穷多项的和”都有意义.例如(2)中右边确有和($=\sin t$),但例如

$$1-1+1-1+1-1+1-1+\cdots$$

按这意义就没有和,因为这式前偶数项之和是 0,而奇数项之和是 1,从而“前 n 项的和”在 0 与 1 之间摆动,没有极限.研究这种“无穷项和”的问题,便是本章的内容.

除作特别声明外,本章所论的数都是复数.

注 是否对每一个具有任一阶连续微商的函数表示成(1)的形式之后,只要 n 充分大,右边除 $R_n(t)$ 之外的那个多项式就能很好地近似于 $x(t)$(如同上面的 $\sin t$ 一样)呢? 实际上并不如此.例如考察函数

$$x(t)=\begin{cases}0, & t=0,\\ e^{-\frac{1}{t^2}}, & t\neq 0,\end{cases}$$

当 $t\neq 0$ 时,有

$$x'(t)=\frac{2}{t^3}e^{-\frac{1}{t^2}},\quad x''(t)=\left(\frac{4}{t^6}-\frac{6}{t^4}\right)e^{-\frac{1}{t^2}},$$

从这里可以猜想对于任何自然数 n,有

$$x^{(n)}(t)=P_n\left(\frac{1}{t}\right)e^{-\frac{1}{t^2}},\quad t\neq 0,$$

其中 $P_n(\tau)$ 是 τ 的 $3n$ 次多项式.$n=1$,$n=2$ 的情形这结论是成立的,设这结论对于 $n=k$ 成立,亦即

$$x^{(k)}(t)=P_k\left(\frac{1}{t}\right)e^{-\frac{1}{t^2}},\quad t\neq 0,$$

其中 $P_k(\tau)$ 是 τ 的 $3k$ 次多项式,于是

$$x^{(k+1)}(t)=\left[\frac{2}{t^3}P_k\left(\frac{1}{t}\right)-\frac{1}{t^2}P_k'\left(\frac{1}{t}\right)\right]e^{-\frac{1}{t^2}},$$

若令

$$P_{k+1}(\tau)=2\tau^3P_k(\tau)-\tau^2P_k'(\tau),$$

由归纳假设知 $P_{k+1}(\tau)$ 是 τ 的 $3(k+1)$ 次多项式.这样,我们的猜想得到了证实.

注意

$$x'(0)=\lim_{t\to 0}\frac{x(t)-x(0)}{t}=\lim_{t\to 0}\frac{\frac{1}{t}}{e^{\frac{1}{t^2}}}=\lim_{\tau\to\infty}\frac{\tau}{e^{\tau^2}}=0.$$

又设

$$x^{(k)}(0)=0,$$

那么

$$x^{(k+1)}(0)=\lim_{t\to 0}\frac{x^{(k)}(t)-x^{(k)}(0)}{t}$$

$$=\lim_{t\to 0}\frac{1}{t}x^{(k)}(t)=\lim_{t\to 0}\frac{1}{t}P_k\left(\frac{1}{t}\right)e^{-\frac{1}{t^2}}=\lim_{\tau\to\infty}\frac{\tau P_k(\tau)}{e^{\tau^2}}=0.$$

这样,就证明了

$$x^{(n)}(0)=0 \quad (n=1,2,\cdots),$$

因为

$$\lim_{t\to 0}x^{(n)}(t)=\lim_{t\to 0}P_n\left(\frac{1}{t}\right)e^{-\frac{1}{t^2}}=0=x^{(n)}(0).$$

可见 $x(t)$ 在每一点都具有任一阶的连续微商,在(1)中取 $t_0=0$,得到

$$x(t)=0+0+\cdots+0+R_n(t)=R_n(t).$$

从而无论 n 多大,泰勒公式中去掉余项 $R_n(t)$ 之外丝毫也不能表达 $x(t)$.

§1 级数及其收敛性

定义 1 设(a_n)是数列,那么形如

(1) $$a_1+a_2+\cdots+a_n+\cdots$$

的"无穷项和"叫做无穷级数(简称级数).式中前若干项的和

$$s_n=a_1+a_2+\cdots+a_n$$

叫做级数(1)的部分和,如果数列(s_n)有极限 s,即

$$\lim_{n\to\infty}s_n=s,$$

则级数(1)叫做收敛的,s 叫做(1)的和.如果(s_n)没有极限,级数(1)叫做发散的.我们常把级数(1)表示成 $\sum a_n$ 或 $\sum\limits_{1}^{\infty}a_n$ 或 $\sum\limits_{n=1}^{\infty}a_n$,如果(1)收敛且有和 s,我们记成

$$\sum_{n=1}^{\infty}a_n=s.$$

例 1 考察级数 $1+\frac{1}{2}+\frac{1}{4}+\frac{1}{8}+\cdots+\frac{1}{2^n}+\cdots$.

由于

$$s_n = 1+\frac{1}{2}+\frac{1}{2^2}+\cdots+\frac{1}{2^{n-1}} = 2-\left(\frac{1}{2}\right)^{n-1},$$

可知这级数收敛,其和为 2.

例 2 考察级数 $1+1+\cdots+1+\cdots$.

由于

$$s_n = 1+1+\cdots+1 = n \to +\infty,$$

可知这级数发散.

怎样来判断一个级数是收敛还是发散呢？我们先考虑所谓正项级数,就是说组成级数(1)的各项都是非负的实数,在这种情形下,

$$s_n = s_{n-1}+a_n \geqslant s_{n-1}.$$

可见数列(s_n)组成一个不减的数列,它有极限的充分必要条件是:(s_n)有一上界.因此,为了正项级数收敛必须且只需其部分和有界,并且不难证明

$$\sum_{n=1}^{\infty} a_n = \sup s_n.$$

为此,正项级数或者收敛或者发散为$+\infty$.正是由于这种缘故,我们常用

$$\sum_{n=1}^{\infty} a_n < +\infty$$

来表示左边的那个正项级数收敛.这一表示法对于一般级数当然不适用.

定理 1 级数(1)收敛的充分必要条件是,对任给 $\varepsilon>0$,必有一 $n_0(\varepsilon)$,当$n>n_0$ 时,不论 p 是什么样的自然数,都有

$$|a_{n+1}+a_{n+2}+\cdots+a_{n+p}| < \varepsilon.$$

证 所谓(1)收敛就是指数列(s_n)有极限,根据柯西准则必须且只需对任给 $\varepsilon>0$,有一 $n_0(\varepsilon)$,当 $n>n_0$ 时,不论 p 是什么自然数,都有

$$|s_{n+p}-s_n| < \varepsilon.$$

这正是所要求的证明.证完.

特别取 $p=1$,可知若级数(1)收敛,必有

(2)
$$\lim_{n\to\infty} a_n = 0.$$

必须注意,条件(2)仅仅是级数(1)收敛的必要条件,并不是充分条件.就是说,级数(1)收敛,非满足(2)不可;但反过来,即使(2)实现,级数(1)也未必收敛.下面便是一典型例子.

例 3 考察所谓调和级数

$$1+\frac{1}{2}+\frac{1}{3}+\cdots+\frac{1}{n}+\cdots,$$

这里 $a_n=\frac{1}{n}$,从而满足条件(2).但不难证明这级数发散.事实上

$$s_2=1+\frac{1}{2}>\frac{1}{2},$$

$$s_4=s_2+\frac{1}{3}+\frac{1}{4}>s_2+\left(\frac{1}{4}+\frac{1}{4}\right)>2\cdot\frac{1}{2},$$

$$s_8=s_4+\frac{1}{5}+\frac{1}{6}+\frac{1}{7}+\frac{1}{8}>s_4+\left(\frac{1}{8}+\frac{1}{8}+\frac{1}{8}+\frac{1}{8}\right)>3\cdot\frac{1}{2}.$$

一般地不难证明

$$s_{2^n}>n\cdot\frac{1}{2},$$

从而(s_n)不能有上界.故 $\sum_{n=1}^{\infty}\frac{1}{n}$ 发散.

但在一种特殊情况下,条件(2)的确成为级数(1)收敛的充分条件.

定义 2 级数 $a_1+a_2+a_3+\cdots$ 叫做交错级数,是指它的各项的正负号是相间的,也就是说

$$\begin{aligned}&a_{2k-1}>0 \text{ 同时 } a_{2k}<0,\\ \text{或者}\quad &\qquad\qquad\qquad\qquad k=1,2,3,\cdots.\\ &a_{2k-1}<0 \text{ 同时 } a_{2k}>0,\end{aligned}$$

定理 2 为了交错级数 $a_1+a_2+a_3+\cdots$ 收敛,只需

$$|a_{n+1}|<|a_n| \quad (n=1,2,3,\cdots),$$

并且

$$\lim_{n\to\infty} a_n=0.$$

证 $$|s_{n+p}-s_n|=|a_{n+1}+a_{n+2}+\cdots+a_{n+p-1}+a_{n+p}|,$$
不妨设 $a_{n+1}>0$(若 $a_{n+1}<0$,可在右边的绝对值里面乘-1就行了).

当 p 为奇数时,

$$\begin{aligned}0&<(a_{n+1}+a_{n+2})+(a_{n+3}+a_{n+4})+\cdots+(a_{n+p-2}+a_{n+p-1})+a_{n+p}\\&=a_{n+1}+(a_{n+2}+a_{n+3})+\cdots+(a_{n+p-1}+a_{n+p})<a_{n+1};\end{aligned}$$

当 p 为偶数时,

$$\begin{aligned}0&<(a_{n+1}+a_{n+2})+(a_{n+3}+a_{n+4})+\cdots+(a_{n+p-1}+a_{n+p})\\&=a_{n+1}+(a_{n+2}+a_{n+3})+\cdots+(a_{n+p-2}+a_{n+p-1})+a_{n+p}<a_{n+1}.\end{aligned}$$

总之,对任何 p 及 n,有

(3) $$|s_{n+p}-s_n|<|a_{n+1}|.$$

由条件

$$\lim_{n\to\infty}a_n=0$$

可知,对任给 $\varepsilon>0$,有 n_0,当 $n>n_0$ 时,

$$|a_n|<\varepsilon.$$

从(3)可得,当 $n>n_0$ 时,对任何自然数 p,有

$$|s_{n+p}-s_n|<\varepsilon.$$

依定理 1,这就证明了 $\sum\limits_{n=1}^{\infty}a_n$ 是收敛的.证完.

设其和为 s,在(3)中令 $p\to\infty$,得

$$|s-s_n|\leqslant|a_{n+1}|\quad(n=1,2,3,\cdots).$$

这个不等式给出了用部分和 s_n 逼近级数和 s 所产生的绝对误差估值,这在近似计算时是有用的.

例 4 根据定理 2 易知级数

$$1-\frac{1}{2}+\frac{1}{3}-\frac{1}{4}+\cdots$$

收敛,并且

$$\left|s-\left[1-\frac{1}{2}+\frac{1}{3}-\frac{1}{4}+\cdots+(-1)^{n-1}\frac{1}{n}\right]\right|\leqslant\frac{1}{n+1}.$$

对于判断一已知级数是否收敛,有种种准则,即各种充分条件,使当一级数满足它时,该级数必收敛.

定理 3(比较判别法) 设正项级数 $\sum u_n$ 的每一项 u_n 不超过收敛正项级数 $\sum a_n$ 的相应项:$u_n \leqslant a_n$,那么 $\sum u_n$ 也收敛.

证 事实上

$$s_n = u_1 + u_2 + \cdots + u_n \leqslant a_1 + a_2 + \cdots + a_n \leqslant \sum_{k=1}^{\infty} a_n < \infty,$$

从而单调增数列(s_n)收敛.

系 如果 $0 \leqslant u_n \leqslant a_n$,那么当 $\sum u_n$ 发散时,$\sum a_n$ 也发散.

例 5 等比级数

$$a+ar+ar^2+\cdots+ar^n+\cdots$$

当 $|r|<1$ 时收敛,而当 $|r| \geqslant 1$ 时发散.事实上,当 $|r| \geqslant 1$ 时,

$$\lim_{n\to\infty} |r|^n = \begin{cases} 1, & |r|=1, \\ +\infty, & |r|>1, \end{cases}$$

从而依定理 1,它一定发散.反之,设 $|r|<1$,那么因这级数的部分和

$$s_n = a\frac{1-r^n}{1-r} = \frac{a}{1-r} + \frac{ar^n}{1-r},$$

而

$$\left| s_n - \frac{a}{1-r} \right| = \left| \frac{a}{1-r} \right| |r|^n \to 0 \quad (n\to\infty),$$

可知级数收敛.

例 6 级数

$$1+\frac{1}{2^p}+\frac{1}{3^p}+\cdots+\frac{1}{n^p}+\cdots$$

在 $p \leqslant 1$ 时发散,而在 $p>1$ 时收敛.

事实上当 $p=1$ 时,级数就是调和级数,前面已经证明过它发散.当 $p<1$ 时,因 $n^p<n$,从而

$$\frac{1}{n^p} > \frac{1}{n},$$

于是依定理 3,级数当 $p<1$ 时也发散.设 $p>1$,那么注意

$$\frac{1}{2^p}+\frac{1}{3^p}<\frac{2}{2^p}=\frac{1}{2^{p-1}},$$

$$\frac{1}{4^p}+\frac{1}{5^p}+\frac{1}{6^p}+\frac{1}{7^p}<\frac{4}{4^p}=\frac{1}{4^{p-1}}=\frac{1}{(2^{p-1})^2},$$

$$\frac{1}{8^p}+\frac{1}{9^p}+\cdots+\frac{1}{15^p}<\frac{8}{8^p}=\frac{1}{(2^{p-1})^3},\cdots,$$

从而与等比级数

$$\frac{1}{2^{p-1}}+\frac{1}{(2^{p-1})^2}+\frac{1}{(2^{p-1})^3}+\cdots$$

比较并注意 $p>1,2^{p-1}>1$，可知级数收敛.

为了下面叙述方便，我们引入上、下极限的概念.对于一个有界数列(a_n)来说，依照列紧性定理，从(a_n)中可以取出一个收敛的子列.一般说来，这种收敛子列可能不止一个，从而它的子列所收敛的极限也可能不止一个.这些收敛子列的极限当中的最大的叫做数列(a_n)的上极限，其中最小的叫做数列(a_n)的下极限.上、下极限各表示成

$$\overline{\lim_{n\to\infty}}\, a_n, \quad \underline{\lim_{n\to\infty}}\, a_n.$$

现在我们来分析一下上、下极限的特征.设 $a=\overline{\lim\limits_{n\to\infty}}\, a_n$，那么对于任意正数 ε，在 $a+\varepsilon$ 的右边至多有有穷多个 a_k，因为如果在 $a+\varepsilon$ 的右边有无穷多个 a_k，这些 a_k 所形成的子列将有一收敛子列，而这收敛子列的极限将在 $a+\varepsilon$ 的右边，这与 a 是(a_n)的收敛子列的极限中之最大者相冲突.既然 a 是(a_n)的某子列的极限，在$(a-\varepsilon,a+\varepsilon)$中必有无穷多个 a_k，也就是说，有无穷多项 a_k 在 $a+\varepsilon$ 的左边，于是对于每个 $\varepsilon>0$，必存在一正整数 $n=n(\varepsilon)$，使当 $k\geqslant n$ 时，$a_k\leqslant a+\varepsilon$，也就是说

$$\sup_{k\geqslant n(\varepsilon)} a_k\leqslant a+\varepsilon.$$

令

$$\bar{a}_n=\sup_{k\geqslant n} a_k,$$

那么由上式可知对于每个 $\varepsilon>0$，必存在 $n(\varepsilon)$，使

$$\bar{a}_{n(\varepsilon)}\leqslant a+\varepsilon,$$

从而

$$\inf_{n\geqslant 1}\bar{a}_n\leqslant\bar{a}_{n(\varepsilon)}\leqslant a+\varepsilon.$$

上面不等式的最左边与 ε 无关，而 ε 是任意正数，所以可知

(4) $$\inf_{n\geqslant 1}\sup_{k\geqslant n} a_k=\inf_{n\geqslant 1}\overline{a}_n\leqslant a.$$

又依上述，对于任意 $\varepsilon>0$，总有无穷多个 a_k 大于 $a-\varepsilon$，从而无论 n 多么大，总有一个 $k\geqslant n$，使 $a_k\geqslant a-\varepsilon$，也就是说，对于任意正整数 n，

$$\sup_{k\geqslant n} a_k\geqslant a-\varepsilon,$$

于是

$$\inf_{n\geqslant 1}\sup_{k\geqslant n} a_k\geqslant a-\varepsilon.$$

上面不等式的左边与 ε 无关，而 ε 是任意的，从而可知

(5) $$\inf_{n\geqslant 1}\sup_{k\geqslant n} a_k\geqslant a.$$

结合(4)，(5)可知

$$\overline{\lim_{n\to\infty}}\, a_n=\inf_{n\geqslant 1}\sup_{k\geqslant n} a_k.$$

同理（把上面推理中“大于”和“小于”对调），可以证明

$$\underline{\lim_{n\to\infty}}\, a_n=\sup_{n\geqslant 1}\inf_{k\geqslant n} a_k.$$

注意可以仿上面所述令

$$\underline{a}_n=\inf_{k\geqslant n} a_k,$$

从而又可以写成

$$\overline{\lim_{n\to\infty}}\, a_n=\inf_{n}\overline{a}_n,\quad \underline{\lim_{n\to\infty}}\, a_n=\sup_{n}\underline{a}_n.$$

仿上述不难看出 $b=\underline{\lim\limits_{n\to\infty}}\, a_n$ 具有下列性质：对于任意 $\varepsilon>0$，在 $b-\varepsilon$ 的左边至多有有穷多个 a_k，而在 $b+\varepsilon$ 的左边总有无穷多个 a_k。注意不难看出，如果有一数 α，对于任意正数 ε，在 $\alpha-\varepsilon$ 的右边总有无穷多个 a_k，而在 $\alpha+\varepsilon$ 的右边至多有有穷多个 a_k，那么，由于上、下端的唯一性，可知 α 必是 (a_k) 的上极限。同理，如果有一数 β，对于任意正数 ε，在 $\beta-\varepsilon$ 的左边至多有穷多项 a_k，而在 $\beta+\varepsilon$ 的左边总有无穷多项 a_k，那么 β 必是数列 (a_n) 的下极限。

如果 $a_n\geqslant b_n(n=1,2,\cdots)$，那么

$$\sup_{k\geqslant n} a_k\geqslant\sup_{k\geqslant n} b_k,\quad \inf_{k\geqslant n} a_k\geqslant\inf_{k\geqslant n} b_k,$$

从而

$$\inf_{n}\sup_{k\geqslant n} a_k\geqslant\inf_{n}\sup_{k\geqslant n} b_k,\quad \sup_{n}\inf_{k\geqslant n} a_k\geqslant\sup_{n}\inf_{k\geqslant n} b_k,$$

即

$$\overline{\lim_{n\to\infty}}\, a_n \geqslant \overline{\lim_{n\to\infty}}\, b_n, \quad \underline{\lim_{n\to\infty}}\, a_n \geqslant \underline{\lim_{n\to\infty}}\, b_n.$$

由上、下极限的定义可以看出，为了数列(a_n)有极限，必须且只需它的上、下极限相等.对于无界的数列，我们规定$\overline{\lim\limits_{n\to\infty}}\, a_n=+\infty$，而对称的，规定$\underline{\lim\limits_{n\to\infty}}\, a_n=-\infty$.

有了上、下极限概念之后，我们可以考虑正项级数收敛的另一判别法.由定理3，如果正项级数$\sum u_n$满足$u_n\leqslant cq^n$，c是任意固定正数，而$0<q<1$，那么$\sum u_n$收敛；而如果$u_n\geqslant cq^n$，c是任意固定正数，而$q\geqslant 1$，那么$\sum u_n$发散.但如果$u_n\leqslant cq^n$，那么$u_n^{\frac{1}{n}}\leqslant c^{\frac{1}{n}}q$，从而由于

$$0\leqslant u_n^{\frac{1}{n}}\leqslant c^{\frac{1}{n}}q\leqslant \max\{1,c\}q,$$

$(u_n^{\frac{1}{n}})$是有界列，于是

$$\overline{\lim_{n\to\infty}}\, u_n^{\frac{1}{n}}\leqslant \overline{\lim_{n\to\infty}}(c^{\frac{1}{n}}q)=\lim_{n\to\infty} c^{\frac{1}{n}}q=q<1.$$

反之，如果

$$\overline{\lim_{n\to\infty}}\, u_n^{\frac{1}{n}}\leqslant q<1,$$

那么$0<q<\dfrac{q+1}{2}<1$，而取$\varepsilon=\dfrac{q+1}{2}-q=\dfrac{1-q}{2}$，可知对于足够大的$n$，即对于凡大于某个$n_0$的标号$n$，恒有$u_n^{\frac{1}{n}}\leqslant\dfrac{q+1}{2}$，从而把级数$\sum\limits_{n=n_0+1}^{\infty}u_n$和等比级数$\sum\limits_{n=n_0+1}^{\infty}\left(\dfrac{q+1}{2}\right)^n$比较，可知$\sum\limits_{n=n_0+1}^{\infty}u_n$收敛，从而

$$\sum_{n=1}^{\infty}u_n=\sum_{n=1}^{n_0}u_n+\sum_{n=n_0+1}^{\infty}u_n$$

也收敛.于是得证.

定理 4 如果正项级数$\sum u_n$的项u_n满足条件$\overline{\lim\limits_{n\to\infty}}\sqrt[n]{u_n}<1$，那么级数$\sum u_n$收敛.

同理可证：如果$\underline{\lim\limits_{n\to\infty}}\sqrt[n]{u_n}>1$，那么$\sum u_n$发散.

例 7 考察级数$(a>0,b>0)$

$$1+a+ab+a^2b+a^2b^2+\cdots+a^nb^{n-1}+a^nb^n+\cdots.$$

这时

$$\sqrt[2n-1]{u_{2n-1}}=\sqrt[2n-1]{a^{n-1}b^{n-1}},\quad \sqrt[2n]{u_{2n}}=\sqrt[2n]{a^nb^{n-1}},$$

从而

$$\overline{\lim_{n\to\infty}}\sqrt[2n-1]{u_{2n-1}}=\underline{\lim_{n\to\infty}}\sqrt[2n-1]{u_{2n-1}}=\overline{\lim_{n\to\infty}}\sqrt[2n]{u_{2n}}=\underline{\lim_{n\to\infty}}\sqrt[2n]{u_{2n}}=\sqrt{ab},$$

于是当 $ab<1$ 时级数收敛，而当 $ab>1$ 时级数发散（显然，$ab=1$ 时，此级数也发散）.

由比较判别法还可以得出另一形式来. 如果正项级数 $\sum u_n$ 的项满足

$$\frac{u_n}{u_{n-1}}\leqslant q<1,$$

那么 $u_n\leqslant u_1q^{n-1}$，从而与等比级数比较，可知 $\sum u_n$ 收敛. 同理可知，如果

$$\frac{u_n}{u_{n-1}}\geqslant q>1,$$

那么 $\sum u_n$ 发散. 与定理 4 的证明相仿，可以证明下列定理：

定理 5 如果正项级数 $\sum u_n$ 满足条件

$$\overline{\lim_{n\to\infty}}\frac{u_n}{u_{n-1}}<1,$$

那么级数收敛，而如果

$$\underline{\lim_{n\to\infty}}\frac{u_n}{u_{n-1}}>1,$$

级数发散.

例 8 考察级数 $\sum\limits_{n=0}^{\infty}\frac{x^n}{n!}(x>0)$，这时

$$\overline{\lim_{n\to\infty}}\frac{u_n}{u_{n-1}}=\overline{\lim_{n\to\infty}}\frac{x}{n}=0,$$

从而对于任意正数 x，这个级数收敛.

例 9 考察级数 $\sum\limits_{n=1}^{\infty}nx^{n-1}(x>0)$，那么

$$\overline{\lim_{n\to\infty}}\frac{u_n}{u_{n-1}}=\overline{\lim_{n\to\infty}}\frac{n}{n-1}x=x,$$

从而当 $0<x<1$ 时级数收敛，而当 $x>1$ 时级数发散. 对于 $x=1$，级数显然发散.

上述几种判别法，哪个用来方便，要看具体情况. 例如对于级数

$$\sum_{n=2}^{\infty}\frac{1}{(\ln n)^n},$$

很容易想到用定理 4，因为级数的各项是表示成某数的 n 次幂的形式的，从而它的 n 次方根很容易写出

$$\overline{\lim_{n\to\infty}}\sqrt[n]{u_n}=\overline{\lim_{n\to\infty}}\frac{1}{\ln n}=0,$$

于是得知级数收敛. 但在上面所举的例

$$\sum_{n=0}^{\infty}\frac{x^n}{n!}.$$

中，由于目前 $\sqrt[n]{n!}$ 表达不很简单，因此用定理 4 就不便了. 但这类情况用定理 5 是很方便的.

上面几个判别法都只指出收敛或发散的充分条件，并不给出必要条件，从而给出一个级数，如果它不满足上述几个定理中的条件，并不能断定它是收敛或发散. 例如考虑

$$\sum_{n=1}^{\infty}\frac{(n\mathrm{e}^{-1})^n}{n!},$$

由于

$$\overline{\lim_{n\to\infty}}\frac{u_{n+1}}{u_n}=\overline{\lim_{n\to\infty}}\frac{(n+1)^{n+1}\mathrm{e}^{-1}}{n+1}\cdot\frac{1}{n^n}=\overline{\lim_{n\to\infty}}\ \mathrm{e}^{-1}\left(1+\frac{1}{n}\right)^n=1,$$

从而用定理 5 不能判断级数的收敛或发散. 又如一个很有用的级数（它的重要性将在本章后面几节谈到）

$$1+\sum_{n=1}^{\infty}\frac{\alpha(\alpha+1)\cdots(\alpha+n-1)\beta(\beta+1)\cdots(\beta+n-1)}{n!\ \gamma(\gamma+1)\cdots(\gamma+n-1)},$$

$$\overline{\lim_{n\to\infty}}\frac{u_{n+1}}{u_n}=\lim_{n\to\infty}\frac{(\alpha+n)(\beta+n)}{(1+n)(\gamma+n)}=1,$$

从而也不能判断级数的收敛或发散.为此,我们还须介绍更精密的判别法.首先引入一个辅助定理.

定理 6 对于两个正项级数 $\sum u_n$ 和 $\sum v_n$,假设从某个正整数 n_0 起,

$$\frac{v_{n+1}}{v_n}\leqslant\frac{u_{n+1}}{u_n}\quad(n\geqslant n_0).\tag{6}$$

如果正项级数 $\sum u_n$ 收敛,那么级数 $\sum v_n$ 也收敛;而如果 $\sum v_n$ 发散,$\sum u_n$ 也必发散.

证 由(6)可知,对于 $m>n_0$,有

$$\frac{v_m}{v_{n_0}}\leqslant\frac{u_m}{u_{n_0}},$$

从而

$$v_m\leqslant\frac{v_{n_0}}{u_{n_0}}\cdot u_m.$$

如果 $\sum u_m$ 收敛于 s,那么 $\sum\frac{v_{n_0}}{u_{n_0}}u_m$ 收敛于 $\frac{v_{n_0}}{u_{n_0}}s$,从而把 $\sum v_n$ 与这个收敛级数比较,可知 $\sum v_n$ 收敛.

定理 7 如果正项级数 $\sum u_n$ 满足条件

$$\varliminf_{n\to\infty} n\left(\frac{u_n}{u_{n+1}}-1\right)>1,\tag{7}$$

则级数 $\sum u_n$ 必收敛;而如果

$$\varlimsup_{n\to\infty} n\left(\frac{u_n}{u_{n+1}}-1\right)<1,\tag{8}$$

则级数 $\sum u_n$ 必发散.

证 设(7)成立.由下极限的定义可知存在正整数 n_0 和一正数 α,使

$$\inf_{n\geqslant n_0} n\left(\frac{u_n}{u_{n+1}}-1\right)>1+\alpha,$$

从而

$$\frac{u_n}{u_{n+1}}>1+\frac{1+\alpha}{n}\quad(n\geqslant n_0).$$

取一数 ρ，使 $0<\rho<\alpha$，那么可以取正整数 n 足够大，使

$$1+\frac{1+\alpha}{n}>\left(1+\frac{1}{n}\right)^{\rho+1},$$

因为依中值定理，

$$\left(1+\frac{1}{n}\right)^{\rho+1}=1+\frac{1+\rho}{n}+o\left(\frac{1}{n^2}\right).$$

于是当 n 足够大时，

$$\frac{u_{n+1}}{u_n}<\left(\frac{n}{n+1}\right)^{\rho+1}=\frac{\dfrac{1}{(n+1)^{\rho+1}}}{\dfrac{1}{n^{\rho+1}}}.$$

利用定理 6 可知 $\sum u_n$ 收敛，因为已知 $\sum\dfrac{1}{n^{\rho+1}}(\rho>0)$ 收敛.

现在设(8)成立，那么依上极限的定义，从某一标号 n_0 起，

$$n\left(\frac{u_n}{u_{n+1}}-1\right)<1\quad(n\geqslant n_0),$$

从而

$$\frac{u_{n+1}}{u_n}>\frac{\dfrac{1}{n+1}}{\dfrac{1}{n}},$$

而依定理 6，$\sum u_n$ 发散.

例 10　上面已经提到过级数

$$\sum\frac{1}{n!}\left(\frac{n}{\mathrm{e}}\right)^n, \tag{9}$$

这时

$$n\left(\frac{u_n}{u_{n+1}}-1\right)=n\left[\frac{\mathrm{e}}{\left(1+\dfrac{1}{n}\right)^n}-1\right].$$

为了考察上式的极限，我们把离散变量 n 换成连续变量 $\dfrac{1}{x}(x\to0)$，于

是只需考察极限

$$\lim_{x\to 0}\frac{1}{x}\left[\frac{\mathrm{e}}{(1+x)^{\frac{1}{x}}}-1\right].$$

依洛必达法则,这极限等于下式在 $x\to 0$ 时的极限:

$$\frac{-\mathrm{e}}{[(1+x)^{\frac{1}{x}}]^2}\left[(1+x)^{\frac{1}{x}}\ln(1+x)\cdot\left(-\frac{1}{x^2}\right)+\frac{1}{x}(1+x)^{\frac{1}{x}-1}\right]$$

$$=\frac{\mathrm{e}}{(1+x)^{\frac{1}{x}}}\cdot\frac{\ln(1+x)-\dfrac{x}{1+x}}{x^2}$$

$$=\frac{\mathrm{e}}{(1+x)^{\frac{1}{x}}}\cdot\frac{x-\dfrac{1}{2}x^2+o(x^2)-[x-x^2+o(x^2)]}{x^2},\quad x\to 0,$$

从而这式的极限等于$\frac{1}{2}$.依定理 7,级数(9)发散.

例 11 考察前面提过的级数

$$1+\sum_{n=1}^{\infty}\frac{\alpha(\alpha+1)\cdots(\alpha+n-1)\beta(\beta+1)\cdots(\beta+n-1)}{n!\ \gamma(\gamma+1)\cdots(\gamma+n-1)},$$

这里设 $\alpha,\beta,\gamma>0$.这时

$$\lim_{n\to\infty}n\left(\frac{u_n}{u_{n+1}}-1\right)=\lim_{n\to\infty}n\left[\frac{(1+n)(\gamma+n)}{(\alpha+n)(\beta+n)}-1\right]$$

$$=\lim_{n\to\infty}\frac{n[(1+\gamma-\alpha-\beta)n+\gamma-\alpha\beta]}{(\alpha+n)(\beta+n)}$$

$$=\gamma-\alpha-\beta+1,$$

从而当 $\gamma-\alpha-\beta>0$ 时,级数收敛,而 $\gamma-\alpha-\beta<0$ 时,级数发散.如果$\gamma=\alpha+\beta$,上面判别法仍不能作出判断.

定理 8 令 $u_n=f(n)\geqslant 0$.如果函数

$$F(x)=\int_1^x f(t)\,\mathrm{d}t$$

在 $x\to\infty$ 时有有穷极限,那么 $\sum u_n$ 收敛;而如果当 $x\to\infty$ 时,$F(x)\to\infty$,$\sum u_n$ 发散.

直观上看来,作出 $y=f(t)$ 的图像,$F(x)$ 表示曲线下、横轴上、夹在直线 $t=1$ 与 $t=x$ 之间的面积 A_x. $u_n=f(n)$ 表示曲线上的点在 $t=n$ 处的纵坐标,所以 $s=\sum u_n$ 是 u_1 再加上图 11.1 中加阴影的那些小长方形面积之和,也等于图中那些(不加阴影部分和加阴影部分合并起来的)小长方形面积之和.由图 11.1 可以看出

$$s_{n-1}\leqslant A_n\leqslant s_n,$$

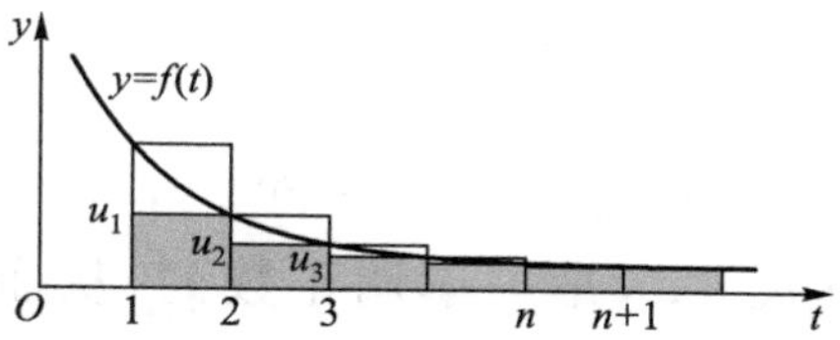

图 11.1

从而立即看出定理成立.严谨证明只是上面的叙述的公式化,从略.

例 12 考察级数 $\sum_{n=2}^{\infty}\frac{1}{n(\ln n)^p}(p\geqslant 1)$,这里

$$f(x)=\frac{1}{x(\ln x)^p}.$$

如果 $p>1$,则当 $x\to\infty$ 时,

$$\begin{aligned}F(x)&=\int_2^x\frac{1}{t(\ln t)^p}\mathrm{d}t\\&=\frac{1}{(1-p)(\ln x)^{p-1}}-\frac{1}{(1-p)(\ln 2)^{p-1}}\to\frac{1}{(p-1)(\ln 2)^{p-1}},\end{aligned}$$

从而依定理 8,这时级数收敛.如果 $p=1$,则当 $x\to\infty$ 时,

$$F(x)=\int_2^x\frac{1}{t\ln t}\mathrm{d}t=\ln\ln x-\ln\ln 2\to\infty,$$

从而级数发散.

定理 9 设正项级数 $\sum_{n=1}^{\infty}\frac{1}{c_n}$ 发散.如果正项级数 $\sum u_n$ 满足条件

$$\lim_{n\to\infty}\left(c_n\frac{u_n}{u_{n+1}}-c_{n+1}\right)>0,\tag{10}$$

$\sum u_n$ 必收敛;而当对于一切足够大的 n,

(11) $$\left(c_n\frac{u_n}{u_{n+1}}-c_{n+1}\right)\leqslant 0$$

时，$\sum u_n$ 必发散.

证 设(10)成立，必可找到一正数 δ，使得对于从某个标号 n_0 起的一切 n，

$$c_n\frac{u_n}{u_{n+1}}-c_{n+1}\geqslant\delta>0.$$

由此得出

(12) $$c_nu_n-c_{n+1}u_{n+1}\geqslant\delta u_{n+1},$$

即 $c_nu_n\geqslant c_{n+1}u_{n+1}$. $(c_nu_n)_{n\geqslant n_0}$是一单调正数列，从而它有极限 $\gamma\geqslant 0$. 既然级数

(13) $$\sum_{n\geqslant n_0}(c_nu_n-c_{n+1}u_{n+1})$$

的前 p 项之和等于

$$c_{n_0}u_{n_0}-c_{n_0+p+1}u_{n_0+p+1}\to c_{n_0}u_{n_0}-\gamma\quad(p\to\infty),$$

可知级数(13)收敛. 由比较判别法并利用(12)可知 $\sum\delta u_n$ 收敛，从而 $\sum u_n$ 收敛.

如果(11)成立，那么

$$\frac{u_{n+1}}{u_n}\geqslant\frac{c_{n+1}^{-1}}{c_n^{-1}}\quad(n\geqslant n_0),$$

从而依定理 6 及假定 $\sum c_n^{-1}$ 发散，可知 $\sum u_n$ 发散.

系 假定 $\sum u_n$ 是正项级数，而当

$$a_n=\ln n\left[n\left(\frac{u_n}{u_{n+1}}-1\right)-1\right]$$

时，如果 $\lim\limits_{n\to\infty}a_n>1$，那么 $\sum u_n$ 收敛；而如果 $\lim\limits_{n\to\infty}a_n<1$，那么 $\sum u_n$ 发散.

证 取 $c_n=n\ln n(n\geqslant 2)$，那么 $\sum c_n^{-1}$ 发散. 考察

$$\begin{aligned}b_n&=n\ln n\frac{u_n}{u_{n+1}}-(n+1)\ln(n+1)\\&=\ln n\left[n\left(\frac{u_n}{u_{n+1}}-1\right)-1\right]-\ln\left(1+\frac{1}{n}\right)^{n+1}\end{aligned}$$

$$=a_n-\ln\left(1+\frac{1}{n}\right)^{n+1}.$$

因此,如果 $\lim\limits_{n\to\infty} a_n=a$,那么 $\lim\limits_{n\to\infty} b_n=a-1$,从而当 $a>1$ 时,依定理 9,$\sum u_n$ 收敛,而当 $a<1$ 时,对于足够大的 n,$b_n\leqslant 0$,从而 $\sum u_n$ 发散.

例 13 前面讨论级数

$$1+\sum\frac{\alpha(\alpha+1)\cdots(\alpha+n-1)\beta(\beta+1)\cdots(\beta+n-1)}{n!\ \gamma(\gamma+1)\cdots(\gamma+n-1)} \tag{14}$$

时,遗留下 $\gamma=\alpha+\beta$ 的情形并没有下断语.现在考察

$$\begin{aligned}\ln n\left[n\left(\frac{u_n}{u_{n+1}}-1\right)-1\right]&=\ln n\left\{n\left[\frac{(1+n)(\gamma+n)}{(\alpha+n)(\beta+n)}-1\right]-1\right\}\\&=\ln n\,\frac{-\alpha\beta(n+1)}{(\alpha+n)(\beta+n)},\end{aligned}$$

这一数列的极限是 0,从而依上面的系,级数(14)发散.

既然我们研究级数的目的乃是为了用级数表达函数,而数学分析常要考察函数的运算,我们也必然要考察级数的运算.

1° 级数用数乘:

$$\alpha\sum a_n=\sum\alpha a_n.$$

这时若左边级数收敛,右边级数也收敛,并且它们的和有上述等式所表达的关系.这由

$$\alpha\sum_{k=1}^{n}a_k=\sum_{k=1}^{n}\alpha a_k,$$

令 $n\to\infty$ 可得出.

2° 级数相加:

$$\sum u_n+\sum v_n=\sum(u_n+v_n).$$

这时当左边两级数都收敛时,右边也收敛,并且它们的和满足上述等式所表达出来的关系.

这由有穷和关系

$$\sum_{k=1}^{n}u_k+\sum_{k=1}^{n}v_k=\sum_{k=1}^{n}(u_k+v_k),$$

令 $n\to\infty$ 推出.我们说收敛级数可以逐项相加.

这两个性质使人联想到似乎对有穷和适用的运算也都可以搬到无穷级数上来.但事实决非如此.

例 14 有穷项的和与诸项的次序无关(这乃是加法的交换性的自然结果),对于无穷项的和,却大为不然.

例如考察

$$1-\frac{1}{2}+\frac{1}{3}-\frac{1}{4}+\frac{1}{5}-\frac{1}{6}+\frac{1}{7}-\frac{1}{8}+\frac{1}{9}-\frac{1}{10}+\cdots=\alpha. \tag{15}$$

我们改变级数中诸项的次序,写成

$$1+\frac{1}{3}-\frac{1}{2}+\frac{1}{5}+\frac{1}{7}-\frac{1}{4}+\frac{1}{9}+\frac{1}{11}-\frac{1}{6}+\frac{1}{13}+\frac{1}{15}-\frac{1}{8}+\cdots,$$

这个级数的和是$\frac{3}{2}\alpha$,因为它和级数(15)相比,差是

$$0+\frac{1}{2}+0-\frac{1}{4}+0+\frac{1}{6}+0-\frac{1}{8}+\frac{1}{10}+\cdots=\frac{1}{2}\alpha.$$

又注意在有穷和中,可以把其中任意一些项用括号括起来,这由结合律可知并不影响和的值.但在无穷级数的情形,也大为不然.

例 15 $1-0.9+1-0.99+1-0.999+\cdots$是发散级数,因为一般项并不趋于 0,

但如把第 1,2 两项括起来,3,4 两项括起来,等等,得

$$(1-0.9)+(1-0.99)+(1-0.999)+\cdots,$$

而这级数的和是$\frac{1}{9}$.

又对于有穷多项的加法和乘法,依据分配律可以得到下列公式:

$$(u_1+u_2+\cdots+u_n)(v_1+v_2+\cdots+v_n)=w_1+w_2+\cdots+w_n+\cdots,$$

这里

$$w_1=u_1v_1,$$

$$w_2=u_2v_1+u_1v_2,$$

$$w_3=u_3v_1+u_2v_2+u_1v_3,\cdots,$$

$$w_n=u_nv_1+u_{n-1}v_2+\cdots+u_1v_n,\cdots.$$

但无穷级数却不一定能这样相乘.更确切地说,两收敛级数相乘,依上

述公式得出一个级数，它并不一定有和（等于前两级数之和的积），而且有时会发散.

例 16 设 $u_n=(-1)^{n-1}\frac{1}{\sqrt{n}}$，$v_n=u_n$，那么

$$w_n=(-1)^{n-1}\frac{1}{\sqrt{n}}\cdot 1+(-1)^{n-2}\cdot(-1)\frac{1}{\sqrt{n-1}}\cdot\frac{1}{\sqrt{2}}+\cdots+(-1)^{n-1}\cdot 1\cdot\frac{1}{\sqrt{n}}$$
$$=(-1)^{n-1}\left[\frac{1}{\sqrt{1\cdot n}}+\frac{1}{\sqrt{2(n-1)}}+\cdots+\frac{1}{\sqrt{n\cdot 1}}\right].$$

既然

$$|w_n|\geqslant\frac{1}{\sqrt{n\cdot n}}+\frac{1}{\sqrt{n\cdot n}}+\cdots+\frac{1}{\sqrt{n\cdot n}}=\frac{n}{\sqrt{n^2}}=1,$$

$\sum w_n$ 不收敛！

如此，为了保证上述几种运算可以照常进行，只考察收敛级数是不够的，还要考虑进一步要求.

定义 3 级数 $\sum a_n$ 叫做绝对收敛，是指相应的级数

$$\sum|a_n| \tag{16}$$

也收敛. 级数 $\sum a_n$ 叫做条件收敛，是指它收敛，但(16)不收敛.

例 17 $1+\frac{1}{2^2}-\frac{1}{3^2}+\frac{1}{4^2}+\frac{1}{5^2}-\frac{1}{6^2}+\cdots$绝对收敛，但

$$1-\frac{1}{2}+\frac{1}{3}-\frac{1}{4}+\frac{1}{5}-\frac{1}{6}+\cdots$$

是条件收敛.

因为

$$|a_{n+1}+a_{n+2}+\cdots+a_{n+p}|\leqslant|a_{n+1}|+|a_{n+2}|+\cdots+|a_{n+p}|,$$

从而依定理 1，得知若级数(16)收敛，则 $\sum a_n$ 亦必收敛，这就证明了

定理 10 绝对收敛级数必定收敛.

为什么考虑绝对收敛级数？设有一级数 $\sum a_k$，而令

$$\pi_k=\begin{cases}a_k, & a_k>0,\\ 0, & a_k\leqslant 0,\end{cases}$$

$$\nu_k=\begin{cases}0, & a_k>0,\\ -a_k, & a_k\leqslant 0,\end{cases}$$

那么 $a_k=\pi_k-\nu_k(k=1,2,\cdots)$. $\sum\pi_k$, $\sum\nu_k$ 都是正项级数.如果 $\sum\pi_k<+\infty$, $\sum\nu_k<+\infty$,那么级数既可逐项相加,

$$\sum a_k=\sum(\pi_k-\nu_k)=\sum\pi_k-\sum\nu_k$$

也收敛,而且因 $|a_k|=\pi_k+\nu_k$,可知这时

$$\sum|a_k|=\sum(\pi_k+\nu_k)=\sum\pi_k+\sum\nu_k$$

也收敛,即 $\sum a_k$ 绝对收敛.又如 $\sum\pi_k$ 与 $\sum\nu_k$ 中只有一个收敛,无妨考虑 $\sum\nu_k$ 收敛的情形,于是 $\sum\pi_k=+\infty$.如 $\sum a_k$ 收敛,那么因 $\pi_k=a_k+\nu_k$,从而 $\sum\pi_k=\sum a_k+\sum\nu_k$ 也收敛,得出矛盾.于是得知,当 $\sum a_k$ 条件收敛时,必然 $\sum\pi_k=+\infty$ 且 $\sum\nu_k=+\infty$.但此时,另一方面,$\sum a_k$ 既然收敛,必有 $\lim\limits_{k\to\infty}a_k=0$,从而 $\lim\limits_{k\to\infty}\pi_k=\lim\limits_{k\to\infty}\nu_k=0$.

条件收敛级数的和,不但随其各项次序的倒换而改变,而且可以证明更强的结果,即当适当变换各项的次序时,可以把条件收敛的级数的和作成等于任意给定的数.

定理 11(黎曼(Riemann)) 如果 $\sum a_n$ 条件收敛,那么,对于任意给定的数 a,可以适当改变 a_n 的次序,使所得的新级数 $\sum a_{k_n}$ 的和是 a.

证 无妨设 $a>0$($a\leqslant 0$ 的情形也可以类似地处理).引用上面的记号 π_k,ν_k,由于 $\sum\pi_k=\infty$, $\pi_1,\pi_1+\pi_2,\pi_1+\pi_2+\pi_3,\cdots$ 是无限递增的正数列,从而取标号 k_1 足够大,使

$$\sum_{i=1}^{k_1}\pi_i$$

是上述列中第一个超过数 a 的,即

$$\sum_{i=1}^{k_1-1}\pi_i\leqslant a<\sum_{i=1}^{k_1}\pi_i,$$

也就是

$$0<\sum_{i=1}^{k_1}\pi_i-a<\pi_{k_1}.$$

同样,$\nu_1,\nu_1+\nu_2,\nu_1+\nu_2+\nu_3,\cdots$ 也是无限递增的正数列,从而取标号 l_1 足够大,可以使

$$\sum_{i=1}^{l_1} \nu_i$$

是上列和中第一个超过正数 $\sum_{i=1}^{k_1} \pi_i - a$ 的,也就是说

$$\sum_{i=1}^{l_1-1} \nu_i \leqslant \sum_{i=1}^{k_1} \pi_i - a < \sum_{i=1}^{l_1} \nu_i,$$

这时,

$$\left| \sum_{i=1}^{k_1} \pi_i - \sum_{j=1}^{l_1} \nu_j - a \right| \leqslant \nu_{l_1}.$$

一般,设正整数 $k_1<k_2<\cdots<k_m$, $l_1<l_2<\cdots<l_n$ 已经取定,使

$$\sum_{i=k_{m-1}+1}^{k_m-1} \pi_i \leqslant a - \sum_{i=1}^{k_{m-1}} \pi_i + \sum_{j=1}^{l_{m-1}} \nu_j < \sum_{i=k_{m-1}+1}^{k_m} \pi_i,$$

$$\sum_{j=l_{m-1}+1}^{l_m-1} \nu_j \leqslant \sum_{i=1}^{k_m} \pi_i - \sum_{j=1}^{l_{m-1}} \nu_j - a < \sum_{j=l_{m-1}+1}^{l_m} \nu_j.$$

那么再取正整数 $k_{m+1}>k_m$, $l_{m+1}>l_m$,使

$$\sum_{i=k_m+1}^{k_{m+1}-1} \pi_i \leqslant a - \sum_{i=1}^{k_m} \pi_i + \sum_{j=1}^{l_m} \nu_j < \sum_{i=k_m+1}^{k_{m+1}} \pi_i,$$

而

$$\sum_{j=l_m+1}^{l_{m+1}-1} \nu_j \leqslant \sum_{i=1}^{k_{m+1}} \pi_i - \sum_{j=1}^{l_m} \nu_j - a < \sum_{j=l_m+1}^{l_{m+1}} \nu_j.$$

于是可以看出

$$0 < a - \left(\sum_{i=1}^{k_m} \pi_i - \sum_{j=1}^{l_m} \nu_j \right) < \nu_{l_m}.$$

既然 $\lim\limits_{m\to\infty} \nu_{l_m}=0$,可知

$$a = \lim_{m\to\infty} \left(\sum_{i=1}^{k_m} \pi_i - \sum_{j=1}^{l_m} \nu_j \right),$$

即

$$a=(\pi_1+\pi_2+\cdots+\pi_{k_1})-(\nu_1+\nu_2+\cdots+\nu_{l_1})+$$
$$(\pi_{k_1+1}+\cdots+\pi_{k_2})-(\nu_{l_1+1}+\cdots+\nu_{l_2})+\cdots.$$

证完.

但对于绝对收敛级数则情形就简单了.

定理 12 如果$\sum a_n$绝对收敛,那么对于(1,2,3,…)的任意排列$(k_1,k_2,k_3,\cdots)$,$\sum a_{k_n}$绝对收敛,且$\sum a_{k_n}$的和与$\sum a_n$的和相等.换句话说,绝对收敛的级数的和与级数中诸项的排列次序无关.

证 对于任意正整数n,令

$$\max\{k_1,k_2,\cdots,k_n\}=m,$$

那么

$$\sum_{i=1}^{n}|a_{k_i}| \leqslant \sum_{i=1}^{m}|a_i| < \sum_{i=1}^{\infty}|a_i|(<+\infty),$$

而这式右边与n无关,从而$\sum\limits_{i=1}^{\infty}|a_{k_i}|<+\infty$.

今证$\sum\limits_{n=1}^{\infty}a_{k_n}=\sum\limits_{n=1}^{\infty}a_n$.我们只需证明

$$\lim_{n\to\infty}\left(\sum_{i=1}^{n}a_{k_i}-\sum_{i=1}^{n}a_i\right)=0. \tag{17}$$

如此,设$\varepsilon>0$是任意预定的数,由于$\sum|a_n|<+\infty$,可取n_0足够大,使

$$\sum_{k=1}^{p}|a_{n_0+k}|\leqslant\varepsilon$$

对于任意正整数p成立.取N足够大,使$a_{k_1},a_{k_2},\cdots,a_{k_N}$中包括$a_1$,$a_2\cdots,a_{n_0}$,于是当$n\geqslant N$时,在$\sum\limits_{i=1}^{n}a_{k_i}-\sum\limits_{i=1}^{n}a_i$中$a_1,a_2,\cdots,a_{n_0}$都消掉,从而

$$\left|\sum_{i=1}^{n}a_{k_i}-\sum_{i=1}^{n}a_i\right|<\varepsilon.$$

这正是(17).证完.

前面已经提过,条件收敛的级数相乘不一定收敛.但如有一个级数是绝对收敛的,就可保证积收敛.

定理 13 设级数$\sum a_n$收敛于S',$\sum b_n$收敛于S'',并设$\sum|a_n|<+\infty$,那么当$c_n=(a_nb_1+a_{n-1}b_2+\cdots+a_1b_n)$时,级数$\sum c_n$收敛于$S'S''$.如果$\sum|b_n|<+\infty$也成立,那么$\sum|c_n|<+\infty$.

证 设

$$S_n' = \sum_{k=1}^{n} a_k, \quad S_n'' = \sum_{k=1}^{n} b_k, \quad S_n = \sum_{k=1}^{n} c_k,$$

今设 $\sum |a_n| < +\infty$，我们证明 $\lim\limits_{n\to\infty} S_n = S'S''$. 事实上，注意

$$S_n = \sum_{k=1}^{n} c_k = \sum_{k=1}^{n} (a_k b_1 + a_{k-1} b_2 + \cdots + a_1 b_k)$$
$$= a_1 \sum_{k=1}^{n} b_k + a_2 \sum_{k=1}^{n-1} b_k + \cdots + a_n b_1.$$

因此

$$S_n' S_n'' - S_n = \sum_{k=1}^{n} a_k \cdot \sum_{k=1}^{n} b_k - \left(a_1 \sum_{k=1}^{n} b_k + a_2 \sum_{k=1}^{n-1} b_k + \cdots + a_n b_1 \right)$$
$$= a_2 b_n + a_3 (b_n + b_{n-1}) + \cdots + a_n (b_2 + b_3 + \cdots + b_n)$$
$$= a_2 (S_n'' - S_{n-1}'') + a_3 (S_n'' - S_{n-2}'') + \cdots + a_n (S_n'' - S_1'').$$
$$= [a_2 (S_n'' - S_{n-1}'') + \cdots + a_{p+1} (S_n'' - S_{n-p}'')] +$$
$$[a_{p+2} (S_n'' - S_{n-p-1}'') + a_{p+3} (S_n'' - S_{n-p-2}'') + \cdots + a_n (S_n'' - S_1'')].$$

既然 (S_n'') 是收敛列，它必有界，从而存在正数 L，使

$$|S_n''| \leqslant L, \quad n = 1, 2, \cdots.$$

由于 $\sum |a_n| < \infty$，对于任意 $\varepsilon > 0$，可以取 p 足够大，可以使

$$|a_{p+2}| + |a_{p+3}| + \cdots + |a_n| < \varepsilon$$

对于任意正整数 $n(>p+2)$ 成立. p 既经取定，利用 $\sum b_n$ 收敛，对于上述的正数 ε，可以取 n 足够大，使得

$$|S_n'' - S_{n-p}''| < \varepsilon.$$

于是

$$|S_n' S_n'' - S_n|$$
$$\leqslant (|a_2| |S_n'' - S_{n-1}''| + \cdots + |a_{p+1}| |S_n'' - S_{n-p}''|) +$$
$$(|a_{p+2}| |S_n'' - S_{n-p-1}''| + |a_{p+3}| |S_n'' - S_{n-p-2}''| + \cdots + |a_n| |S_n'' - S_1''|)$$
$$\leqslant \varepsilon (|a_2| + \cdots + |a_{p+1}|) + 2L (|a_{p+2}| + \cdots + |a_n|).$$

令 $K = \sum |a_n|$，那么

$$|S_n' S_n'' - S_n| \leqslant (K + 2L) \varepsilon.$$

ε 既是任意的，可知

$$S'S'' = \lim_{n\to\infty} S_n' S_n'' = \lim_{n\to\infty} S_n = \sum_{n=1}^{\infty} c_n.$$

定理的第一部分证完.

再设还有$\sum|b_n|<+\infty$,那么

$$\sum_{n=1}^{k}|c_n| \leqslant (|a_1|+|a_2|+\cdots+|a_k|)(|b_1|+|b_2|+\cdots+|b_k|)$$

$$\leqslant \sum_{n=1}^{\infty}|a_n|\sum_{n=1}^{\infty}|b_n|<\infty,$$

从而定理的第二部分也证完.

§2 函数项级数

(函数项级数的积分和微分,一致收敛)

讨论无穷级数,主要是为了用这种“无穷项之和”来表达函数,并且利用这种表达式来解微分方程等.这时,因为要使级数的和是函数,从而级数各项本身不是固定数,而是函数.本节就是研究函数项级数的收敛与运算问题.由于考察函数项级数是为了解微分方程等,因此,除加减乘除之外,更重要的是微分和积分,而我们将看到,为了可以完成微分和积分的运算,必须对级数收敛再加一些条件.

下面讨论的变量与函数值,除特别声明以外,一般是指复数的.

定义 1 如果级数$\sum u_n(t)$的每项u_n是变数t的函数,$u_n=u_n(t)$,那么这级数叫做函数项级数.

注 由于函数项级数的各项依赖于变量t,所以谈到级数的收敛时,也要考虑在不同的t值处的收敛.换句话说,谈到$\sum u_n(t)$是否收敛时,一定会碰到这种情况,即它对某些t是收敛的,但对于另外一些又是发散的.

例 1 考察

$$\sum_{k=1}^{\infty}k!\,t^k,$$

这里$u_n(t)=n!t^n$.这级数的每项对于一切t值有定义.

注意

$$\left|\frac{u_{n+1}}{u_n}\right|=(n+1)|t|,$$

从而当 $t\neq 0$ 时,

$$\lim_{n\to\infty}\left|\frac{u_{n+1}}{u_n}\right|=+\infty,$$

即 $\sum u_n(t)$ 对于每个 $t\neq 0$ 都发散,对于 $t=0$,这级数收敛是显然的.

例 2 考察

$$1+\frac{t}{1!}+\frac{t^2}{2!}+\cdots+\frac{t^n}{n!}+\cdots,$$

这里 $u_n(t)=\frac{t^n}{n!}(n=0,1,2,\cdots)$. 于是

$$\left|\frac{u_{n+1}}{u_n}\right|=\frac{|t|}{n+1}\to 0\quad(n\to\infty)$$

对于一切 t 值成立,从而这级数对于一切 t 值收敛.

上述两个例都是比较极端的情况.

例 3 考察

$$2+\frac{1}{2}t(1-t)+\frac{1}{2}t^2(1-t)+\cdots+\frac{1}{2}t^{n-1}(1-t)+\cdots,$$

这里 $u_0=2,u_n(t)=\frac{1}{2}t^n(1-t)(n=1,2,\cdots)$. 令 $s_n(t)$ 表示级数的部分和,即

$$u_0(t)+u_1(t)+u_2(t)+\cdots+u_n(t)=s_n(t).$$

那么

$$\begin{aligned}s_{n-1}(t)&=2+\frac{1}{2}(1-t)(t+t^2+\cdots+t^{n-1})\\&=2+\frac{t}{2}-\frac{t^n}{2}.\end{aligned}$$

当 $|t|>1$ 时, $\left|\frac{t^n}{2}\right|\to\infty$, 从而 $\lim\limits_{n\to\infty}s_n(t)$ 不存在, 但当 $|t|<1$ 时, $\lim\limits_{n\to\infty}s_n(t)=2+\frac{t}{2}$. 又

$$\lim_{n\to\infty} s_n(1)=\lim_{n\to\infty}\left(2+\frac{1}{2}-\frac{1}{2}\right)=2,$$

对于绝对值等于 1 的其他复数 $e^{i\theta}$,$0<\theta<2\pi$,$e^{in\theta}=\cos n\theta+i\sin n\theta$ 不趋于任何极限,从而级数发散.于是得知,对于 $|t|<1$ 以及 $t=1$,级数收敛,而对于其他的 t 值,级数发散.

定义 2 使级数 $\sum u_n(t)$ 收敛的一切复数 t 所组成的点集叫做这个级数的收敛区域.

例 4 在上述例 1 中,收敛区域只有一个点 $\{0\}$.在例 2 中,收敛区域是整个复数平面 $|t|<\infty$.在例 3 中,收敛区域是单位圆内部 $|t|<1$ 以及圆周上一点 $t=1$.

在收敛区域 Ω 中 $\sum u_n(t)$ 成为 t 的函数,因为对于每个属于 Ω 的 t 值,$\sum u_n(t)=s(t)$ 有一确定值.我们研究级数的目的之一也正是要研究怎样用无穷级数代替一个已知函数;特别当这样代替时,为了对几个函数施行运算怎样能用相应级数的运算代替?这种要求是从解决实际问题出发的.

我们举解薄膜振动的问题为例,设薄膜是张紧在一个圆形的圈上(像平常的鼓那样).这时最好转向极坐标,原来的方程是(见第一卷第二分册第七章 § 3)

$$\frac{\partial^2 u}{\partial x^2}+\frac{\partial^2 u}{\partial y^2}=\frac{1}{a^2}\frac{\partial^2 u}{\partial t^2}.$$

化成极坐标为 $x=r\cos\theta$,$y=r\sin\theta$,这方程变成

$$\frac{1}{r}\frac{\partial}{\partial r}\left(r\frac{\partial u}{\partial r}\right)+\frac{1}{r^2}\frac{\partial^2 u}{\partial\theta^2}=\frac{1}{a^2}\frac{\partial^2 u}{\partial t^2}. \tag{1}$$

我们现设法求出方程的一个特解.为此,我们尝试把 $u=u(r,\theta,t)$ 表示成特殊形式

$$u(r,\theta,t)=R(r)\Theta(\theta)\Phi(t),$$

这里 $R(r)$,$\Theta(\theta)$,$\Phi(t)$ 都是单变量函数.代入(1)并用 $R\Theta\Phi$ 除,可得

$$\frac{a^2}{rR}\frac{\mathrm{d}}{\mathrm{d}r}\left(r\frac{\mathrm{d}R}{\mathrm{d}r}\right)+\frac{a^2}{r^2\Theta}\frac{\mathrm{d}^2\Theta}{\mathrm{d}\theta^2}=\frac{1}{\Phi}\frac{\mathrm{d}^2\Phi}{\mathrm{d}t^2}. \tag{2}$$

(2)的右边是只依赖于 t 的,而左边不依赖于 t,只依赖于 r,θ,从而为

了(2)成立,必须且只需两边都是常量.设这个常量写作$-\omega^2$,于是

(3) $$\frac{\mathrm{d}^2\Phi}{\mathrm{d}t^2}+\omega^2\Phi=0,$$

(4) $$\frac{a^2}{rR}\frac{\mathrm{d}}{\mathrm{d}r}\left(r\frac{\mathrm{d}R}{\mathrm{d}r}\right)+\frac{a^2}{r^2\Theta}\frac{\mathrm{d}^2\Theta}{\mathrm{d}\theta^2}+\omega^2=0.$$

与上述一样,为了(4)成立,必须且只需

$$r\frac{a^2}{R}\frac{\mathrm{d}}{\mathrm{d}r}\left(r\frac{\mathrm{d}R}{\mathrm{d}r}\right)+\omega^2r^2\quad 与\quad \frac{-a^2}{\Theta}\frac{\mathrm{d}^2\Theta}{\mathrm{d}\theta^2}$$

都是常量,表示作$a^2\nu^2$,于是得

(5) $$\frac{\mathrm{d}^2\Theta}{\mathrm{d}\theta^2}+\nu^2\Theta=0,$$

(6) $$r\frac{1}{R}\frac{\mathrm{d}}{\mathrm{d}r}\left(r\frac{\mathrm{d}R}{\mathrm{d}r}\right)+\frac{\omega^2}{a^2}r^2-\nu^2=0.$$

(6)可以改写成

(6′) $$r^2\frac{\mathrm{d}^2R}{\mathrm{d}r^2}+r\frac{\mathrm{d}R}{\mathrm{d}r}+\left(\frac{\omega^2}{a^2}r^2-\nu^2\right)R=0.$$

(3)和(5)都是我们已经熟悉了的(第一卷第一分册第四章§5).但为了解(6′),问题就比较复杂.事实上,(6′)的解不可能用初等函数表达.如果R可以表示作r的多项式,那么,写作

$$R=a_0+a_1r+a_2r^2+\cdots+a_nr^n,$$

代入(6′),就可以定出这些系数$a_0,a_1,\cdots,a_n$来(比较r的同次幂的系数).但这里R不是x的多项式.为此,我们试图用无穷级数表达R.

为简单起见,令$\frac{\omega}{a}r=x$,$R(r)\equiv v(x)$,于是(6′)可以写作标准的形式

(7) $$x^2v''+xv'+(x^2-\nu^2)v=0.$$

为了防止简单的无穷级数$a_0+a_1x+a_2x^2+\cdots$过于限制,我们试令

(8) $$v=\sum_{k=0}^{\infty}a_kx^{k+m}.$$

假定对(8)可以像对多项式那样逐项取微商,那么把(8)代入(7),加以整理,可得

$$\sum_{k=0}^{\infty}[(k+m)^2-\nu^2]a_k x^{k+m}+\sum_{k=0}^{\infty}a_k x^{k+m+2}=0.$$

这式又可以化成

(9)
$$(m^2-\nu^2)a_0x^m+[(m+1)^2-\nu^2]a_1x^{m+1}+$$
$$\sum_{k=2}^{\infty}\{[(k+m)^2-\nu^2]a_k+a_{n-2}\}x^{k+m}=0.$$

为了(9)对于 x 的任意值成立,必须各次幂的系数是 0.特别

$$(m^2-\nu^2)a_0=0.$$

如果设 $a_0\neq 0$,就得 $m=\pm\nu$.又

$$[(m+1)^2-\nu^2]a_1=0,$$

从而由 m 的已定值可得 $a_1=0$.最后,由(9)得

$$a_k=-\frac{a_{k-2}}{(k+m)^2-\nu^2},\quad k=2,3,\cdots,$$

把 $m=\pm\nu$ 代入,得

(10)
$$a_k=-\frac{a_{k-2}}{k(k\pm 2\nu)},\quad k=2,3,\cdots.$$

(10)叫做递推关系,因为由它以及 a_0,a_1 的值就可以递推得出 $a_2,a_3,\cdots$ 的值来.既然 $a_1=0$,所以凡带奇数标号 k 的 a_k 也等于 0.于是,对应着 $m=\nu$ 这个值,可得

$$a_2=-\frac{a_0}{2(2\nu+2)},$$

$$a_4=-\frac{a_2}{4(2\nu+4)}=\frac{a_0}{2\cdot 4(2\nu+2)(2\nu+4)},\cdots,$$

于是最后得出

(11)
$$v(x)=a_0x^{\nu}\left[1-\frac{x^2}{2(2\nu+2)}+\frac{x^4}{2\cdot 4(2\nu+2)(2\nu+4)}-\cdots\right],$$

这里 ν 必须不是负整数.这个函数并不是初等函数.特别取

$$a_0=\frac{1}{2^{\nu}\Gamma(\nu+1)},$$

$\Gamma(\nu+1)$ 是伽马函数,于是得出函数

(12) $$\mathrm{J}_{\nu}(x)=\sum_{k=0}^{\infty}\frac{(-1)^k}{k!\ \Gamma(\nu+k+1)}\left(\frac{x}{2}\right)^{\nu+2k},$$

$\mathrm{J}_{\nu}(x)$叫做ν阶的第一类贝塞尔(Bessel)函数.把$\mathrm{J}_{\nu}(x)$的无穷级数表达式(12)代入原方程(7),就可以验证$\mathrm{J}_{\nu}(x)$确实是(7)的解.当然上述方法有一点尚未说明,就是求$\mathrm{J}_{\nu}(x)$的微商时,把(12)右边的无穷和当作有穷和一样逐项求微商,是否合理呢?

一般提出这样的问题:等式

(13) $$\frac{\mathrm{d}}{\mathrm{d}t}\sum_{n=1}^{\infty}u_n(t)=\sum_{n=1}^{\infty}\frac{\mathrm{d}}{\mathrm{d}t}u_n(t),$$

(14) $$\int_a^b\left[\sum_{n=1}^{\infty}u_n(t)\right]\mathrm{d}t=\sum_{n=1}^{\infty}\int_a^b u_n(t)\,\mathrm{d}t$$

是否正确呢?注意求微商与求积分都是极限过程,而求无穷级数的和也是极限过程,从而(13),(14)都是双重极限问题,即两次取极限,次序是否可以颠倒?下面将举例说明,即使$u_n(t)$都是连续函数,$\sum u_n(t)$在收敛区域中也未必是连续函数,而(13),(14)都未必成立.

例5 在例3中,级数的和所表达的函数是

$$s(t)=\begin{cases}2+\dfrac{t}{2}, & -1<t<1,\\ 2, & t=1,\end{cases}$$

函数$s(t)$在$t=1$处不连续,但级数的每项$u_n(t)=\dfrac{1}{2}t^n(1-t)$却都是连续的.

例6 考察$\sum u_n(t)$,$u_0(t)=t-t^2$,$u_n(t)=[t^{n+1}-t^{2(n+1)}]-(t^n-t^{2n})$ $(n=1,2,\cdots)$,那么当$0\leqslant t\leqslant 1$时,

$$\begin{aligned}s_n(t)&=(t-t^2)+[(t^2-t^4)-(t-t^2)]+\cdots+[(t^{n+1}-t^{2(n+1)})-(t^n-t^{2n})]\\&=t^{n+1}-t^{2(n+1)}\to 0\quad(n\to\infty),\end{aligned}$$

从而级数的和$s(t)\equiv 0$.又

$$\begin{aligned}\sum_{k=0}^{n}\int_0^1 u_k(t)\mathrm{d}t&=\int_0^1\sum_{k=0}^{n}u_k(t)\mathrm{d}t=\int_0^1 s_n(t)\,\mathrm{d}t\\&=\frac{1}{n+2}-\frac{1}{2(n+1)+1}=\frac{n+1}{(n+2)(2n+3)},\end{aligned}$$

从而

$$\sum_{k=0}^{\infty}\int_0^1 u_k(t)\,\mathrm{d}t = \lim_{n\to\infty}\sum_{k=0}^{n}\int_0^1 u_k(t)\,\mathrm{d}t$$

$$= \lim_{n\to\infty}\frac{n+1}{(n+2)(2n+3)} = 0.$$

在这个例中,(14)是对的.

例 7 考察

$$(t-t^2)+[2(t^2-t^4)-(t-t^2)]+[3(t^3-t^6)-2(t^2-t^4)]+\cdots,$$

这时

$$u_n(t)=n(t^n-t^{2n})-(n-1)(t^{n-1}-t^{2n-2}),\quad n=1,2,\cdots,$$

这时

$$s_n(t)=u_1(t)+u_2(t)+\cdots+u_n(t)=n(t^n-t^{2n}).$$

对于 $t=0$ 或 1, $s_n(t)=0$,从而 $s_n(t)=\lim\limits_{n\to\infty}s_n(t)=0$. 设 $0<t<1$,那么

$$s_n(t)=nt^n(1-t^n)<nt^n,$$

因而 $s_n(t)\to 0(n\to\infty)$. 于是 $s(t)=0$ 对每个满足 $0\leqslant t\leqslant 1$ 的 t 成立. 由此可知

$$\int_0^1 s(t)\,\mathrm{d}t = 0.$$

另一方面,

$$\sum_{k=1}^{n}\int_0^1 u_k(t)\,\mathrm{d}t = \int_0^1\sum_{k=1}^{n}u_k(t)\,\mathrm{d}t$$

$$=\int_0^1 s_n(t)\,\mathrm{d}t = n\int_0^1(t^n - t^{2n})\,\mathrm{d}t$$

$$=n\left(\frac{t^{n+1}}{n+1}-\frac{t^{2n+1}}{2n+1}\right)\Bigg|_0^1 = n\left(\frac{1}{n+1}-\frac{1}{2n+1}\right)$$

$$=\frac{n^2}{(n+1)(2n+1)},$$

从而上式当 $n\to\infty$ 时的极限为

$$\lim_{n\to\infty}\frac{n^2}{(n+1)(2n+1)}=\frac{1}{2}.$$

由此可知,对于这个例中的级数,(14)不成立.

由以上诸例可以看出,为了考虑函数项级数的连续性或对于它施行分析上的运算(例如积分),只用级数收敛概念还是不够的!我们再分析一下以上几个例.

在例 5 中,虽然每个函数 $u_n(t)$ 连续,但由图 11.2 可以看出 $s_n(t)=\sum\limits_{k=1}^{n}u_k(t)$(也是连续的)在 $t=1$ 附近变化愈来愈骤然,从而在 $t=1$ 处极限函数 $s(t)$ 发生了间断!更仔细地看一下,这时用 $s_n(t)$ 近似 $s(t)$ 时,误差 $R_n(t)$ 是

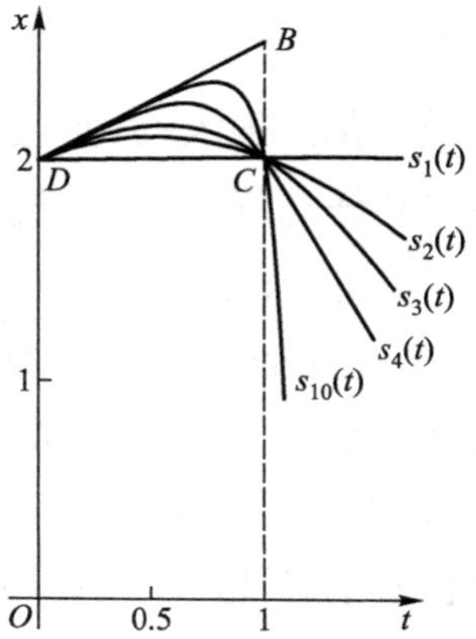

图 11.2

$$R_n(t)=s(t)-s_n(t)=\frac{1}{2}t^n,\quad 0\leqslant t<1,$$

$$R_n(1)=\left(\frac{t}{2}-\frac{t^n}{2}\right)\bigg|_{t=1}=0.$$

从而误差 $R_n(t)$ 随 t 变化,并且对于较小的 t 与较大的 t,这误差相差很大,即 $R_n(t)$ 对小的 t 趋于零较快,而对大的 t 趋于零较慢.例如当要求 $R_n(t)$ 不超过小数第 1 位之半个单位时,即要求 $|R_n(t)|<\frac{1}{2}\times 0.1$ 时,对于 $t=0.3$,只需取 $n=2$,即

$$|R_2(0.3)|=\frac{1}{2}\times 0.09<\frac{1}{2}\times 0.1.$$

但对于 $t=0.4$,至少要取 $n=3$,即

$$|R_3(0.4)|=\frac{1}{2}\times(0.4)^3\approx\frac{1}{2}\times 0.06<\frac{1}{2}\times 0.1,$$

因为

$$|R_2(0.4)|=\frac{1}{2}\times 0.16>\frac{1}{2}\times 0.1.$$

又对于 $t=0.5$,必须取 $n=4$,对于 $t=0.6$,必须取 $n=5$,对于 $t=0.8$,必须取 $n=11$……一般说来,无论取 n 多么大,一旦取定,由于 $\lim\limits_{t\to 1}t^n=1$,可以取 t 足够接近于 1,使

$$R_n(t)=\frac{1}{2}t^n>\frac{1}{2}\times 0.1.$$

由此可知，根本没有办法取同一个 n_0，使当 $n\geqslant n_0$ 时，对于一切 t，$|R_n(t)|<\frac{1}{2}\times 0.1$ 都成立.换句话说，级数在 0 与 1 之间的各 t 值，收敛快慢变化是很大的，而且取适当的两个 t 值，在这两个值处收敛快慢可以相差到任意程度（见前例）.

在求积分的例 7 中情况也相仿，在每个 t 值处，不难看出当 n 足够大，就可使 $s_n(t)$ 的值任意接近于 0.但从面积看来，使 $s_n(t)$ 很大的 t 值在 $[0,1]$ 中所占比重愈来愈小，所以 $s_n(t)$ 所包的面积却并不趋于 0，因为在 t 的那些值处 $s_n(t)$ 变得非常大.这里也可以看出，在不同的 t 值处，$s_n(t)$ 趋于 0 的快慢很不相同，为了 $|s_n(t)|<\varepsilon$，即 $nt^n<\varepsilon$，例如 $nt^n<0.01$，对于 $t=0.1$，必须取 $n=3$，而对于 $t=0.9$，则要取 n 近于 100（图 11.3）.

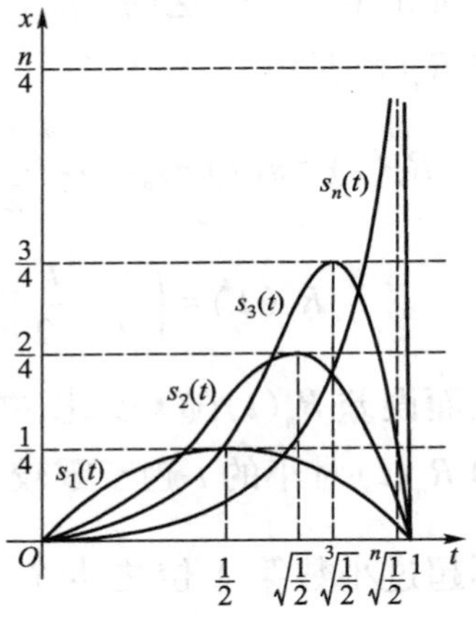

图 11.3

由前面例看出，这几个例所以引起麻烦，在于级数收敛的快慢随 t 变化很快，我们要求收敛在各点处有共同的快慢，为此引入

定义 3 级数 $\sum u_n(t)$ 叫做在区域 $\mathscr{D}$ 上一致收敛于它的和 $s(t)$，是指对于每个 $\varepsilon>0$，必存在正整数 $N=N(\varepsilon)$，使得当 $n\geqslant N$ 时，必然对于 $\mathscr{D}$ 中的一切 t，有

$$|R_n(t)|<\varepsilon,$$

这里

$$R_n(t)=s(t)-s_n(t)=\sum_{k=n+1}^{\infty}u_k(t).$$

检验级数一致收敛性的一个常用准则可以陈述如下：

定理 1 如果有一收敛正项级数 $\sum a_n$，使函数项级数 $\sum u_n(t)$ 的每一项在所论的区域 $\mathscr{D}$ 中的每个 t 处满足关系

$$|u_n(t)|\leqslant a_n,$$

那么$\sum u_n(t)$在区域$\mathscr{D}$中一致收敛.

证 既然$\sum a_n$是收敛的,故对任给$\varepsilon>0$,可找出一$n_0(\varepsilon)$,只要$n\geqslant n_0$而不论p是什么样的正整数,有

$$a_{n+1}+a_{n+2}+\cdots+a_{n+p}<\varepsilon.$$

于是对于所论区域中的一切t值,当$n\geqslant n_0$时,

$$\begin{aligned}|s_{n+p}(t)-s_n(t)|&=|u_{n+1}(t)+u_{n+2}(t)+\cdots+u_{n+p}(t)|\\&\leqslant|u_{n+1}(t)|+|u_{n+2}(t)|+\cdots+|u_{n+p}(t)|\\&\leqslant a_{n+1}+a_{n+2}+\cdots+a_{n+p}<\varepsilon.\end{aligned}$$

而这对于任意p都成立,从而令$p\to\infty$,得

$$|R_n(t)|\leqslant\varepsilon\quad(n\geqslant n_0),$$

这正是一致收敛性的定义.证完.

例 8 考察级数

$$\sum_{k=1}^{\infty}(-1)^n\frac{\cos nt}{n^2}.$$

因$|\cos nt|\leqslant 1$而级数$\sum\frac{1}{n^2}<+\infty$,依上述定理所给的函数项级数在数直线$-\infty<t<+\infty$上一致收敛.

定理 2 如果一致收敛的函数项级数的每一项$u_n(t)$在所论区域中是连续函数,级数的和也是连续的.

证 令

$$s_n(t)=\sum_{k=1}^{n}u_k(t),\quad s(t)=\sum_{k=1}^{\infty}u_k(t).$$

考察所论区域中的一点t_0.我们要证明对于任意$\varepsilon>0$,必存在一个正数$\delta=\delta(\varepsilon)$,使当$|t-t_0|<\delta$时,必有

$$|s(t)-s(t_0)|<\varepsilon.$$

但既然已知$s_n(t)$是连续的,我们写成

$$(15)\quad |s(t)-s(t_0)|\leqslant|s(t)-s_n(t)|+|s_n(t)-s_n(t_0)|+|s_n(t_0)-s(t_0)|.$$

利用$s_n(t)$一致收敛于$s(t)$这一事实,可取N足够大,使对于$n\geqslant N$,$|s(t)-s_n(t)|<\frac{\varepsilon}{3}$对于所论区域中的每个$t$成立,$N$既选定,利用

$s_N(t)$的连续性,可选$\delta=\delta(\varepsilon)$,使对于满足$|t-t_0|<\delta$的$t$,必有$|s_N(t)-s_N(t_0)|<\frac{\varepsilon}{3}$.于是由(15)(用$N$代替$n$)便得:当$|t-t_0|<\delta$时,有$|s(t)-s(t_0)|<\varepsilon$.证完.

例 9 考察(12)中的级数.比较它的第k项和第$k-1$项,注意$\Gamma(\alpha+1)=\alpha\Gamma(\alpha)$,可知

$$\frac{|u_k|}{|u_{k-1}|}=\frac{1}{k(\nu+k)}\frac{|x|^2}{2^2}\to 0$$

对于任意x成立,从而(12)在全复平面上是收敛的.对于任意正数a,

$$\sum_{k=0}^{\infty}\frac{1}{k!\ \Gamma(\nu+k+1)}\left(\frac{a}{2}\right)^{\nu+2k}$$

是收敛的,从而依定理1,级数(12)在任意有穷区域$|x|\leqslant a$中一致收敛.如果$\nu>0$,每一项$x^{\nu+2k}$是连续函数,从而$\mathrm{J}_\nu(x)$当$\nu>0$时在平面的每个有穷部分必是连续函数.

对于逐项积分的问题,条件并不复杂.

定理 3 一致收敛的级数可以逐项积分.更确切地说,如果级数$\sum u_n(t)$在可求长曲线L上一致收敛于$s(t)$,而设每一项$u_n(t)$在L上是连续的,那么对于L上任意两点a,z,级数

$$\sum_{i=1}^{\infty}\int_{L\,a}^{z}u_i(\zeta)\,\mathrm{d}\zeta\ ①$$

对于L上的z是一致收敛的,并且等于

$$\int_{L\,a}^{z}s(\zeta)\,\mathrm{d}\zeta,$$

换句话说:一致地有

$$\int_{L\,a}^{z}\left[\sum_{i=1}^{\infty}u_i(\zeta)\right]\mathrm{d}\zeta=\sum_{i=1}^{\infty}\int_{L\,a}^{z}u_i(\zeta)\,\mathrm{d}\zeta.$$

证 我们要证明,对于每个$\varepsilon>0$,必存在正整数N,使当$n\geqslant N$时,

---

① 这里记号$\int_{L\,a}^{z}f(\zeta)\,\mathrm{d}\zeta$表示$f(\zeta)$沿$L$由$a$到$z$所取的线积分.在证明中,由于$L$固定,我们有时在记号中略去$L$而只写作$\int_a^z$.

对于 L 上的每个 z,必有

$$\left|\int_{L\ a}^{z} s(\zeta)\,\mathrm{d}\zeta-\sum_{i=1}^{n}\int_{L\ a}^{z} u_i(\zeta)\,\mathrm{d}\zeta\right|<\varepsilon.$$

但注意

$$\left|\int_{L\ a}^{z} s(\zeta)\,\mathrm{d}\zeta-\sum_{i=1}^{n}\int_{L\ a}^{z} u_i(\zeta)\,\mathrm{d}\zeta\right|=\left|\int_{L\ a}^{z}[s(\zeta)-s_n(\zeta)]\,\mathrm{d}\zeta\right|$$

$$\leqslant\int_{L\ a}^{z}|s(\zeta)-s_n(\zeta)|\,|\mathrm{d}\zeta|.$$

首先取 N 足够大,使当 $n\geqslant N$ 时,对于 L 上的一切 ζ,

$$|s(\zeta)-s_n(\zeta)|<\frac{\varepsilon}{l},$$

这里 l 表示 L 的长.那么

$$\left|\int_{L\ a}^{z} s(\zeta)\,\mathrm{d}\zeta-\sum_{i=1}^{n}\int_{L\ a}^{z} u_i(\zeta)\,\mathrm{d}\zeta\right|\leqslant\frac{\varepsilon}{l}\cdot l=\varepsilon.$$

这正是所要证的.

例 10 考察级数

(16) $$1+2t+3t^2+\cdots+nt^{n-1}+\cdots.$$

在闭区间$[0,q]$上考察这级数,这里设 $0<q<1$.与级数

(17) $$1+2q+3q^2+\cdots+nq^{n-1}+\cdots$$

比较.注意(17)是收敛正项级数,因为

$$\lim_{n\to\infty}\frac{(n+1)q^n}{nq^{n-1}}=q<1.$$

于是依定理 1,(16)是一致收敛的.把(16)在$[0,q]$上逐项积分,用 $s(t)$表示(16)之和,得出

$$\int_0^q s(t)\,\mathrm{d}t=\int_0^q 1\cdot\mathrm{d}t+\int_0^q 2t^2\mathrm{d}t+\int_0^q 3t^2\mathrm{d}t+\cdots+\int_0^q nt^{n+1}\mathrm{d}t+\cdots$$

$$=q+q^2+q^3+\cdots+q^n+\cdots=\frac{q}{1-q}.$$

关于级数的微商问题,较为复杂.甚至当级数 $\sum u_n(t)$ 一致收敛于 $s(t)$时,$\sum u_n'(t)$ 也未必收敛.

例 11 考察级数

$$\sin t+\frac{\sin 2^4t}{2^2}+\cdots+\frac{\sin n^4t}{n^2}+\cdots,$$

这级数显然在全数直线上一致收敛，因为它的每项按绝对值不超过收敛级数$\sum\frac{1}{n^2}$的相应项.如果把这级数逐项微分，得出级数

$$\cos t+2^2\cos 2^4t+\cdots+n^2\cos n^4t+\cdots,$$

而这一级数在 $t=0$ 或 $k\pi$ 处($k=1,2,\cdots$)发散.

保证逐项微分的一个定理是

定理 4 设函数项级数$\sum u_n(t)$在区域 $\mathscr{D}$ 上收敛，并且每项的微商 $u_n'(t)$ 在 $\mathscr{D}$ 中连续.如果$\sum u_n'(t)$在 $\mathscr{D}$ 上一致收敛，而对于每个 n，在 $\mathscr{D}$ 中取的积分

$$\int_{L\ a}^{\tau} u_n'(t)\,\mathrm{d}t=u_n(\tau)-u_n(a)$$

与积分路径 L 无关，那么$\sum u_n'(t)$在 $\mathscr{D}$ 上收敛于 $s(t)=\sum u_n(t)$ 的微商，即

$$\sum_{n=1}^{\infty}u_n'(t)=\left[\sum_{n=1}^{\infty}u_n(t)\right]',\tag{18}$$

(18)就是逐项微分的公式.

证 依定理 3 以及这里的已知条件，对于 $\mathscr{D}$ 中任意可求长曲线 L，

$$\sum_{n=1}^{\infty}\int_{L\ a}^{\tau}u_n'(t)\,\mathrm{d}t$$

对于 L 上的一切点 τ 是一致收敛的，并且当

$$v(t)=\sum_{n=1}^{\infty}u_n'(t)$$

时，必有

$$\sum_{n=1}^{\infty}\int_{L\ a}^{\tau}u_n'(t)\,\mathrm{d}t=\int_a^{\tau}v(t)\,\mathrm{d}t,\quad \tau\in L.$$

既然设 $u_n'(t)$ 在 L 上连续，并且积分$\int_{L\ a}^{\tau}u_n'(t)\,\mathrm{d}t$与路径无关，必然有

$$\int_{L\ a}^{\tau}u_n'(t)\,\mathrm{d}t=u_n(\tau)-u_n(a),$$

从而

$$\sum_{n=1}^{\infty}\int_{L\,a}^{\tau}u_n'(t)\,\mathrm{d}t=\sum_{n=1}^{\infty}u_n(\tau)-\sum_{n=1}^{\infty}u_n(a)=s(\tau)-s(a).$$

于是得

$$\int_{L\,a}^{\tau}v(t)\,\mathrm{d}t=s(\tau)-s(a).$$

既然 $u_n'(\tau)$ 连续并且 $\sum u_n'(\tau)$ 一致收敛，$v(t)$ 也是连续的，从而

$$v(\tau)=\left[\int_{L\,a}^{\tau}v(t)\,\mathrm{d}t\right]'=s'(\tau).$$

证完.

注 逐项积分的定理用部分和 $s_n(t)=\sum_{k=1}^{n}u_k(t)$ 表达，便取得如下形式：

$$\lim_{n\to\infty}\int_a^b s_n(t)\,\mathrm{d}t=\int_a^b\lim_{n\to\infty}s_n(t)\,\mathrm{d}t.$$

这叫做在积分号下取极限——依定理 3，这在 $s_n(t)$ 一致收敛于 $s(t)=\sum_{n=1}^{\infty}u_n(t)$ 时是可能的.同理定理 4 可以表达成

$$\lim_{n\to\infty}\frac{\mathrm{d}}{\mathrm{d}t}s_n(t)=\frac{\mathrm{d}}{\mathrm{d}t}\left[\lim_{n\to\infty}s_n(t)\right].$$

关于函数的级数表示在解微分方程方面的应用，将在本章 §4 中专门讨论.这里只谈一个问题.即已知一无穷级数，怎样求出它的和来，或把它的和表示成一个熟知的函数（例如初等函数），往往是不简单的.利用级数的积分和微分法则，对于求和是有帮助的.

例 12 试考察级数

$$x-\frac{x^2}{2}+\frac{x^3}{3}-\cdots+(-1)^{n-1}\frac{x^n}{n}+\cdots. \tag{19}$$

对于满足 $0<q<1$ 的任意实数，因为

$$\left|\frac{q^n/n}{q^{n-1}/(n-1)}\right|=\frac{n-1}{n}q\to q,$$

所以级数

$$q-\frac{q^2}{2}+\frac{q^3}{3}-\cdots+(-1)^{n-1}\frac{q^n}{n}+\cdots$$

收敛.由此可知级数(19)对于 $|x|\leqslant q$ 一致收敛.把(19)逐项微分,得级数

(20) $$1-x+x^2-x^3+\cdots+(-1)^{n-1}x^{n-1}+\cdots,$$

而这级数(20)在 $|x|\leqslant q$ 中也一致收敛.但由熟知的等比级数的知识,可知(20)在 $|x|\leqslant q$ 中表示函数

$$\frac{1}{1+x},$$

于是依定理 4,级数(19)在 $|x|\leqslant q$ 中表示函数

$$\int_0^x \frac{1}{1+t}\mathrm{d}t=\ln(1+x).$$

q 既是满足 $0<q<1$ 的任意数,可知对于满足 $|x|<1$ 的一切 x,有

$$\ln(1+x)=x-\frac{x^2}{2}+\frac{x^3}{3}-\cdots+(-1)^{n-1}\frac{x^n}{n}+\cdots.$$

§3 幂级数和函数的幂级数展开

最简单的一种函数级数乃是幂级数,即它的第 $n+1$ 项乃是主变量 x 的 n 次幂.这乃是多项式的最简单的推广.

定义 1 形如

(1) $$a_0+a_1x+a_2x^2+\cdots+a_nx^n+\cdots,$$

或更一般些,形如

(2) $$a_0+a_1(x-x_0)+a_2(x-x_0)^2+\cdots+a_n(x-x_0)^n+\cdots$$

的函数级数(x_0 是常数)叫做幂级数.(1)叫做按 x 展开的,(2)叫做按 $x-x_0$ 展开的,$a_0,a_1,a_2,\cdots$叫做幂级数的系数.

幂级数,犹如一般的函数级数一样,一般只在变量 x 的一定范围内收敛.举几个例.

例 1 $1+\sum\limits_{n=1}^{\infty}\frac{x^n}{n^2}$. 当 $|x|\leqslant 1$ 时,与收敛级数 $\sum\frac{1}{n^2}$ 比较可知它是收敛的;当 $|x|>1$ 时,因

$$\lim_{n\to\infty}\frac{|x|^n}{n^2}=+\infty,$$

从而级数是发散的.

例 2 $1+\sum_{n=1}^{\infty}(-1)^n\frac{x^n}{n}$. 当 $|x|<1$ 时,级数收敛;当 $|x|>1$ 时,它发散,这也用

$$\lim_{n\to\infty}\frac{|x|^n}{n}=+\infty$$

来证明.当 $x=1$ 时,依§1 可知级数收敛,而当 $x=-1$ 时,级数发散.

利用例 1、例 2 中的方法可以证明一般的定理:

定理 1 考察幂级数 $\sum_{n=1}^{\infty}a_nx^n$. 设

$$\rho=\lim_{n\to\infty}\left|\frac{a_n}{a_{n+1}}\right| \tag{3}$$

存在或为$+\infty$,那么当 $|x|<\rho$ 时,级数收敛,而当 $|x|>\rho$ 时,级数发散.

证 用

$$\lim_{n\to\infty}\frac{|a_{n+1}x^{n+1}|}{|a_nx^n|}=\lim_{n\to\infty}|x|\left|\frac{a_{n+1}}{a_n}\right|=\frac{|x|}{\rho},$$

从而当 $|x|<\rho$ 时级数收敛,而当 $|x|>\rho$ 时,级数发散.

定义 2 定理 1 中的 ρ(如果存在)叫做幂级数(1)的收敛半径,而 $|x|<\rho$ 叫做级数(1)的收敛圆.

注 幂级数在它的收敛圆内一定收敛,在这圆之外幂级数必然发散.至于在 $|x|=\rho$,则要根据各具体情况考察.

在§2 的例中,例 1 中收敛半径是 0,例 2 中收敛半径则是∞.在本节例 1 与例 2 中收敛半径$=1$,在例 1 中收敛区域是单位圆 $|x|\leqslant 1$.

定理 2 在幂级数 $\sum\alpha_nx^n$ 的收敛区域 $|x|<\rho$ 中的每个圆 $|x|<a$ 上,$\sum\alpha_nx^n$ 必绝对且一致收敛.

证 设 $|x|<a$ 是 $\sum\alpha_nx^n$ 的收敛区域 $|x|<\rho$ 中的一个圆,那么依定义,

$$\lim_{n\to\infty}\left|\frac{\alpha_{n+1}a^{n+1}}{\alpha_na^n}\right|=\frac{a}{\rho}<1,$$

从而级数$\sum \alpha_n x^n$一致且绝对收敛，而一致性可借与正项级数$\sum \alpha_n a^n$比较看出.

由无穷级数的相加相减的命题可以推断:

1° 当幂级数$\sum \alpha_n x^n$与$\sum \beta_n x^n$在区域$\mathscr{D}$中都是收敛的，那么它们的和或差在$\mathscr{D}$中都仍是收敛的，和(差)的每项等于原来两级数的相应项之和(差).

例 3
$$\frac{1}{2}\left\{\left(1+x+\frac{x^2}{2!}+\frac{x^3}{3!}+\cdots+\frac{x^n}{n!}+\cdots\right)+\left[1-x+\frac{x^2}{2!}-\frac{x^3}{3!}+\cdots+(-1)^n\frac{x^n}{n!}+\cdots\right]\right\}$$
$$=1+\frac{x^2}{2!}+\frac{x^4}{4!}+\cdots=\frac{1}{2}\sum_{n=0}^{\infty}\left[1+(-1)^n\right]\frac{x^n}{n!}.$$

2° 如果幂级数$\sum \alpha_n x^n$与$\sum \beta_n x^n$都在区域$|x|<a$中收敛，那么按多项式相乘而得出的幂级数

$$\sum_{n=0}^{\infty}(\alpha_0\beta_n+\alpha_1\beta_{n-1}+\cdots+\alpha_n\beta_0)x^n$$

仍在$|x|<a$中收敛.

例 4
$$\left(1+x+\frac{x^2}{2!}+\frac{x^3}{3!}+\cdots+\frac{x^n}{n!}+\cdots\right)\times\left[1-\frac{x^2}{2!}+\frac{x^4}{4!}+\cdots+(-1)^n\frac{x^{2n}}{(2n)!}+\cdots\right]$$
$$=1+x-\frac{1}{3}x^3-\frac{1}{6}x^4-\frac{1}{30}x^5+\frac{1}{630}x^7+\cdots.$$

例 5 $1+x+\frac{x^2}{2!}+\frac{x^3}{3!}+\cdots+\frac{x^n}{n!}+\cdots$在整个数平面上绝对收敛.设它的和表示成$\exp x$.那么

$$\exp x\cdot\exp y=\left(1+x+\frac{x^2}{2!}+\cdots+\frac{x^n}{n!}+\cdots\right)\times\left(1+y+\frac{y^2}{2!}+\cdots+\frac{y^n}{n!}+\cdots\right)$$

$$
\begin{aligned}
&=1+(x+y)+\frac{1}{2!}(x^2+2xy+y^2)+\cdots+\\
&\quad\frac{1}{n!}\left[x^n+\frac{n!}{1!\ (n-1)!}x^{n-1}y+\cdots+\right.\\
&\quad\left.\frac{n!}{k!\ (n-k)!}x^{n-k}y^k+\cdots+y^n\right]+\cdots\\
&=1+(x+y)+\frac{1}{2!}(x+y)^2+\cdots+\frac{1}{n!}(x+y)^n+\cdots\\
&=\exp(x+y),
\end{aligned}
$$

这个等式对于任意复数 x,y 都成立.

3° 如果幂级数 $\sum a_nx^n$ 与 $\sum b_nx^n$ 在一区域 $|x|<a$ 中收敛,那么商可以用多项式的除法求得,如果 $b_0\neq 0$.

这时

$$
\frac{\sum\limits_{n=0}^{\infty}a_nx^n}{\sum\limits_{n=0}^{\infty}b_nx^n}=\frac{a_0}{b_0}+\frac{a_1b_0-a_0b_1}{b_0^2}x+\frac{a_2b_0^2-a_1b_0b_1-a_0b_0b_2+a_0b_1^2}{b_0^3}x^2+\cdots.
$$

例 6 $\left(x+\frac{x^3}{3!}+\frac{x^5}{5!}+\frac{x^7}{7!}+\cdots\right)\div\left(1+\frac{x^2}{2!}+\frac{x^4}{4!}+\frac{x^6}{6!}+\cdots\right)$

$$
=x-\frac{1}{3}x^3+\frac{2}{15}x^5+\cdots.
$$

这里除的与被除的幂级数都在整个数平面上收敛,但除出来的商级数却只在 $|x|<\frac{\pi}{2}$ 时收敛(证明从略).

4° 幂级数的微分与积分.设级数 $\sum a_nx^n$ 的收敛半径是 ρ.由于 $x^n(n>0)$ 在 $|x|<\rho$ 中是解析函数,它在 $|x|<\rho$ 中沿任意可求长曲线的积分与积分线路无关,而只依赖于线路的端点,从而由 0 到 x 积分后,得出新的幂级数

$$
a_0x+\frac{a_1}{2}x^2+\frac{a_2}{3}x^3+\cdots+\frac{a_n}{n+1}x^{n+1}+\cdots. \tag{4}
$$

由于幂级数在收敛圆内的任何圆内一致收敛,从而对于满足 $|x|<\rho$ 的

任意复数 x，级数 $\sum a_n t^n$ 的每项是连续函数且在 $|t| \leqslant |x|$ 中一致收敛，从而上述的逐项积分是合理的. 同理，如果把所给的级数逐项微分，得级数

$$(5) \qquad a_1+2a_2x+3a_3x^2+\cdots+na_nx^{n-1}+\cdots.$$

这个级数的收敛半径是

$$\lim_{n\to\infty}\left|\frac{na_n}{(n+1)a_{n+1}}\right|=\lim_{n\to\infty}\left|\frac{a_n}{a_{n+1}}\right|=\rho,$$

与原来级数 $\sum a_n x^n$ 的收敛半径相同. 因此，对于满足 $0<\rho_1<\rho$ 的任意数 ρ_1，级数(5)在 $|x| \leqslant \rho_1$ 中一致收敛，从而逐项微分是合理的. 设级数 $\sum a_n x^n$ 在它的收敛圆内表示一个函数 $f(x)$，那么在收敛圆内 $|x|<\rho$ 的任意点处，

$$f'(x)=\sum_{n=1}^{\infty} na_nx^{n-1}.$$

这个 $f'(x)$ 在 $|x|<\rho$ 中仍是幂级数，从而(5)仍可以逐项微分，得到

$$f''(x)=\sum_{n=2}^{\infty} n(n-1)a_nx^{n-2}.$$

继续下去，可知由一幂级数在它的收敛圆内所表示的函数具有各阶微商，并且这些微商仍用幂级数表示，这些幂级数可以由原来的幂级数逐步逐项微分得出，而所有这些幂级数具有同样的收敛半径. 由此可以看出

$$f(0)=a_0, \quad f'(0)=a_1, \quad f''(0)=2a_2, \quad \cdots,$$
$$f^{(n)}(0)=n!a_n.$$

于是得知，在 $\sum a_n x^n$ 的收敛圆内，这级数也可以表示成

$$(6) \quad f(x)=f(0)+\frac{f'(0)}{1!}x+\frac{f''(0)}{2!}x^2+\cdots+\frac{f^{(n)}(0)}{n!}x^n+\cdots, \qquad |x|<\rho.$$

更一般些，幂级数

$$a_0+a_1(x-x_0)+a_2(x-x_0)^2+\cdots+a_n(x-x_0)^n+\cdots$$

在它的收敛圆内表示一个函数 $f(x)$，这个函数在收敛圆内有各阶微商，并且

$$f^{(n)}(x_0)=n!a_n.$$

于是在收敛圆内，有

$$(7) \qquad f(x)=f(x_0)+\frac{f'(x_0)}{1!}(x-x_0)+\frac{f''(x_0)}{2!}(x-x_0)^2+\cdots+$$

$$\frac{f^{(n)}(x_0)}{n!}(x-x_0)^n+\cdots.$$

(6),(7)各叫做$f(x)$环绕原点 0 与点 x_0 的幂级数展开①.我们现在反过来看,给定一个函数$f(x)$,它是否能在某点 x_0 处展成 $x-x_0$ 的幂级数呢? 如果可能 ,这个级数,除极端不足道的情形外,都有大于零的收敛半径,从而在这个收敛圆内,这幂级数一定取得(7)的形式.因此,为了$f(x)$在 x_0 附近能有幂级数展开,它必然具有各阶微商.在本章引言中已经指出,具有各阶微商的函数不一定能够用幂级数表示.由微分学已知,对于实变量的函数$f(t)$,如果它在某区间$|t-t_0|<\rho$中有直到 $n+1$ 阶微商,那么对于这区间中任意数 t,必存在一数 ξ,位于 t 与 t_0 之间,使得

$$f(t)=f(t_0)+\frac{f'(t_0)}{1!}(t-t_0)+\frac{f''(t_0)}{2!}(t-t_0)^2+\cdots+\frac{f^{(n)}(t_0)}{n!}(t-t_0)^n+\frac{f^{(n+1)}(\xi)}{(n+1)!}(t-t_0)^{n+1}. \tag{8}$$

因此,对于在$|t-t_0|<\rho$中有任意阶微商的函数$f(t)$,为了证明$f(t)$能有幂级数展开(7),只需证明(8)中的余项

$$R_n(t)=\frac{f^{(n+1)}(\xi)}{(n+1)!}(t-t_0)^{n+1}$$

随 $n\to\infty$ 而趋于 0.下面考虑一些常见的初等函数.

例 7 考察函数 e^x.由于对一切实数 x,

$$\frac{d^n}{dx^n}e^x=e^x,$$

而 $e^0=1$,可知

$$e^x=1+x+\frac{x^2}{2!}+\cdots+\frac{x^n}{n!}+\frac{x^{n+1}}{(n+1)!}e^{\theta x},\quad 0<\theta<1.$$

对于任意固定的 x,$e^{\theta x}\leqslant e^{\theta|x|}$,而

$$\frac{x^{n+1}}{(n+1)!}\to 0\quad (n\to\infty),$$

① 在欧美文献里,(6)叫做麦克劳林(Maclaurin)展开,(7)叫做泰勒(Taylor)展开.

从而

$$(9)\qquad e^x=1+x+\frac{x^2}{2!}+\cdots+\frac{x^n}{n!}+\cdots$$

成立.这正是 e^x 在原点的幂级数展开.

但注意(9)的右边对于一切复数 x 都收敛,从而这个幂级数决定一定义在整个复平面上的函数,我们仍用 e^x 表示,或依照习惯,用 z 表示复数(它的实、虚部各是 x,y),得到

$$e^z=1+z+\frac{z^2}{2!}+\frac{z^3}{3!}+\cdots+\frac{z^n}{n!}+\cdots.$$

依上述,这函数在整个复平面上有微商,从而 e^z 是定义在整个复平面上的解析函数.由前面的例子可知这个函数具有下列性质:

$$e^{z_1+z_2}=e^{z_1}\cdot e^{z_2}.$$

这个函数可以看作本来只定义在实轴上的函数 e^x 在整个复平面上的延拓(即当 z 是实数 x 时,e^z 就是平常熟知的指数函数).为此,e^z 仍叫做指数函数(以 e 为底).

例 8 在本章开始的时候,我们已经证明,对任何实数 x,有

$$(10)\qquad \sin x=x-\frac{x^3}{3!}+\frac{x^5}{5!}-\cdots+(-1)^n\frac{x^{2n+1}}{(2n+1)!}+\cdots,$$

这正是 $\sin x$ 环绕 $x=0$ 的幂级数展开.类似地可以证明:

$$(11)\qquad \cos x=1-\frac{x^2}{2!}+\frac{x^4}{4!}-\cdots+\frac{(-1)^n x^{2n}}{(2n)!}+\cdots.$$

级数(10)和(11)都在全复平面上收敛,从而与例 7 一样,可知(10),(11)的右边决定一个定义在全复平面上的解析函数,这两个解析函数仍旧表示成 $\sin x,\cos x$,但这里 x 可以取复数值.它们仍叫做正弦函数与余弦函数.注意由于 x 可以是复数,$|\sin x|\leqslant 1$ 这个性质就不一定成立了.事实上,特别令 $x=i=\sqrt{-1}$,就得

$$\sin\sqrt{-1}=\sqrt{-1}\left(1+\frac{1}{3!}+\frac{1}{5!}+\cdots\right),$$

从而 $|\sin\sqrt{-1}|>1$ 了.

又注意由(9),(10),(11)不难看出

$$e^{iz}=\cos z+i\sin z.$$

特别,令 z 等于实数 θ,就得

(12) $$e^{i\theta}=\cos\theta+i\sin\theta.$$

因此,(12)的左边本来是一种符号,用来表达(12)的右边(见第一卷第一分册),但现在可以看出,$e^{i\theta}$确是指数函数,它的指数部分是虚数 $i\theta$.这就是所谓棣莫弗公式的解释!

例 9 考察二项式函数

$$f(t)=(1+t)^m,$$

m 表示任意实数.为了求$(1+t)^m$ 的幂级数展开,我们要利用余项的另一种表示式.令

$$f(t)=f(a)+\frac{f'(a)}{1!}(t-a)+\frac{f''(a)}{2!}(t-a)^2+\cdots+\frac{f^{(n)}(a)}{n!}(t-a)^n+R_n(t).$$

这里设$f(t)$有 $n+1$ 阶微商.于是不难看出

$$R_n(a)=R_n'(a)=\cdots=R_n^{(n)}(a)=0,$$
$$R_n^{(n+1)}(t)=f^{(n+1)}(t).$$

于是

$$\begin{aligned}R_n(t)&=\int_a^t R_n'(\tau)\,d\tau\\&=-R_n'(\tau)(t-\tau)\Big|_a^t+\int_a^t R_n''(\tau)(t-\tau)\,d\tau\\&=-R_n''(\tau)\frac{(t-\tau)^2}{2!}\Big|_a^t+\int_a^t R_n'''(\tau)\frac{(t-\tau)^2}{2!}d\tau=\cdots\\&=\int_a^t R_n^{(n+1)}(\tau)\frac{(t-\tau)^n}{n!}d\tau\\&=\frac{1}{n!}\int_a^t f^{(n+1)}(\tau)(t-\tau)^n\,d\tau.\end{aligned}$$

用到函数$f(t)=(1+t)^m$ 上去,得

$$f^{(n+1)}(t)=m(m-1)\cdots(m-n)(1+t)^{m-n-1},$$

从而

$$R_n(t)=\frac{m(m-1)\cdots(m-n)}{n!}\int_0^t(t-\tau)^n(1+\tau)^{m-n-1}d\tau$$

$$=\frac{m(m-n)\cdots(m-1)}{n!}(t-\theta t)^{n}(1+\theta t)^{m-n-1}\int_0^t \mathrm{d}\tau$$

$$=\frac{(m-1)\cdots(m-n)}{n!}t^{n}\left(\frac{1-\theta}{1+\theta t}\right)^{n}(1+\theta t)^{m-1}mt.$$

注意当$-1<t<1$时，

$$0<\frac{1-\theta}{1+\theta t}<1,$$

而$mt(1+\theta t)^{m-1}$在mt与$mt(1+t)^{m-1}$之间，又

$$\frac{(m-1)(m-2)\cdots(m-n)}{n!}t^{n}\to 0\quad(n\to\infty)^{①},$$

从而可知$R_n(t)\to 0(n\to\infty)$.于是得出展开式

(13)
$$(1+t)^{m}=1+\frac{m}{1!}t+\frac{m(m-1)}{2!}t^{2}+\cdots+\frac{m(m-1)\cdots(m-n+1)}{n!}t^{n}+\cdots,$$

如果m是正整数，(13)右边的级数从某一项(第$m+1$项)起的一切项都是零，从而正是平常的二项式展开.但这里(13)对于任意实数m都成立.又(13)右边对于满足$|t|<1$的任意复数也收敛，从而和前几个例一样，可以把(13)的右边看作对于满足$|t|<1$的复数t的函数$(1+t)^{m}$值的定义.于是$(1+t)^{m}$是定义在单位圆内部的解析函数，而(13)给出它环绕原点$t=0$的幂级数展开.

例 10 由(13)，取$m=-1$的情形：

$$\frac{1}{1+t}=1-t+t^{2}-t^{3}+\cdots+(-1)^{n}t^{n}+\cdots.$$

这级数在$|t|<1$内的任一圆$|t|\leqslant q(q<1)$中一致收敛，从而逐项积分(积分围道取在圆$|t|\leqslant q$内，从而不绕过$t=-1$这一点，可知

(14)
$$\ln(1+t)=\int_0^t\frac{\mathrm{d}\tau}{1+\tau}$$

---

① 这是$\sum\frac{m(m-1)\cdots(m-n+1)}{n!}t^{n}$这一收敛级数($|t|<1$)的通项，所以随$n$的增大趋于0.

$$=t-\frac{t^2}{2}+\frac{t^3}{3}-\frac{t^4}{4}+\cdots+\frac{(-1)^{n-1}t^n}{n}+\cdots.$$

这个级数在单位圆 $|t|<1$ 内收敛，从而在这个圆内表示一个解析函数，这个解析函数仍表示成 $\ln(1+t)$，这时 t 可以取绝对值小于 1 的任意复数值，可以看作平常对数函数（只对于 t 为实数有定义）的延拓.

注意(14)的右边对于 $t=1$ 也收敛.这正表示 ln 2 的值.在第一卷第一分册已经指出，这样利用(14)计算 ln 2 的值是很不合适的，因为为了取得误差不超过千分之一，就要取 1000 项！那么我们常用的对数表是怎样编制的呢？这方面请参看其他教科书.

由幂级数的微分法则不难看出

$$(\sin z)'=\left[\sum_{n=0}^{\infty}(-1)^n\frac{z^{2n+1}}{(2n+1)!}\right]'$$

$$=\sum_{n=0}^{\infty}(-1)^n\frac{z^{2n}}{(2n)!}=\cos z,$$

同理 $(\cos z)'=-\sin z$，$(e^z)'=e^z$，等等.

注意令 $z=x+iy$，x,y 是实数，那么

$$e^z=e^{x+iy}=e^x\cdot e^{iy}=e^x(\cos y+i\sin y),$$

从而可知

$$\mathscr{R}e^z=e^x\cos y,\quad \mathscr{T}e^z=e^x\sin y.$$

又因

$$e^z=\cos z+i\sin z,\quad e^{-z}=\cos z-i\sin z,$$

可知

$$\cos z=\frac{e^{iz}+e^{-iz}}{2},\quad \sin z=\frac{e^{iz}-e^{-iz}}{2i}.$$

这个式子显示出来三角函数与双曲线函数的类似.

今后，当谈到复数的指数形式时：

$$z=re^{i\theta},$$

$e^{i\theta}$ 乃是指数函数，不过它的指数部分是虚数而已.

e^z 的反函数仍叫做对数函数.如果

$$e^z=w,$$

那么

$$e^x e^{iy}=w,$$

从而

$$e^x=|w|,\quad y=\mathrm{Arg}\,w.$$

注意 $e^{i(y+2\pi k)}=e^{iy}(k=0,\pm1,\pm2,\cdots)$,从而

(15) $$z=x+iy=\ln|w|+i\mathrm{Arg}\,w.$$

(15)的右边就是 $\mathrm{Ln}\,w$.我们知道 $\mathrm{Arg}\,w$ 不是唯一确定的.令 $\arg w$ 表示 $\mathrm{Arg}\,w$ 在 $(-\pi,\pi]$ 中的值,叫做 $\mathrm{Arg}\,w$ 的主值,于是对数的主值是指

$$\ln w=\ln|w|+i\arg w.$$

由此可知对数 $\mathrm{Ln}\,w$ 和它的主值 $\ln w$ 之间的关系乃是

$$\mathrm{Ln}\,w=\ln w+2\pi ki,\quad k=0,\pm1,\pm2,\cdots.$$

特别在实数范围,负数是没有对数的.但如果扩大到虚数范围,就有

$$\ln(-1)=\ln 1+i\arg(-1)=i\pi.$$

由此不难看出,实变量的对数函数的一些性质在这里仍成立.

首先,设 a,b 是两个任意复数,设 $a\neq0$. a^b 乃是指由下式定义的任意数:

(16) $$a^b=e^{b\mathrm{Ln}\,a}=e^{b(\ln a+2k\pi i)}\quad(k=0,\pm1,\pm2,\cdots),$$

这叫做 a 的 b 次幂. $e^{b\ln a}$ 叫做 a^b 的主值.注意一般 $\mathrm{Ln}\,w$ 与 a^b 都是具有无穷多值的,更确切地说,它们对于固定的 w 或 a,都有无穷多个值.但如果 b 是有理数 $\dfrac{m}{n}$(m,n 是整数,$n>0$),那么在(16)中,只对 $k=0,1,2,\cdots,n-1$,a^b 是不同的,从而 a^b 具有 n 个值.

例 11 $i^i=?$

由定义

$$i^i=e^{i\mathrm{Ln}\,i}=e^{i(\ln 1+i\mathrm{Arg}\,i)}=e^{i\left[i\left(\frac{\pi}{2}+2k\pi\right)\right]}$$
$$=e^{-\left(\frac{1}{2}+2k\right)\pi},\quad k=0,\pm1,\pm2,\cdots.$$

值得注意,i^i 是实数!

设 E 是复平面上不包含原点 $z=0$ 的任意连通点集.如果 $L(z)$ 是定义在 E 上的连续函数并且对于 E 中一切 z,满足

(17) $$e^{L(z)}=z,$$

那么 $L(z)$ 叫做 z 的对数的一支,并表示成 $\operatorname{Ln} z$. 由此可知对于 E 中的每个 z:

$$e^{\operatorname{Ln} z}=z.$$

注意并不是在每个连通点集 E 中都存在对数的支. 例如在环形区域 $r<|z|<R$ 中,如果 $\operatorname{Ln} z=\ln|z|+\mathrm{i}\operatorname{Arg} z$ 连续地变化,当 z 从 z_0 出发绕行圆周 $|z|=|z_0|$ 一周时,$\operatorname{Arg} z$ 增加了 2π,从而 $\operatorname{Ln} z$ 也增加了 2π,从而虽然 $z\to z_0$,$\operatorname{Ln} z$ 并不趋向于出发的值 $\operatorname{Ln} z_0$. 如果这样的函数 $L(z)$ 存在,那么必存在无穷多个,因为每个形如

$$L_k(z)=L(z)+2k\pi\mathrm{i}\quad(k=\pm1,\pm2,\cdots)$$

的函数 $L_k(z)$ 也是对数的一个支,因为这个函数是连续的并且满足

$$e^{L_k(z)}=e^{L(z)}e^{2k\pi\mathrm{i}}=e^{L(z)}=z_0.$$

由(17)可知每个函数 $\operatorname{Ln} z$ 是指数函数的反函数. 注意这种反函数有许多支,与在实变量范围内讨论时大不相同了!

设 E 是任意连通集,假设在 E 中存在对数的支. 记 μ 是任意复数. 那么,定义在 E 上并且形式如

$$z^{\mu}=e^{\mu\operatorname{Ln} z}$$

的连续函数叫做指数为 μ 的幂的支,表示成 z^{μ}.

上面只是就实函数讨论了幂级数展开,然后再延拓到复平面上去. 但由解析函数的性质可以直接证明它的幂级数展开. 事实上,如果一个函数在一点附近是解析的,它必具有各阶微商,而且它在这点附近可以展成幂级数. 这与实变量函数有本质不同,因为如在本章引言中所指出,对于实变量的函数来说,即使它有各阶微商,它也不一定能够展成幂级数!

定理 3 如果 $f(z)$ 在区域 G 中是解析函数,而 z_0 是 G 中一点,r 表示由 z_0 到 G 的边界的距离(图 11.4):$r=\inf\limits_{z\in\partial G}|z_0-z|$,这里 ∂G 表示 G 的边界,那么在圆 $|z-z_0|<r$ 中 $f(z)$ 可以展成 $z-z_0$ 的幂级数,而且这个幂级数的第 n 次幂系数正是 $\dfrac{f^{(n)}(z_0)}{n!}$.

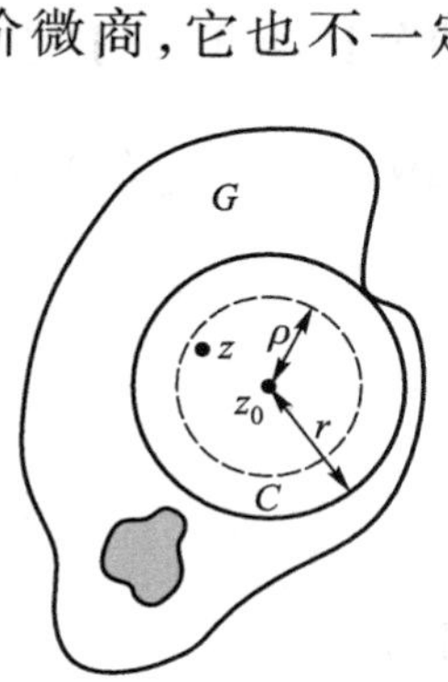

图 11.4

证 由第十章§6已知$f(z)$在z_0处有各阶微商,并且

$$f^{(n)}(z)=\frac{n!}{2\pi i}\int_C\frac{f(\zeta)}{(\zeta-z)^{n+1}}d\zeta,$$

这里我们取C为以z_0为中心,以一个比r小的正数ρ为半径的圆周,而z是$|z-z_0|<\rho$中的任意一点.对于C上的任一点ζ,注意

$$|z-z_0|<|\zeta-z_0|,$$

从而

$$\frac{1}{\zeta-z}=\frac{1}{\zeta-z_0-(z-z_0)}$$

$$=\frac{1}{\zeta-z_0}\frac{1}{1-\dfrac{z-z_0}{\zeta-z_0}}=\sum_{n=0}^{\infty}\frac{(z-z_0)^n}{(\zeta-z_0)^{n+1}},$$

这级数是收敛的.于是

$$\frac{f(\zeta)}{\zeta-z}=\sum_{n=0}^{\infty}f(\zeta)\frac{(z-z_0)^n}{(\zeta-z_0)^{n+1}},\tag{18}$$

这级数关于固定的z对于圆周$|\zeta-z_0|=\rho$上的点ζ一致收敛.事实上$f(\zeta)$在圆周上解析,从而连续,因此$\max\limits_{|\zeta-z_0|=\rho}|f(\zeta)|=M(\rho)$存在($<\infty$),于是

$$\left|f(\zeta)\frac{(z-z_0)^n}{(\zeta-z_0)^{n+1}}\right|\leqslant M(\rho)\frac{|z-z_0|^n}{\rho^{n+1}},$$

而由于$|z-z_0|<\rho$,这不等式右边构成等比级数的通项,而这等比级数的公比小于1.于是沿C可以把级数(18)逐项积分,从而得

$$\begin{aligned}f(z)&=\frac{1}{2\pi i}\int_C\frac{f(\zeta)}{\zeta-z}d\zeta\\&=\sum_{n=0}^{\infty}\frac{1}{2\pi i}\int_C\frac{f(\zeta)}{(\zeta-z_0)^{n+1}}d\zeta\cdot(z-z_0)^n\\&=\sum_{n=0}^{\infty}\frac{1}{n!}f^{(n)}(z_0)(z-z_0)^n.\end{aligned}\tag{19}$$

证完.

系 在解析函数$f(z)$的上述幂级数展开(19)中,$(z-z_0)^n$的系数

a_n 满足下列（柯西）不等式：

$$|a_n| \leqslant \frac{M(\rho)}{\rho^n} \quad (n=0,1,2,\cdots).$$

证 事实上，由(19)知道

$$a_n = \frac{1}{2\pi i}\int_C \frac{f(\zeta)\,d\zeta}{(\zeta - z_0)^{n+1}},$$

从而

$$|a_n| \leqslant \frac{1}{2\pi}\frac{M(\rho)}{\rho^{n+1}}2\pi\rho = \frac{M(\rho)}{\rho^n}.$$

由此可以看出，如果用 $f(z)$ 的幂级数展开中的前 $n+1$ 项作为 $f(z)$ 的近似式，那么误差不超过下式的极限($p\to\infty$)：

$$\left|\sum_{k=n+1}^{n+p} a_k(z-z_0)^k\right| \leqslant \sum_{k=n+1}^{n+p}\frac{M(\rho)}{\rho^k}|z-z_0|^k$$
$$\leqslant \frac{M(\rho)}{\rho^n}\frac{|z-z_0|^{n+1}}{\rho-|z-z_0|}.$$

上面已经通过由实到复的延拓举出过几个函数展开的例子了.现在再来看几个例.

例 12 已知在任意不含 0 与∞的单连通区域 $\mathscr{D}$ 中，有对数函数的一支，它是个解析函数，可以表示作

$$w = \operatorname{Ln} z = \int_a^z \frac{d\zeta}{\zeta} + \operatorname{Ln} a,$$

a 是 $\mathscr{D}$ 中任意一点.由此可知

$$w' = \frac{1}{z}, \quad 从而\ w'' = \frac{-1}{z^2}, \quad \cdots, \quad w^{(n)} = \frac{(-1)^{n+1}(n-1)!}{z^n}.$$

于是在 a 的附近，有

$$\operatorname{Ln} z = \operatorname{Ln} a + \frac{z-a}{a} - \frac{1}{2}\frac{(z-a)^2}{a^2} + \cdots + \frac{(-1)^{n+1}}{n}\frac{(z-a)^n}{a^n} + \cdots.$$

这级数对于 $|z-a|<|a|$ 是收敛的.特别取 $a=1$，并用 $1+\zeta$ 代替 z，得展开

$$\operatorname{Ln}(1+\zeta) = \zeta - \frac{\zeta^2}{2} + \cdots + (-1)^{n-1}\frac{\zeta^n}{n} + \cdots, \quad |\zeta|<1.$$

这与前面得到的一致.

例 13 函数 $w=z^{\mu}$ 在每个不包含 0 与 ∞ 的单连通区域中是解析的.这时,

$$w'=(z^{\mu})'=(\mathrm{e}^{\mu\mathrm{Ln}\,z})'=\mathrm{e}^{\mu\mathrm{Ln}\,z}\cdot\mu\cdot\frac{1}{z}=\mu z^{\mu-1},$$

同理

$$w''=\mu(\mu-1)z^{\mu-2},\cdots,w^{(n)}=n!\ \mathrm{C}_{\mu}^{n}z^{\mu-n},$$

于是 z^{μ} 在 $a\neq 0$ 附近的幂级数展开是

$$z^{\mu}=a^{\mu}\cdot\left[1+\mathrm{C}_{\mu}^{1}\frac{z-a}{a}+\cdots+\mathrm{C}_{\mu}^{n}\left(\frac{z-a}{a}\right)^{n}+\cdots\right],\quad\left|\frac{z-a}{a}\right|<1.$$

由上述可以得出有关解析函数的一串有用的事实.

1) 数 a 叫做函数 $f(z)$ 的零点,是指 $f(a)=0$.如果不但 $f(a)=0$,还有 $f'(a)=\cdots=f^{(k-1)}(a)=0$,但 $f^{(k)}(a)\neq 0$,a 叫做 $f(z)$ 的 k 重零点.在这样一点附近,$f(z)$ 的幂级数展开成为

$$f(z)=a_k(z-a)^k+a_{k+1}(z-a)^{k+1}+\cdots,$$

从而可以写成

$$f(z)=(z-a)^k\varphi(z),$$

这里 $\varphi(z)$ 在点 a 处也是解析的,并且 $\varphi(a)\neq 0$.由此可知,$f(z)$ 在 a 附近,例如在一适当小的圆 $|z-a|<\delta_z$ 内,没有其他零点,因为 $\varphi(z)$ 既是解析的,也必是连续的,从而当它在 a 处不是零时,它在 a 附近也不是 0.由此可知,解析函数的零点都是孤立的.特别,对于在某区域 $\mathscr{D}$ 中不恒等于零的解析函数,它的零点不可能有聚点.由此可知,如果两个函数 $f(z)$ 与 $g(z)$ 在某区域 $\mathscr{D}$ 中都是解析的,并且在 $\mathscr{D}$ 中的一串点 (α_n) 处相等,而 (α_n) 在 $\mathscr{D}$ 中有聚点,那么 $f(z)$ 与 $g(z)$ 在 $\mathscr{D}$ 中恒等.

特别,一个在某区域中为解析的函数不可能在无论多小的区域内,或在一曲线弧上,取常数值,除非它本身是常量.事实上,如果 $f(z)-a$ 在整个一段曲线弧上是零,这弧上的一串点在弧上必有聚点,从而 $f(z)-a=0$ 在整个区域中成立.

2) 一个函数叫做整函数,是指它在全复平面上是解析的.依定理 3,它在任意点处展成的幂级数的收敛区域是整个平面.特别整函数必

定可以表示成

$$f(z)=a_0+a_1z+a_2z^2+\cdots+a_nz^n+\cdots,$$

z 是任意复数.因此,可以看出整函数包括多项式(有理整函数)作为特例,并且是多项式的最直接的推广.不是有理整函数的整函数叫做超越整函数.

我们证明,在全复平面上按绝对值有界的整函数必是常数.①

事实上,依假定,有一常数 M,使在全复平面上,$|f(z)|\leqslant M$.从而对于任意正数 ρ,$M(\rho)\leqslant M$.于是 $f(z)$ 的幂级数展开中的系数 a_n 满足

$$|a_n|\leqslant\frac{M}{\rho^n}\quad(n=0,1,2,\cdots).$$

ρ 既是任意的,所以 $a_n=0(n=1,2,\cdots)$.从而 $f(z)=a_0$,证完.

3) 在代数学中,我们熟知,任意 n 次代数方程至多有 n 个不同的根.但每个 n 次代数方程至少有一个根,这一直没有证明过.利用上述结果很容易证明这一点.

代数基本定理:每个多项式

$$P(z)=c_0+c_1z+c_2z^2+\cdots+c_nz^n,\quad n\geqslant1,\quad c_n\neq0,$$

$(c_0,c_1,\cdots,c_n$ 都是复数)必有一个零点.

我们用反证法.设 $P(z)$ 没有零点,那么 $f(z)=\dfrac{1}{P(z)}$ 在整个复平面上是解析函数(这由直接求微商可以看出).由于

$$\lim_{z\to\infty}f(z)=0,\tag{20}$$

可知当 $|z|$ 足够大时,$|f(z)|$ 充分小:取足够大的数 $R>0$,可使当 $|z|>R$ 时,有 $|f(z)|<1$.令

$$\max_{|z|\leqslant R}|f(z)|=\mu,$$

那么可知在整个复平面上,$|f(z)|\leqslant\mu+1$.依 2),$f(z)$ 是常数.依(20),$f(z)\equiv0$,与 $f(z)$ 的定义矛盾.

4) **极大值原理**:设 $f(z)$ 是区域 $\mathscr{D}$ 中的解析函数,并且 $f(z)$ 在 $\mathscr{D}$ 中不是常数,那么 $f(z)$ 在 $\mathscr{D}$ 的每个内点处不能达到按绝对值的极大

---

① 这在文献上叫做刘维尔(Liouville)定理.

值，换句话说，如果圆 $|z-z_0|<r$ 包含在 $\mathscr{D}$ 中，那么 $\mathscr{D}$ 中必还有一点 z'，使 $|f(z')|>|f(z_0)|$.

事实上，如果在整个圆 $|z-z_0|<r$ 内有

$$|f(z)|\leqslant|f(z_0)|,$$

那么沿上述圆内的一个同心圆周 K 上，可以写成 $\zeta=z_0+\rho e^{it}$，$0\leqslant t\leqslant 2\pi$，从而

$$f(z_0)=\frac{1}{2\pi i}\int_K\frac{f(\zeta)}{\zeta-z_0}d\zeta,$$

这里，令 $\zeta=z_0+\rho e^{it}$，得

$$f(z_0)=\frac{1}{2\pi}\int_0^{2\pi}f(z_0+\rho e^{it})\,dt.$$

如果在 K 上有一点 z，使 $|f(z)|<|f(z_0)|$，那么由于连续性可知有一段 $0\leqslant t\leqslant a$，使在圆周的这一段弧上 $\max\limits_{0\leqslant t\leqslant a}|f(z)|<|f(z_0)|$，从而

$$\begin{aligned}|f(z_0)|&=\left|\frac{1}{2\pi}\int_0^{2\pi}f(z_0+\rho e^{it})\,dt\right|\\&<\frac{1}{2\pi}\int_0^{a}|f(z_0)|\,dt+\frac{1}{2\pi}\int_a^{2\pi}|f(z_0)|\,dt=|f(z_0)|,\end{aligned}$$

得出矛盾.证完.

由此可以推出：如果解析函数 $f(z)$ 的绝对值在某区域中是常数，这函数本身也必是常数.事实上，如果 $|f(z)|=|u+iv|=C$，C 是常数，那么，$u^2+v^2=C^2$，从而

$$uu'_x+vv'_x=0,\quad uu'_y+vv'_y=0.$$

依 $f(z)$ 的解析性可知

$$uu'_x-vu'_y=0,\quad uu'_y+vu'_x=0,$$

由两式消去 u'_y，得

$$(u^2+v^2)u'_x=C^2u'_x=0,$$

从而如果 $C\neq0$，得 $u'_x=0$，由此得 $u'_y=v'_x=v'_y=0$，从而 $f(z)$ 是常数.如果 $C=0$，那么 $f(z)=0$ 仍是常数.

关于幂级数的逐项微分，已经讨论过了.与平常连续函数情况不同，对于解析函数的级数，只要求原级数的一致收敛就足以保证逐项

微分的合理性.

定理 4[①] 设级数 $\sum_{n=1}^{\infty} f_n(z)$ 的各项 $f_n(z)$ 都是区域 $\mathscr{D}$ 中的解析函数,并且这级数在 $\mathscr{D}$ 的每个闭子区域上一致收敛,那么由这级数在 $\mathscr{D}$ 上定义的函数

$$f(z) = \sum_{n=1}^{\infty} f_n(z) \tag{21}$$

也是 $\mathscr{D}$ 上的解析函数,而由各项的 k 阶微商所组成的级数 $\sum_{n=1}^{\infty} f_n^{(k)}(z)$ 仍在 $\mathscr{D}$ 的每个闭子区域上一致收敛,并且在 $\mathscr{D}$ 中,

$$f^{(k)}(z) = \sum_{n=1}^{\infty} f_n^{(k)}(z).$$

证 1) 取 $\mathscr{D}$ 内任意一条闭连续可求长曲线 C. 由级数(21)的一致收敛可得

$$\int_C f(z)\,\mathrm{d}z = \sum_{n=1}^{\infty} \int_C f_n(z)\,\mathrm{d}z.$$

由于 $f_n(z)$ 在 $\mathscr{D}$ 中都是解析的,上式右边各项等于 0,从而上式左边也等于 0. C 既是任意的,依莫雷拉定理,$f(z)$ 是 $\mathscr{D}$ 中的解析函数.

2) 设 z 是 $\mathscr{D}$ 中任意一点,取以 z 为中心的足够小的圆 K,使 K 所围的区域完全含在 $\mathscr{D}$ 中. 把等式 $f(\zeta) = \sum_n f_n(\zeta)$ 乘上

$$\frac{k!}{2\pi \mathrm{i}} \frac{1}{(\zeta - z)^{k+1}},$$

再按 ζ 沿 K 积分. 由一致收敛性与解析函数的积分公式,得

$$\begin{aligned} f^{(k)}(z) &= \frac{k!}{2\pi \mathrm{i}} \int_K \frac{f(\zeta)}{(\zeta - z)^{k+1}} \mathrm{d}\zeta \\ &= \sum_{n=1}^{\infty} \frac{k!}{2\pi \mathrm{i}} \int_K \frac{f_n(\zeta)}{(\zeta - z)^{k+1}} \mathrm{d}\zeta = \sum_{n=1}^{\infty} f_n^{(k)}(z), \end{aligned}$$

这正是所要证的.

例 14 已知级数 $1+z+z^2+\cdots+z^n+\cdots$ 在任何半径 ρ 小于 1 的圆

① 文献中常称作魏尔斯特拉斯定理.

$|z|\leqslant\rho$ 内一致收敛于$\frac{1}{1-z}$,而注意

$$\frac{k!}{(1-z)^{k+1}}=\frac{\mathrm{d}^k}{\mathrm{d}z^k}\left(\frac{1}{1-z}\right)=\sum_{n=k}^{\infty}n(n-1)\cdots(n-k+1)z^{n-k},$$

从而得出

$$\frac{1}{(1-z)^{k+1}}=\sum_{\nu=0}^{\infty}\mathrm{C}_{\nu+k}^{k}z^{\nu},\quad |z|<1.$$

注 设

$$f(z)=\sum_{n=1}^{\infty}f_n(z),$$

并设每一项 $f_n(z)$ 在圆 $|z-z_0|<r$ 中表示成幂级数

$$f_n(z)=a_{n0}+a_{n1}(z-z_0)+a_{n2}(z-z_0)^2+\cdots,$$

而这级数在任意圆 $|z-z_0|\leqslant\rho(\rho<r)$ 中一致收敛.那么 $f(z)$ 在 $|z-z_0|<r$ 中也可以表示成幂级数

$$f(z)=A_0+A_1(z-z_0)+A_2(z-z_0)^2+\cdots,$$

其中

$$A_k=a_{1k}+a_{2k}+a_{3k}+\cdots\quad(k=0,1,2,\cdots).$$

事实上,只需注意

$$a_{nk}=\frac{f_n^{(k)}(z_0)}{k!},\quad A_k=\frac{f^{(k)}(z_0)}{k!},$$

并利用上面定理就够了.

上面已经谈到函数的延拓问题,即把熟知的函数 $\sin x$, e^x 等由实轴延拓到整个复平面上.我们可以进一步讨论更一般的延拓问题.首先注意,幂级数有一定的收敛区域,而在这区域之外,幂级数没有意义.例如

$$1+z+z^2+\cdots+z^n+\cdots$$

只在 $|z|<1$ 时有意义并且等于 $(1-z)^{-1}$,但 $(1-z)^{-1}$ 却不只在 $|z|<1$ 中有意义,而是在除 $z=1$ 这一点之外都有意义.例如在 $|z|>1$ 中,它又可以借级数

$$-\frac{1}{z}\left(1+\frac{1}{z}+\frac{1}{z^2}+\cdots+\frac{1}{z^n}+\cdots\right)$$

表示.又如积分

$$\int_0^{\infty} e^{-zt} dt$$

只当 $\mathscr{R}z>0$ 时才表示函数$\frac{1}{z}$.但$\frac{1}{z}$却在除 $z=0$ 之外的任何点处都有意义.因此,很自然地想到,要把一个函数在各不同区域中的不同表示(作为积分,或作为级数,等等)看作一个整体——即那个函数本身,而只有在那些使函数本身无确定值的点处才无法考虑函数的表示.这些点的全体构成函数的自然边界,也就是函数定义域的自然界限.事实上,这是解析函数与一般的非解析的函数的一个重要区别:以后可以看到,一个解析函数,如果在任何小的区域中的值为已知,它就完全确定了.

设有两平面区域 $\mathscr{D}_1,\mathscr{D}_2$,并设它们有一公共部分 $\mathscr{D}$.设 $f_1(z)$ 是在 $\mathscr{D}_1$ 中解析的函数,而 $f_2(z)$ 是在 $\mathscr{D}_2$ 中解析的函数.如果 $f_1(z)$ 与 $f_2(z)$ 在 $\mathscr{D}$ 中每点处取相同的值,$f_2(z)$ 叫做 $f_1(z)$ 在 $\mathscr{D}_2$ 中通过 $\mathscr{D}$ 的解析延拓;同时 $f_1(z)$ 也叫做 $f_2(z)$ 在 $\mathscr{D}_1$ 中通过 $\mathscr{D}$ 的解析延拓.对于固定的区域 $\mathscr{D}_1,\mathscr{D}_2$ 及 $\mathscr{D}$,解析延拓是唯一决定的.事实上,如果 $f_2(z)$ 与 $\tilde{f}_2(z)$ 都是 $f_1(z)$ 在 $\mathscr{D}_2$ 中通过 $\mathscr{D}$ 的解析延拓,那么它们是在 $\mathscr{D}_2$ 中解析的函数并在整个部分区域 $\mathscr{D}$ 中相等,从而依前述有关解析函数的性质 1),$f_2(z)=\tilde{f}_2(z)$ 在整个 $\mathscr{D}_2$ 中成立.但注意 $\mathscr{D}_1$ 和 $\mathscr{D}_2$ 的公共部分可能有几块,而通过不同块所作的解析延拓就可能不相同.下面将举例说明.

更一般些,设有一串区域 $\mathscr{D}_1,\mathscr{D}_2,\cdots,\mathscr{D}_n$,每两相接连的区域 $\mathscr{D}_k$ 与 $\mathscr{D}_{k+1}$ 有公共部分 Δ_k,并设 $f_k(z)$ 是在 $\mathscr{D}_k$ 中解析的函数.如果对于每个 $k=1,2,\cdots,n-1$,$f_k(z)$ 与 $f_{k+1}(z)$ 在 Δ_k 的每点处取相同的值,那么 $f_n(z)$ 叫做 $f_1(z)$ 在区域 $\mathscr{D}_n$ 中通过这串 $\{\mathscr{D}_k\}$ 的解析延拓.与上述 $n=2$ 的情形一样,不难看出,对于固定的一串区域 $\mathscr{D}_1,\mathscr{D}_2,\cdots,\mathscr{D}_n$ 及取定的公共部分 $\Delta_1,\Delta_2,\cdots,\Delta_{n-1}$,$f_1(z)$ 在 $\mathscr{D}_n$ 中的解析延拓是唯一确定的.但如果采取不同串的"中间"区域,那么解析延拓也会是不同的.特别,如果 $\mathscr{D}_n=\mathscr{D}_1$,那么通过解析延拓由 $\mathscr{D}_1$ 再到达 $\mathscr{D}_n=\mathscr{D}_1$ 时,函数不一

定回到原来的值.

例 15 取圆 $|z-1|<\frac{1}{2}$ 作区域 $\mathscr{D}_1$(图 11.5),令

$$f_1(z)=\int_1^z \frac{1}{z}\mathrm{d}z,$$

这里积分路线是上述圆中联结 1 与 z 的一条可求长连续单曲线.于是依以前所述,

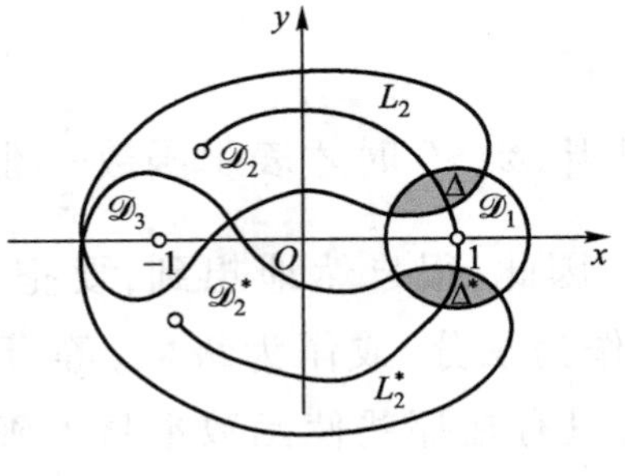

图 11.5

$$f_1(z)=\ln z=\ln|z|+\mathrm{i}\arg z.$$

$\arg z$ 乃是主支:它在上半圆中取正值,在下半圆中取负值.取 $\mathscr{D}_2$ 与 $\mathscr{D}_2^*$ 为不含原点的两个区域,它们的公共部分 $\mathscr{D}_3$ 是包含-1 的区域,并设它们各与 $\mathscr{D}_1$ 有公共部分 Δ 与 Δ^*.如果取 L_2, L_2^* 各为在 $\mathscr{D}_2, \mathscr{D}_2^*$ 中取的联结 1 与 z 的线路,那么

$$f_2(z)=\int_{\substack{1\\L_2}}^z \frac{1}{z}\mathrm{d}z,\quad f_2^*(z)=\int_{\substack{1\\L_2^*}}^z \frac{1}{z}\mathrm{d}z$$

各是 $f_1(z)=\ln z$ 在 $\mathscr{D}_2, \mathscr{D}_2^*$ 中的解析延拓.这时 $f_2(z), f_2^*(z)$ 也都可以写作 $\ln|z|+\mathrm{i}\arg z$,但在 $\mathscr{D}_2$ 中,$\arg z$ 取正值,在 $\mathscr{D}_2^*$ 中取负值.在 $\mathscr{D}_3$ 中,这两函数就不相等了,因为例如 $f_2(-1)=\pi\mathrm{i}, f_2^*(-1)=-\pi\mathrm{i}$.从而 f_2, f_2^* 是 $f_1(z)=\ln z$ 在 $\mathscr{D}_3$ 中两个不同的解析延拓:它们的延拓途径不同:f_2 是按照区域串 $\{\mathscr{D}_1, \mathscr{D}_2, \mathscr{D}_3\}$,而 f_2^* 是按照 $\{\mathscr{D}_1, \mathscr{D}_2^*, \mathscr{D}_3\}$ 的.

设 $\mathscr{D}=\mathscr{D}_2\cup\mathscr{D}_2^*$,于是 $\mathscr{D}$ 与 $\mathscr{D}_1$ 有两块公共部分 Δ, Δ^*,合并构成一个不连通区域.$f_1(z)=\ln z$ 在 $\mathscr{D}$ 中的解析延拓并不唯一决定:通过 Δ 延拓到 $\mathscr{D}$ 中是 $\ln|z|+\mathrm{i}\arg z$,这里 $\arg z$ 取正值,而通过 Δ^* 延拓到 $\mathscr{D}$ 中仍是同样式子,但其中 $\arg z$ 取负值!

如果把 $f_1(z)=\ln z$ 由区域 $\mathscr{D}_1$ 通过区域串 $\{\mathscr{D}_1, \mathscr{D}_2, \mathscr{D}_2^*, \mathscr{D}_1\}$ 再延拓回 $\mathscr{D}_1$,所得的函数已经不是 $f_1(z)$ 了,而与 $f_1(z)$ 相差 $2\pi\mathrm{i}$.

由开始时所说,我们把互为解析延拓的函数看作一个解析函数的不同构成部分.更确切地说,设 $f_2(z)$ 定义在 $\mathscr{D}_2$ 中,并且是在 $\mathscr{D}_1$ 中

给定的函数 $f_1(z)$ 在 $\mathscr{D}_2$ 中的解析延拓，那么我们把 $f_1(z)$，$f_2(z)$ 看作是同一函数的不同值或不同支，这个 $f(z)$ 是

$$f(z)=\begin{cases} f_1(z), & \text{如果 } z\in\mathscr{D}_1, \\ f_2(z), & \text{如果 } z\in\mathscr{D}_2. \end{cases}$$

如果 $\mathscr{D}_1$ 与 $\mathscr{D}_2$ 只有连通的公共部分，那么上述的 $f(z)$ 在 $\mathscr{D}=\mathscr{D}_1\cup\mathscr{D}_2$ 中每点的值唯一决定，并且在 $\mathscr{D}$ 中是解析的.但如果 $\mathscr{D}_1$ 与 $\mathscr{D}_2$ 的公共部分是非连通的，那么 $f_1(z)$ 通过这公共部分的不同块的解析延拓在 $\mathscr{D}_2$ 的同一点处可能取不同值.这样上述的 $f(z)$ 的值在 $\mathscr{D}$ 中就不唯一决定了.但由于解析延拓的关系，$f(z)$ 却仍应看作是一个函数——虽然这与以前定义的（单值——即在每点处的值唯一决定）函数含义已经不同了.我们并且仍称 $f(z)$ 作在 $\mathscr{D}$ 中解析的函数.

在更一般的情形，在 $\mathscr{D}_1$ 中解析的函数通过区域串 $\{\mathscr{D}_1,\mathscr{D}_2,\cdots \mathscr{D}_n\}$ 在 $\mathscr{D}_n$ 中的解析延拓也可以看作构成在 $\mathscr{D}=\mathscr{D}_1\cup\mathscr{D}_2\cup\cdots\cup\mathscr{D}_n$ 中的解析函数：

$$f(z)=f_k(z)\text{，如果 } z\in\mathscr{D}_k,\quad 1\leqslant k\leqslant n.$$

在区域 $\mathscr{D}$ 中通过解析延拓而构成如上的函数 $f(z)$ 叫做在 $\mathscr{D}$ 中解析的函数.注意这种函数可能在一点处取许多（有穷多个乃至无穷多个，如上述的 $\ln z$）值.为了区别这样定义的解析函数与以前定义的在某区域各点处解析的函数，我们常称以前的那种（单值）解析函数为在区域中正则的函数.特别，如果所取的一串区域 $\mathscr{D}_1,\mathscr{D}_2,\cdots,\mathscr{D}_n$ 只由一个区域 $\mathscr{D}$ 构成，那么这里的解析函数与以前定义的（即正则的）解析函数是一致的.

设 $f(z)$ 是在区域 $\mathscr{D}$ 中正则的（单值）解析函数.把 $f(z)$ 通过一切可能的解析延拓得出的函数结合成一个多值函数，这个总体叫做完全解析函数 $F(z)$.在各平面区域中构成 $f(z)$ 的解析延拓的那些正则函数叫做 $F(z)$ 的正则支.

上面已经提过对数函数 $\ln z$.通过上述的解析延拓，如果所取的区域串环绕原点 k 次，那么可以得出它的各个正则支

$$\ln|z|+\mathrm{i}\,\mathrm{Arg}\,z,$$

这时 $\mathrm{Arg}\,z=\arg z+2k\pi$.因此作为完全解析函数，$\ln z$ 是无穷值的：它在复

平面的每点 $z(\neq 0)$ 处有无穷多个值，这些值彼此相差 $2\pi\mathrm{i}$ 的整数倍数：

$$\mathrm{Ln}\, z=\ln|z|+\mathrm{i}\,\mathrm{Arg}\, z.$$

具体作解析延拓的一种方式乃是使用幂级数展开.设 $f(z)$ 不是常数而在某点 a 处是解析的.那么 $f(z)$ 可以表示成幂级数 $f(z)=\sum c_n(z-a)^n$，这级数在一定的范围 $K:|z-a|<r$ 中收敛.设 a_1 是 $|z-a|<r$ 中的某点，那么 $f(z)$ 在 a_1 处是解析的.于是在 a_1 附近 $f(z)$ 又可以表示成

$$\sum_{n=0}^{\infty}\frac{f^{(n)}(a_1)}{n!}(z-a_1)^n. \tag{22}$$

这个级数收敛区域 $K(a_1)$ 可能完全含在 K 中，但也可能越出 K 的范围之外.如果 $K(a_1)$ 不完全包含在 K 中，那么，(22) 的级数的和 $f_1(z)$ 构成 $f(z)$ 在 $K(a_1)$ 中的解析延拓.这样，逐步取幂级数展开，就可以得出由 $f(z)$ 延拓而成的完全解析函数 $F(z)$.这些幂级数的和就构成它的各个“正则元素”.每个正则元素的收敛圆的边界上必至少包含 $f(z)$ 的一个奇点，也就是使 $f(z)$ 失去解析性的点.事实上，如果在圆周 $|z-a|=r$ 上的每点 z 处，$f(z)$ 仍是解析的，那么在圆周上每点 z 处，$f(z)$ 可以展成幂级数，它的收敛半径是 r_z，并且

$$\inf_{|z-a|=r} r_z=r_0>0,$$

从而 $f(z)$ 在 $|z-a|<r+r_0$ 中是解析的.但依定理 3，$f(z)$ 的环绕点 a 的幂级数展开的收敛半径就将是 $r+r_0>r$ 了，与假定矛盾.

设 $f(z)$ 是区域 $\mathscr{D}$ 中解析的函数.区域叫做过边界点 z_0 可延拓的，是指存在一函数 $g(z)$，在点 z_0 的某邻域中解析，并且在这邻域与 $\mathscr{D}$ 的公共部分中等于 $f(z)$.这样的点 z_0 叫做函数 $f(z)$ 的延拓性点或者正则边界点.如果 z_0 不是延拓性点，它叫做 $f(z)$ 的奇点.

上面已经看出，表达一个异于常数的解析函数的幂级数的收敛圆的边界上必至少有 $f(z)$ 的一个奇点.设 $f(z)$ 是区域 $\mathscr{D}$ 中的解析函数.那么 $\mathscr{D}$ 边界上的奇点可能是孤立的，也可能构成连续曲线.这样的曲线叫做函数 $f(z)$ 的奇异线或自然边界.

例 16 整函数的唯一奇点乃是无穷远点(除非它是常数——此时它没有奇点).

例 17 考察函数

$$f(z)=\sum_{n=0}^{\infty} z^{2^n}=z+z^2+z^4+z^8+\cdots.$$

上式右边的级数在圆 $|z|<1$ 中收敛.我们证明它的自然边界乃是圆周 $|z|=1$.事实上,如果

$$z=r\mathrm{e}^{\frac{k\pi\mathrm{i}}{2^p}},\quad r<1,\quad k,p=1,2,\cdots,$$

那么

$$\begin{aligned}|f(z)|&=\left|\sum_{n=0}^{\infty} r^{2^n}\mathrm{e}^{2^{n-p}k\pi\mathrm{i}}\right|\\&\geqslant\left|\sum_{n=p+1}^{\infty} r^{2^n}\mathrm{e}^{2^{n-p}k\pi\mathrm{i}}\right|-\left|\sum_{n=0}^{p} r^{2^n}\mathrm{e}^{2^{n-p}k\pi\mathrm{i}}\right|\\&\geqslant\sum_{n=p+1}^{\infty} r^{2^n}-(p+1).\end{aligned}$$

令 $r\to1$,那么上式最右边的和 $\to\infty$,从而 $|f(z)|\to\infty$.于是得知,圆周 $|z|=1$ 上每个形如

$$\mathrm{e}^{\frac{k\pi\mathrm{i}}{2^p}}\quad(k,p=1,2,\cdots)\tag{23}$$

的点都是奇点.这种点在圆周上是稠密的,即圆周上每个点的任意邻域中必含形如(23)的点.但每个正则点必有一个邻域,其中的点都是正则点,从而圆周上每个点都是 $f(z)$ 的奇点.

本例中的级数是缺项级数.一般,幂级数

$$\sum_{n=0}^{\infty} a_n z^{\lambda_n},\quad \lambda_0<\lambda_1<\cdots$$

叫做缺项的,是指存在正数 θ,使

$$\lambda_{n+1}\geqslant(1+\theta)\lambda_n\quad(n=0,1,2,\cdots).$$

可以证明(阿达马(J. Hadamard)):每个缺项级数不能延拓到它的收敛圆以外.

对于最简单的函数,它的自然边界由几个孤立的奇点组成.这种奇点叫做单值性或多值性的,全看函数在这点的足够小的邻域中是单值的或多值的.例如 $z=0$ 是函数 $\frac{1}{z}$ 的单值性奇点.下面将叙述这种奇点的性质.多值性奇点也叫做歧点.例如 $z=0$ 是函数 $w=\sqrt[n]{z}$ 的歧点,

因为$\frac{\mathrm{d}}{\mathrm{d}z}z^{\frac{1}{n}}$在 $z=0$ 处不存在.同样,$z=0$ 也是函数 $\mathrm{Ln}\,z$ 的歧点(函数在这点不连续).这种歧点的研究将在以后进行.

§4 奇点与留数的计算

前面已经谈到用复数表示平面流的问题.考察有点源的流.取这个点源的位置作坐标原点.那么流线乃是以原点为出发点的诸半线.如果速度的大小与从原点量的距离成反比例,那么速度 $\boldsymbol{v}$ 可以写成

(1) $$\boldsymbol{v}=\frac{Q}{2\pi}\frac{z}{|z|^2}.$$

如果 $Q>0$,$\boldsymbol{v}$ 是由原点出发,而如果 $Q<0$,$\boldsymbol{v}$ 是指向原点.

由于复数乘 i 表示环绕原点作 90°的旋转,所以

(2) $$\boldsymbol{v}=\frac{\mathrm{i}\Gamma}{2\pi}\frac{z}{|z|^2}\quad(\Gamma\text{ 是实数})$$

表示把(1)中的场在每点处的矢量环绕原点作 90°的旋转,从而流线乃是以原点为心的一组同心圆(图 11.6).速度的大小与 $|z|$ 成反比例.如果 $\Gamma>0$,旋转是逆时针方向的;而如果 $\Gamma<0$,旋转是顺时针方向的(图 11.7).这种场描述涡流,因此叫做平面涡流场.(1),(2)中的函数在 $z=0$ 处都呈现了奇异性.这些场仍是有位势的.事实上,在(1)中,速度沿横、纵轴的分量乃是 v_x,v_y,它们各等于

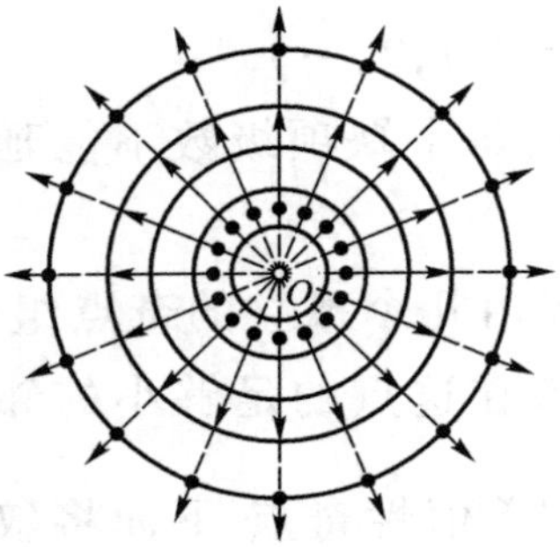

图 11.6

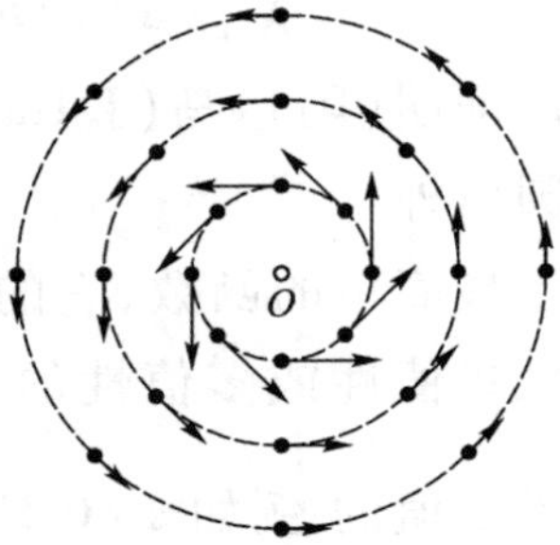

图 11.7

$$v_x=\frac{Q}{2\pi}\frac{x}{x^2+y^2},\quad v_y=\frac{Q}{2\pi}\frac{y}{x^2+y^2},$$

从而

$$\frac{\partial v_x}{\partial y}=-\frac{Q}{2\pi}\frac{2xy}{(x^2+y^2)^2}=\frac{\partial v_y}{\partial x}.$$

于是得知速度势 φ 存在,并且它等于

(3)
$$\varphi=\frac{Q}{2\pi}\int_{z_0}^{z}\frac{x\mathrm{d}x+y\mathrm{d}y}{x^2+y^2}=\frac{Q}{4\pi}\ln(x^2+y^2)+C$$
$$=-\frac{Q}{2\pi}\ln\frac{1}{|z|}+C.$$

又对于上述的平面涡流场,

$$v_x=\frac{\Gamma}{2\pi}\frac{-y}{x^2+y^2},\quad v_y=\frac{\Gamma}{2\pi}\frac{x}{x^2+y^2}.$$

因此

(4)
$$\varphi=\frac{\Gamma}{2\pi}\int_{z_0}^{z}\frac{-y\mathrm{d}x+x\mathrm{d}y}{x^2+y^2}$$
$$=\frac{\Gamma}{2\pi}\mathrm{Arctan}\,\frac{y}{x}+C$$
$$=\frac{\Gamma}{2\pi}\mathrm{Arg}\,z+C,$$

从而 φ 不是单值函数.

对于(3),由于流线函数 ψ 与速度势 φ 的关系是

$$\frac{\partial\varphi}{\partial x}=\frac{\partial\psi}{\partial y},\quad -\frac{\partial\varphi}{\partial y}=\frac{\partial\psi}{\partial x},$$

从而

$$\psi=\frac{Q}{2\pi}\int_{z_0}^{z}\frac{-y\mathrm{d}x+x\mathrm{d}y}{x^2+y^2}=\frac{Q}{2\pi}\mathrm{Arg}\,z.$$

我们称 $w=\varphi+\mathrm{i}\psi$ 为这一平面流的复势,于是 w 等于

(5)
$$w=w(z)=\frac{Q}{2\pi}(\ln|z|+\mathrm{i}\mathrm{Arg}\,z)=\frac{Q}{2\pi}\mathrm{Ln}\,z.$$

对于上述的涡流场,同样不难验明复势等于

(6) $$w=\frac{\Gamma}{2\pi \mathrm{i}}\mathrm{Ln}\, z.$$

Q 表示点源的强度，而 Γ 表示涡流强度. 如果点源不放在 0 处而放在 $z=a$ 处，在(5)中应以 $z-a$ 代替 z. 同理，如果涡点在 $z=a$ 处，那么在(6)中也应以 $z-a$ 代替 z. 如果在 a 处有强度为 Γ 的涡流与强度为 Q 的点源相叠加，那么得到涡源，它的复势是

(7) $$\Phi(z)=\frac{Q-\mathrm{i}\Gamma}{2\pi}\mathrm{Ln}(z-a).$$

$q\equiv Q-\mathrm{i}\Gamma$ 叫做涡源的强度. $\Phi(z)$ 是一解析函数，而点源 a 成为这个解析函数的歧点. 如果有两个点涡源，分别放在 $z_1=a-h$ 与 $z_2=a$ 处，并设它们的强度各是 $q'=\frac{p}{h}$ 与 $q''=-\frac{p}{h}$. 当这两个点涡源无限接近时，$h\to 0$，从而强度无限增大，得到具有矩量 p 的偶极子场. 它的复势是

(8) $$\begin{aligned}\Phi(z)&=\lim_{h\to 0}\left[\frac{p}{2\pi h}\mathrm{Ln}(z-a+h)-\frac{p}{2\pi h}\mathrm{Ln}(z-a)\right]\\&=\frac{p}{2\pi}\lim_{h\to 0}\frac{\mathrm{Ln}(z-a+h)-\mathrm{Ln}(z-a)}{h}=\frac{p}{2\pi}\frac{1}{z-a}.\end{aligned}$$

这时 $\Phi(z)$ 在 $z=a$ 处有奇点.

如果考虑两个无限接近并具有无限增大的矩量 $p'=\frac{p}{h}$，$p''=-\frac{p}{h}$ 的偶极子，各放置在 $z_1=a-h$ 与 $z_2=a$ 处，$h\to 0$，那么得到所谓四极子场，它的复势是

(9) $$\begin{aligned}\Phi(z)&=\lim_{h\to 0}\left(\frac{p}{2\pi h}\frac{1}{z-a+h}-\frac{p}{2\pi h}\frac{1}{z-a}\right)\\&=\frac{p}{2\pi}\lim_{h\to 0}\frac{1}{h}\left(\frac{1}{z+h-a}-\frac{1}{z-a}\right)=-\frac{p}{2\pi}\frac{1}{(z-a)^2}.\end{aligned}$$

这个复势也在 $z=a$ 处有奇点.

(7)，(8)，(9)的函数都在 $z=a$ 处有奇点，但奇异性不相同. 本节考虑解析函数在奇点附近的性质，并把这些奇点加以分类. 上面(7)，(8)，(9)中的奇点都是孤立的，即在它们适当小的邻域中没有其他奇点.

现在考察一个在环形区域 $K: r<|z-a|<R$ 中解析的函数 $f(z)$. 取实数 r', R'，使 $r<r'<R'<R$. 那么环形区域 $K': r'<|z-a|<R'$ 整个地含在环形区域 K 中(图 11.8). 既然 $f(z)$ 在 K 中是解析的，依积分公式，

$$(10)\qquad f(z)=\frac{1}{2\pi i}\int_{C_{R'}}\frac{f(\xi)}{\zeta-z}d\xi-\frac{1}{2\pi i}\int_{C_{r'}}\frac{f(\zeta)}{\zeta-z}d\zeta,$$

这里 $C_{R'}, C_{r'}$ 各表示以 a 为圆心，以 R', r' 为半径的圆周积分是依逆时针方向进行的. 设 $0<r'<r''<R''<R'$，并令 K'' 表示环形区域 $r''<|z-a|<R''$，并且设 z 是 K'' 中的一点. 那么当 ζ 在 $C_{R'}$ 上时，

$$\left|\frac{z-a}{\zeta-a}\right|<\frac{R''}{R'}<1,$$

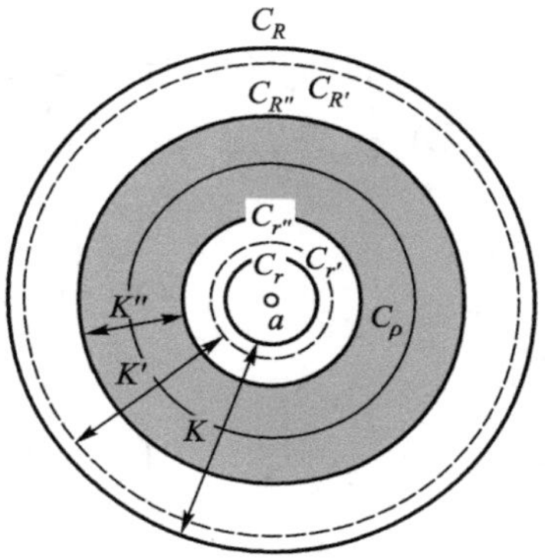

图 11.8

从而

$$\frac{1}{\zeta-z}=\frac{1}{\zeta-a}\cdot\frac{1}{1-\frac{z-a}{\zeta-a}}$$

$$=\frac{1}{\zeta-a}+\frac{z-a}{(\zeta-a)^2}+\frac{(z-a)^2}{(\zeta-a)^3}+\cdots+\frac{(z-a)^n}{(\zeta-a)^{n+1}}+\cdots,$$

上述展开当 ζ 遍经 $C_{R'}$ 上时是一致收敛的. 因此，乘 $f(\zeta)$ 之后，上式右边级数可以逐项积分，从而得

$$(11)\qquad \frac{1}{2\pi i}\int_{C_{R'}}\frac{f(\zeta)}{\zeta-z}d\zeta=\sum_{n=0}^{\infty}c_n(z-a)^n,$$

这里

$$(11')\qquad c_n=\frac{1}{2\pi i}\int_{C_{R'}}\frac{f(\zeta)}{(\zeta-a)^{n+1}}d\zeta,\quad n=0,1,2,\cdots.$$

由于 $f(z)$ 在 $z=a$ 处不一定正则，从而(11′)中右边不能依积分公式表示成 $\dfrac{f^{(n)}(a)}{n!}$.

在(10)的右边的第二个积分中，当 ζ 在 $C_{r'}$ 上时，对于 K'' 中的一点 z，有

$$\left|\frac{\zeta-a}{z-a}\right|<\frac{r'}{r''}<1,$$

从而

$$\frac{1}{\zeta-z}=-\frac{1}{z-a}\cdot\frac{1}{1-\dfrac{\zeta-a}{z-a}}$$

$$=-\frac{1}{z-a}-\frac{\zeta-a}{(z-a)^2}-\frac{(\zeta-a)^2}{(z-a)^3}-\cdots-\frac{(\zeta-a)^{n-1}}{(z-a)^n}-\cdots,$$

上式右边的级数也是在 $C_{r'}$ 上一致收敛的.因此,乘上 $f(\zeta)$ 并沿 $C_{r'}$ 上可以逐项积分,得

(12) $$-\frac{1}{2\pi\mathrm{i}}\int_{C_{r'}}\frac{f(\zeta)}{\zeta-z}\mathrm{d}\zeta=\sum_{n=1}^{\infty}\frac{c_{-n}}{(z-a)^n},$$

这里

(12′) $$c_{-n}=\frac{1}{2\pi\mathrm{i}}\int_{C_{r'}}f(\zeta)(\zeta-a)^{n-1}\mathrm{d}\zeta,\quad n=1,2,3,\cdots$$

把(11),(12)合并,可得

(13) $$f(z)=\sum_{n=0}^{\infty}c_n(z-a)^n+\sum_{n=-1}^{-\infty}\frac{c_n}{(z-a)^{-n}}$$

$$=\sum_{n=-\infty}^{\infty}c_n(z-a)^n,$$

由于 $f(z)$ 在 K 内是解析的,因而

$$\frac{f(z)}{(z-a)^n},\quad n=0,\pm1,\pm2,\cdots$$

在 K 内也是解析的,从而(11′),(12′)中的积分都可以换成沿 K 内任意以 a 为圆心的圆周 $|z-a|=\rho\ (r<\rho<R)$ 的积分,于是(11′),(12′)可以合并成

(14) $$c_n=\frac{1}{2\pi\mathrm{i}}\int_{C_\rho}\frac{f(\zeta)}{(\zeta-a)^{n+1}}\mathrm{d}\zeta,\quad n=0,\pm1,\pm2,\cdots.$$

由于 r'' 可以任意接近 r,R'' 可以任意接近 R,可知上述展开式(13)在整个 K 内成立.这种展开(13),(14)叫做函数 $f(z)$ 在环形区域 K 中的洛朗(Laurent)展开,或双向无穷级数展开.(13)中间一式的第一个和是 $z-a$ 的幂级数,叫做双向展开的正则部分,而第二个和是 $(z-a)^{-1}$ 的幂

级数,叫做双向展开的主部.正则部分

$$f_1(z)=\sum_{n=0}^{\infty}c_n(z-a)^n$$

是平常幂级数.它既在 K 内收敛,用比较准则不难看出它在整个圆 $|z-a|<R$ 内收敛.依解析函数的性质,这个圆可以扩大,直到它的圆周碰到 $f_1(z)$ 的奇点为止.

双向展开的主部

$$f_2(z)=\sum_{n=1}^{\infty}\frac{c_{-n}}{(z-a)^n} \tag{15}$$

是 $Z=\dfrac{1}{z-a}$ 的幂级数,从而依上述,它在

$$\frac{1}{R}<|Z|<\frac{1}{r}$$

中收敛.用比较准则得知它在整个圆 $|Z|<\dfrac{1}{r}$ 中收敛,也就是说,(15)在圆外:$|z-a|>r$ 收敛.依解析函数的性质,这个圆可以缩小,直到它碰到 $f_2(z)$ 的奇点为止.由于 $f(z)=f_1(z)+f_2(z)$,可以看出,环形区域 K 可以扩大到使边界碰到 $f(z)$ 的奇点为止,也就是说,使得在圆周 $|z-a|=r$ 与 $|z-a|=R$ 上都有 $f(z)$ 的奇点.于是不难看出,对于满足 $r<r'<R'<R$ 的任意实数 r',R',双向展开(13)在环形区域 $r'\leqslant|z|\leqslant R'$ 中一致收敛.

总结上述,得出下列定理:

定理 1 在环形区域 K:$r<|z-a|<R$ 中正则的函数 $f(z)$ 在这区域中必可展成双向级数

$$f(z)=\sum_{n=-\infty}^{\infty}c_n(z-a)^n,$$

这里 c_n 按照公式(14)算出.K 可以取作使 $f(z)$ 在它里面正则的最大环形区域,而 $|z-a|=\rho$ 是 K 中任意的圆周.这个展开的正则部分在圆 $|z-a|<R$ 中收敛,而主部在圆 $|z-a|>r$ 外收敛.级数(13)在任意较小的环形区域 $r'\leqslant|z-a|\leqslant R'(r<r'<R'<R)$ 上一致收敛.

注 由(14)不难看出,如果 $M=\max\limits_{|z-a|=\rho}|f(z)|$,有

$$|c_n| = \left|\frac{1}{2\pi i}\int_{C_\rho}\frac{f(\zeta)}{(\zeta-a)^{n+1}}d\zeta\right| \leqslant \frac{M\cdot 2\pi\rho}{2\pi\rho^{n+1}} = \frac{M}{\rho^n},$$

$$n=0,\pm1,\pm2,\cdots.$$

现在考察函数的另一种无穷级数展开,这种展开在解微分方程等实用问题上是很有用的.假定$f(z)$在很狭窄的环形区域$K:1-\varepsilon<|z|<1+\varepsilon$中正则,那么依上述,在$K$中,

$$f(z)=\sum_{n=-\infty}^{\infty}c_n z^n,$$

这里

$$c_n=\frac{1}{2\pi i}\int_{|\zeta|=1}\frac{f(\zeta)}{\zeta^{n+1}}d\zeta.$$

注意以原点为圆心的单位圆上的点可以表示成

$$\zeta=e^{i\theta},$$

从而

$$c_n=\frac{1}{2\pi}\int_0^{2\pi}f(e^{i\theta})e^{-in\theta}d\theta.$$

如果令

$$F(t)=f(e^{it}),$$

即$F(t)$是t的(以2π为周期的)周期函数,那么$F(t)$可以展成无穷级数

$$F(t)=f(e^{it})=\sum_{n=-\infty}^{\infty}c_n e^{int}, \tag{16}$$

这里

$$c_n=\frac{1}{2\pi}\int_0^{2\pi}F(\theta)e^{-in\theta}d\theta.$$

展开(16),由于在第三卷将要说明的理由,叫做$F(t)$的正交展开(文献上叫做傅里叶(Fourier)展开).这种表示还可以改写成实形式:

$$F(t)=c_0+\sum_{n=1}^{\infty}(c_n e^{int}+c_{-n}e^{-int})$$

$$=\frac{a_0}{2}+\sum_{n=1}^{\infty}(a_n\cos nt+b_n\sin nt),$$

这里

$$c_0=\frac{a_0}{2},\quad c_n+c_{-n}=a_n,\quad \mathrm{i}(c_n-c_{-n})=b_n.$$

由此可得

$$a_0=2c_0=\frac{1}{\pi}\int_0^{2\pi}F(\theta)\mathrm{d}\theta,$$

$$a_n=c_n+c_{-n}=\frac{1}{\pi}\int_0^{2\pi}F(\theta)\cos n\theta\mathrm{d}\theta,$$

$$b_n=\frac{1}{\mathrm{i}}(c_{-n}-c_n)=\frac{1}{\pi}\int_0^{2\pi}F(\theta)\sin n\theta\mathrm{d}\theta.$$

于是得知,在单位圆周上,当把双向展开看作实变量 $t(\zeta=\mathrm{e}^{\mathrm{i}t})$ 的函数时,这种展开正是函数 $F(t)=f(\mathrm{e}^{\mathrm{i}t})$ 的正交展开.

以前已经提到过,对于速度场为 $\boldsymbol{v}$ 的流体,如果闭围道 C 是没有涡旋和源的带,流过闭围道 C 的流等于

$$Q=\int_C\boldsymbol{v}\cdot\boldsymbol{n}\mathrm{d}s=\int_C\mathrm{d}\psi=\mathscr{I}\int_C\boldsymbol{\Phi}'(z)\mathrm{d}z,$$

这里 $\boldsymbol{\Phi}(z)$ 是复势 $\boldsymbol{\Phi}(z)=\varphi(x,y)+\mathrm{i}\psi(x,y)$,而 $\boldsymbol{n}$ 是 C 的内法线单位矢量.又环流量等于

$$\Gamma=\int_C\boldsymbol{v}\cdot\mathrm{d}\boldsymbol{s}=\int_C\mathrm{d}\varphi=\mathscr{R}\int\boldsymbol{\Phi}'(z)\mathrm{d}z,$$

于是得知

$$\Gamma+\mathrm{i}Q=\mathscr{R}\int_C\boldsymbol{\Phi}'(z)\mathrm{d}z+\mathrm{i}\mathscr{I}\int_C\boldsymbol{\Phi}'(z)\mathrm{d}z=\int_C\boldsymbol{\Phi}'(z)\mathrm{d}z.$$

特别,如果在 C 所围绕的区域中只在有穷多个点 $a_1,a_2,\cdots,a_n$ 处有点源和涡旋,那么怎样表达 $\Gamma+\mathrm{i}Q$ 呢? 对于曲线 C 所围绕的区域 $\mathscr{D}$ 中,设 $f(z)$ 除有穷多个点 $a_1,a_2,\cdots,a_n$ 外遍处正则,那么取环绕 a_i 的小圆 C_i,使 C_i 所围成的区域完全包含在 $\mathscr{D}$ 中,于是由于 $f(z)$ 的解析性得知

$$\int_C f(z)\mathrm{d}z=\sum_{i=1}^{n}\int_{C_i}f(z)\mathrm{d}z,$$

我们称

$$\frac{1}{2\pi\mathrm{i}}\int_{C_i}f(z)\mathrm{d}z$$

为 $f(z)$ 在 a_i 处的留数，表示成 res $f(a_i)$ ①. 由此可知

$$\int_C f(z)\,\mathrm{d}z = 2\pi\mathrm{i}\sum_{i=1}^{n} \operatorname{res} f(a_i).$$

现在我们计算一下 res $f(a_i)$. 由上述，如果考察 $f(z)$ 的一个孤立奇点 $z=a$，取以 a 为心的一个足够小的圆 $|z-a|=\rho$，依双向展开公式 (14)，可知

$$\frac{1}{2\pi\mathrm{i}}\int_{C_\rho} f(\zeta)\,\mathrm{d}\zeta = c_{-1}$$

乃是 $f(z)$ 的环绕 $z=a$ 的双向展开式中 $(z-a)^{-1}$ 一项的系数.

我们把孤立奇点 a 分类如下：

如果 a 是奇点，$z\to a$ 时，$f(z)$ 有极限，而且

$$\lim_{z\to a} f(z) \neq \infty,$$

那么，a 叫做可去奇点；如果

$$\lim_{z\to a} f(z) = \infty,$$

那么 a 叫做极点；如果当 $z\to a$ 时，$f(z)$ 没有极限，a 叫做本质奇点.

下面讨论这些奇点的判别准则.

如果 a 是函数 $f(z)$ 的可去奇点，那么当 $z\to a$ 时，$f(z)$ 趋于有穷极限，从而 $f(z)$ 在 a 的某一个小环形区域 $0<|z-a|<\varepsilon$ 中是有界的：$|f(z)|\leqslant M$. 但上面已经知道，对于 $f(z)$ 在 a 附近双向展式中的系数 c_n 满足

$$|c_n| < \frac{M}{\rho^n},$$

而由于 ρ 可以任意小，对于负的 n，必须有 $c_n=0$. 由此可知 $f(z)$ 在区域 $0<|z-a|<\varepsilon$ 中可以表示成 $z-a$ 的幂级数

$$f(z) = \sum_{n=0}^{\infty} c_n (z-a)^n. \tag{17}$$

也就是说，$f(z)$ 环绕 a 的双向展开不包含主部. 反之，如果 $f(z)$ 环绕孤立奇点的双向展开不包含主部，那么 (17) 成立 $(0<|z-a|<\varepsilon)$，从而

---

① res 是由留数的法文字 residue 简写得来.

(18)
$$\lim_{z\to a} f(z)=c_0\neq\infty .$$

于是得知

定理 2　函数 $f(z)$ 的孤立奇点 a 是可去的，必须且只需 $f(z)$ 环绕 a 的双向展开不包含主部.

注　如果(18)中极限存在并且 $c_0=f(a)$，那么 $f(z)$ 在圆 $|z-a|<\varepsilon$ 中是正则的，并且等于(17)中右边的级数. 因此，当 a 是奇点时，如果(18)中极限存在，它不可能等于 $f(a)$，或者 $f(a)$ 根本没有定义. 我们可以改换 $f(z)$ 在 $z=a$ 处的定义，使 $f(a)=\lim\limits_{z\to a} f(z)$ 从而消除了 $z=a$ 的奇异性，因此这样的点叫做可去奇点. 上面实质上已证明了下列事实：为了使奇点 a 是可去的，必须且只需 $f(z)$ 在这点的某邻域中有界.

例 1　设

$$f(z)=\frac{\sin z}{z},\quad 如果\quad z\neq 0.$$

那么 $f(0)$ 没有定义. 当 $z\neq 0$ 时，

$$f(z)=\frac{1}{z}\left(z-\frac{z^3}{3!}+\frac{z^5}{5!}-\cdots\right)=1-\frac{z^2}{3!}+\frac{z^4}{5!}-\cdots,$$

从而

$$\lim_{z\to 0} f(z)=1.$$

因此 $z=0$ 是 $f(z)$ 的可去奇点. 如果补充规定 $f(0)=1$，那么 $f(z)$ 在 $z=0$ 处也是正则的.

既然 $f(z)$ 是在可去奇点处的双向展开没有主部，可知 $f(z)$ 在这样的奇点处的留数等于 0.

现在讨论极点. 由定义可知，在极点 a 的附近：$0<|z-a|<\varepsilon$，函数 $f(z)$ 不等于 0，更确切地说，无论 M 怎样大，必存在 a 的一个邻域 $|z-a|<\varepsilon$，使对于这邻域中的点 $z\neq a$，$|f(z)|>M$. 因此在这邻域中，

$$g(z)=\frac{1}{f(z)}$$

对于 $z\neq a$ 是正则的，并且

$$\lim_{z\to a} g(z)=0,$$

从而 $g(z)$ 在 $z=a$ 处有可去奇点. 如果令

$$g(a)=0,$$

那么 $g(z)$ 成为在 a 的邻域 $|z-a|<\varepsilon$ 中正则的函数，并且 a 是 $g(z)$ 的零点. 反之，如果函数 $g(z)$ 在点 a 的某一邻域中正则，且不恒等于 0，而 $g(a)=0$，那么依解析函数的唯一性，$g(z)$ 在 a 的某适当邻域 $|z-a|<\varepsilon$ 中除 a 以外没有零点. 于是在这邻域中除 a 点外，

$$f(z)=\frac{1}{g(z)}$$

是正则的，而 a 是 $f(z)$ 的极点. 总之，有下列定理：

定理 3 设函数 $f(z)$ 在点 a 的某邻域 $|z-a|<\varepsilon$ 中除 a 点外是正则的. 为了使这点 a 是 $f(z)$ 的极点，必须且只需函数 $g(z)=\dfrac{1}{f(z)}$ 以 a 为零点.

如果 a 是函数 $g(z)=\dfrac{1}{f(z)}$ 的 k 阶零点，那么 a 叫做 $f(z)$ 的 k 阶极点.

设 a 是函数 $f(z)$ 的 m 阶极点，那么 a 是 $g(z)$ 的 m 阶零点，也就是说，在 a 附近 $g(z)$ 的幂级数展开是

$$g(z)=c_m(z-a)^m+c_{m+1}(z-a)^{m+1}+\cdots=(z-a)^m\varphi(z),$$

这里 $\varphi(z)$ 是在 a 附近正则的函数，并且 $\varphi(a)=c_m\neq 0$. 由此，当 $0<|z-a|$ 足够小时，

$$f(z)=\frac{1}{(z-a)^m}\frac{1}{\varphi(z)}=\frac{1}{(z-a)^m}[b_0+b_1(z-a)+b_2(z-a)^2+\cdots].$$

因为 $\dfrac{1}{\varphi(z)}$ 在 $z=a$ 附近是正则的，这正是说，在 a 附近除 a 点外：$0<|z-a|<\varepsilon$，$f(z)$ 的双向展开具有下列形式：

$$(19)\qquad f(z)=\frac{c_{-m}}{(z-a)^m}+\frac{c_{-m+1}}{(z-a)^{m-1}}+\cdots+\frac{c_{-1}}{z-a}+\sum_{n=0}^{\infty}c_n(z-a)^n,$$

这里 $c_{-m}=b_0=\lim\limits_{z\to a}(z-a)^m\cdot f(z)=\dfrac{1}{\varphi(a)}\neq 0$. 这就是说，在极点附近，$f(z)$ 的主部只有有穷多项. 反之，设 $f(z)$ 在它的一个孤立奇点 a 的附

近：$0<|z-a|<\varepsilon$，它的双向展开的主部只有有穷多项，有如(19)，那么把(19)乘$(z-a)^m$，得

$$\begin{aligned}(20)\qquad \psi(z) &\overset{\text{def}}{=\!=} f(z)(z-a)^m \\ &= c_{-m}+c_{-m+1}(z-a)+c_{-m+2}(z-a)^2+\cdots,\end{aligned}$$

从而$\psi(z)$在$z=a$处是正则的，并且$\psi(a)=c_{-m}$. 设$c_{-m}\neq 0$，那么

$$\lim_{z\to a} f(z)=\lim_{z\to a}\frac{\psi(z)}{(z-a)^m}=\infty,$$

从而a是$f(z)$的极点. 由(20)可知

$$\frac{1}{f(z)}=(z-a)^m\frac{1}{\psi(z)}=(z-a)^m[b_{-m}+b_{-m+1}(z-a)+\cdots],$$

而$b_{-m}=\dfrac{1}{c_{-m}}\neq 0$，即$a$是$f(z)$的$m$阶极点. 于是得

定理 4 为了函数$f(z)$的孤立奇点a是极点，必须且只需$f(z)$在a附近的双向展开的主部只有有穷多项，如(19)，其中$c_{-m}\neq 0$. 这时m正是极点a的阶数.

例 2 函数

$$f(z)=\frac{(z-1)(z-2)}{(z^2+1)(z+3)^3}$$

有三个极点：±i(各是 1 阶的)，-3(3 阶的).

例 3 前面举出的，偶极子具有 1 阶极点，四极子具有 2 阶极点.

现在讨论极点处的留数. 由(19)可知

$$\frac{\mathrm{d}^{m-1}}{\mathrm{d}z^{m-1}}[(z-a)^m f(z)]=(m-1)!\ c_{-1}+m(m-1)\cdots 2c_0(z-a)+\cdots,$$

从而

$$(21)\qquad c_{-1}=\frac{1}{(m-1)!}\lim_{z\to a}\frac{\mathrm{d}^{m-1}}{\mathrm{d}z^{m-1}}[(z-a)^m f(z)].$$

特别在 1 阶极点a处的留数等于

$$(21')\qquad c_{-1}=\lim_{z\to a}(z-a)f(z).$$

特别，如果函数$f(z)$在$z=a$附近可以表示成两个正则函数的商：

$$f(z)=\frac{\varphi(z)}{\psi(z)},$$

并且 $\varphi(a)\neq 0,\psi(a)=0,\psi'(a)\neq 0$,那么不难看出 a 是 $f(z)$ 的 1 阶极点.这时

$$c_{-1}=\lim_{z\to a}(z-a)\frac{\varphi(z)}{\psi(z)}=\varphi(a)\lim_{z\to a}\frac{1}{\dfrac{\psi(z)-\psi(a)}{z-a}}=\frac{\varphi(a)}{\psi'(a)}. \tag{22}$$

式(22)对于求 1 阶极点处的留数是非常有用的.

例 4 函数

$$\cot z=\frac{\cos z}{\sin z}$$

在 $z=n\pi(n=0,\pm1,\pm2,\cdots)$ 处有极点,而在 $z=\left(n+\frac{1}{2}\right)\pi(n=0,\pm1,\pm2,\cdots)$ 处有零点.每个极点 $n\pi$ 都是 1 阶的,依上述,在 $n\pi$ 处的留数等于

$$\frac{\cos n\pi}{(\sin z)'\big|_{z=n\pi}}=\frac{\cos n\pi}{\cos n\pi}=1.$$

现在考虑本质奇点.由前面几个定理立刻看出:

定理 5 为了使函数 $f(z)$ 的孤立奇点 a 是本质奇点,必须且只需 $f(z)$ 在 a 点附近的双向展开的主部具有无穷多项:即

$$f(z)=\sum_{n=1}^{\infty}\frac{c_{-n}}{(z-a)^n}+\sum_{n=0}^{\infty}c_n(z-a)^n,$$

这里有无穷多个 c_{-n} 不是零.

例 5 函数

$$f(z)=e^{\frac{1}{z}}$$

在 $z=0$ 处具有本质奇点.事实上,对于实数 x,

$$\lim_{x\to 0^-}e^{\frac{1}{x}}=0,\quad \lim_{x\to 0^+}e^{\frac{1}{x}}=\infty,$$

从而

$$\lim_{z\to 0}e^{\frac{1}{z}}$$

不存在.$f(z)$ 在 0 的附近在 $z\neq 0$ 处的双向展开是

$$e^{\frac{1}{z}}=1+\frac{1}{z}+\frac{1}{2!\,z^2}+\frac{1}{3!\,z^3}+\cdots+\frac{1}{n!\,z^n}+\cdots.$$

从而它的主部具有无穷多项.注意这时它在 $z=0$ 处的留数等于 1.

对于本质奇点 a,不但

$$\lim_{z\to a}f(z)$$

不存在,而且我们还可以指出它的更深刻的本质:

定理 6 如果 a 是函数 $f(z)$ 的本质奇点,那么对于任意复数 α(α 也可以表示 ∞),必可找到一串复数 z_n,使 $z_n\to a$,而

$$\lim_{n\to\infty}f(z_n)=\alpha.$$

注 换句话说,当适当选择趋向于本质奇点的一串数 z_n 时,$f(z_n)$ 可以趋于任意预给的极限值!

证 1) 设 $\alpha=\infty$.依定理 2 前面的讨论,$f(z)$ 在 a 的某邻域中是无界的,因为不然,a 就成为可去奇点了.因此,对于 a 的任意小的邻域 $|z-a|<\frac{1}{n}$ 中,必有一点 $z_n\neq a$,使 $|f(z_n)|>n$.于是 $z_n\to a$,而 $f(z_n)\to\infty$.

2) 再设 $\alpha\neq\infty$.或者对于任意正整数 n 可以找到一点 z_n,使 $0<|z_n-a|<\frac{1}{n}$ 而 $f(z_n)=\alpha$,或者存在 a 的一个邻域 $|z-a|<\frac{1}{n}$,使在这邻域中除 a 一点外 $f(z)\neq\alpha$.在前一情形下,这里已经得证.假定是后一情况,那么在 $0<|z-a|<\frac{1}{n}$ 中,函数

$$g(z)=\frac{1}{f(z)-\alpha}$$

是正则的.于是 a 是 $g(z)$ 的孤立奇点.这个奇点只能是本质的,因为不然,有穷或无穷的极限值

$$\lim_{z\to a}g(z)$$

存在,从而

$$\lim_{z\to a}f(z)=\lim_{z\to a}\left[\alpha+\frac{1}{g(z)}\right]$$

也存在了.于是由 1)得知存在一串点 $z_n\to a$,使

$$\lim_{n\to\infty} g(z_n)=\infty .$$

于是

$$\lim_{n\to\infty} f(z_n)=\alpha+\lim_{n\to\infty}\frac{1}{g(z_n)}=\alpha,$$

证完.

例 6 $\sin\dfrac{1}{z}$对于趋于零的列$\{z_n\}$可以趋于任意复数.

上面关于奇点的讨论,都是就有穷处的点而说的.现在考察函数在无穷远点处的性质.由于无穷远点乃是$z=0$在映射$w=\dfrac{1}{z}$下的像,所以无穷远点的邻域可理解成0的某邻域$|z|<\varepsilon$在映射$w=\dfrac{1}{z}$之下的像,也就是指$|w|>\dfrac{1}{\varepsilon}$.所谓$w=a$是$f\left(\dfrac{1}{w}\right)$的孤立奇点,乃是指$\dfrac{1}{a}$是$f(z)$的孤立奇点.按照当$z\to\infty$时,$f(z)$有有穷极限、有无穷极限或根本没有极限,我们相应地称∞是$f(z)$的可去奇点、极点或本质奇点.∞叫做$f(z)$的m阶极点,是指0是$f\left(\dfrac{1}{z}\right)$的$m$阶极点.由此可见,如果$\infty$是$f(z)$的可去奇点,那么当取适当的$R>0$时,如果$R<|z|<\infty$,有

$$f(z)=f\left(\frac{1}{w}\right)=c_0+c_1w+c_2w^2+\cdots=c_0+\frac{c_1}{z}+\frac{c_2}{z^2}+\cdots.$$

如果∞是$f(z)$的m阶极点,那么

$$\begin{aligned}f(z)=f\left(\frac{1}{w}\right)&=\frac{c'_{-m}}{w^m}+\frac{c'_{-m+1}}{w^{m-1}}+\cdots+\frac{c'_{-1}}{w}+\sum_{n=0}^{\infty}c'_nw^n\\&=c_mz^m+c_{m-1}z^{m-1}+\cdots+c_1z+\sum_{n=0}^{\infty}\frac{c_{-n}}{z^n},\end{aligned}$$

这里令$c_n=c'_{-n}$.如果∞是$f(z)$的本质奇点,那么

$$f(z)=f\left(\frac{1}{w}\right)=\sum_{n=1}^{\infty}\frac{c'_{-n}}{w^n}+\sum_{n=0}^{\infty}c'_nw^n=\sum_{n=1}^{\infty}c_nz^n+\sum_{n=0}^{\infty}\frac{c_{-n}}{z^n}.$$

这里,有无穷多个$c_n(=c'_{-n})$不是零.

由此可见,在无穷远点附近,在函数 $f(z)$ 的双向展开中,起主部作用的乃是 z 的诸正幂项的和,而 z 的诸负幂项之和乃是正则部分.如果 $f(z)$ 在无穷远点处有可去奇点,那么常添入定义

$$f(\infty)=\lim_{z\to\infty}f(z),$$

并称 $f(z)$ 在无穷远点处是正则的.于是以前的刘维尔定理可改述如下:如果函数 $f(z)$ 在整个封闭的平面中是正则的,那么它必是常数.事实上,依在无穷远点处正则性的定义可知存在正数 M_1,使在无穷远点附近,也就是说,存在一数 $R>0$,使当 $|z|>R$ 时,$|f(z)|\leqslant M_1$.同时,$f(z)$ 既在 $|z|\leqslant R$ 中是解析的,它在这个闭圆中也有界,由此 $f(z)$ 在整个封闭平面中有界.于是依前面证过的刘维尔定理,$f(z)$ 是常数.

例 7 有理函数

$$f(z)=\frac{a_nz^n+a_{n-1}z^{n-1}+\cdots+a_0}{b_mz^m+b_{m-1}z^{m-1}+\cdots+b_0}$$

$(a_n\neq0, b_m\neq0)$ 当 $n\leqslant m$ 时在无穷远点处是正则的.如果 $n<m$,它在无穷远点处有 $m-n$ 阶零点.如果 $n>m$,它在无穷远点处有 $n-m$ 阶极点.特别,n 次多项式

$$f(z)=a_nz^n+a_{n-1}z^{n-1}+\cdots+a_0\quad(a_n\neq0)$$

在无穷远点处有 n 阶极点.

例 8 $e^z, \cos z, \sin z$ 等的平常幂级数展开也可以看作就是它在无穷远点附近处的双向展开,从而主部具有无穷多项.因此 ∞ 是这些函数的本质奇点.

例 9 $e^{\frac{1}{z}}$ 是在无穷远点处正则的,因为它在无穷远点附近的双向展开不包含正幂项!

例 10 函数

$$f(z)=\frac{1}{\sin z}$$

在无穷远处有非孤立的奇点,因为 $z_k=k\pi$ 都是它的极点($k=0,\pm1,\pm2,\cdots$),而这些极点以 ∞ 为聚点(即 $\lim\limits_{k\to\infty}z_k=\infty$).

下面把上述的理论用到流体力学的问题上去.在流体动力学中,

我们常研究绕流问题,也就是无涡旋无源的理想流体绕过给定的曲线 C 的流动问题.例如飞机在空气中飞行时,空气流相对于机翼的运动就可以近似地看成这样的流动.曲线 C 当然应当是流体的一条流线.如果已知速度场在无穷远处的值(即已知流体在离开由 C 所表现的物体很远处的流速),我们要决定 C 所围绕的区域中的速度场.

我们先考虑一个特殊情形.设 C 是圆周 $|z|=R$.现在来研究在无穷远处具有速度 $\boldsymbol{v}=\boldsymbol{e}_1$(即单位大小并且方向沿 x 轴的正向)的理想流体绕过圆周 $|z|=R$ 的流动.我们假定流动是关于实轴对称的.于是 $(-\infty,-R)$ 与 (R,∞) 必是流线(图 11.9),由对称性我们只需考察绕过上半圆周及 $(-\infty,-R)$ 与 (R,∞) 这两条半线的流.我们要求出流的复势 $w=\Phi(z)$,当 $\mathscr{D}$ 是单连通的时,它是单值函数.由于 $\Phi(z)$ 的虚部表示流函数,沿 C,这个虚部必须等于常数.由此可知 $w=\Phi(x)$ 把 z 平面映入 w 平面,把区域 $\mathscr{D}$ 映成 w 平面中的半平面,这半平面的分界线是水平直线(在这里的情况,就是实轴以上的半平面).又 $z=\infty$ 被映成 w 平面上的无穷远点,因为无穷多条流线都通过无穷远点,从而这点不可能与有穷处的点对应.于是 $w=\Phi(z)$ 把 $\mathscr{D}$ 一对一保角地映成上半平面,并且满足 $\Phi(\infty)=\infty$.如果 $z=\infty$ 不是曲线 C 的奇点,我们还设已知无穷远点处的速度 $\Phi'(\infty)=\boldsymbol{v}_\infty$,这里我们设它 $=1$,这样的函数可以取作

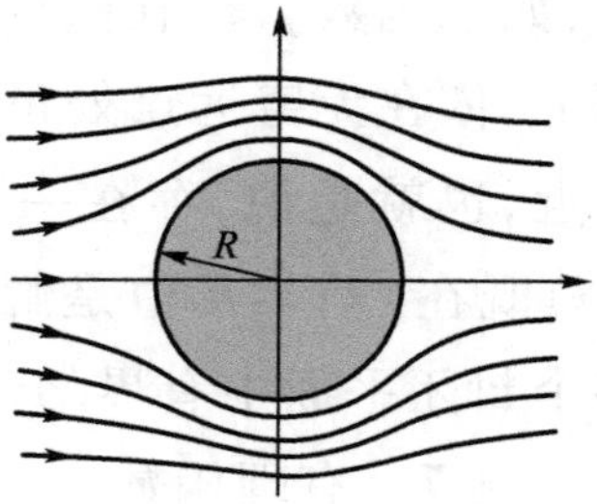

图 11.9

(23)
$$\Phi(z)=z+\frac{R^2}{z},$$

因为它把半圆 $|z|=R$ 变成

$$w=R(\mathrm{e}^{\mathrm{i}\theta}+\mathrm{e}^{-\mathrm{i}\theta})=2R\cos\theta,$$

即变成线段 $-2R<u<2R$,而把线段 $-\infty<x<-R$ 与 $R<x<\infty$ 各映成 $-\infty<u<-2R$ 与 $2R<u<\infty$.又复势

(24)
$$w=\Phi_1(z)=\frac{\Gamma}{2\pi\mathrm{i}}\mathrm{Ln}\,z\quad(\Gamma\text{ 为实常数})$$

给出在点 $z=0$ 处有旋涡的流.这涡流引起的在无穷远点处的速度等于 0,因此把(23),(24)中的复势叠加,所得的位势

$$w=\Phi(z)+\Phi_1(z)=z+\frac{R^2}{z}+\frac{\Gamma}{2\pi\mathrm{i}}\mathrm{Ln}\,z$$

仍满足上述要求,也就是说,这个流绕过 $|z|=R$ 并在无穷远点处具有速度 1.这个流中速度的大小是

$$\left|\frac{\mathrm{d}w}{\mathrm{d}z}\right|=\left|1-\frac{R^2}{z^2}+\frac{\Gamma}{2\pi\mathrm{i}z}\right|,$$

所以方程

$$z^2+\frac{\Gamma}{2\pi\mathrm{i}}z-R^2=0$$

的根就是速度等于 0 的点,也就是流的所谓临界点:

$$z=\frac{\Gamma\mathrm{i}}{4\pi}\pm\frac{1}{4\pi}\sqrt{16\pi^2R^2-\Gamma^2}.$$

如果 $|\Gamma|\leqslant 4\pi R$,那么

$$|z|=\frac{1}{4\pi}\sqrt{\Gamma^2+16\pi^2R^2-\Gamma^2}=R,$$

而如果 $|\Gamma|>4\pi R$,

$$|z|=\frac{1}{4\pi}\left|\Gamma\pm\sqrt{\Gamma^2-16\pi^2R^2}\right|.$$

由此可知,在前一情形,临界点位于圆周 $|z|=R$ 之上,而在后一情形,这两个临界点中一个在圆外,一个在圆内(因为它们的积等于 $-R^2$).考察前一种情形.那么在圆周上可以写成 $z=R\mathrm{e}^{\mathrm{i}\varphi}$,从而

$$\left|\frac{\mathrm{d}w}{\mathrm{d}z}\right|=\left|1-\mathrm{e}^{-2\mathrm{i}\varphi}-\frac{\Gamma\mathrm{i}}{2\pi R}\mathrm{e}^{-\mathrm{i}\varphi}\right|=\left|2\sin\varphi-\frac{\Gamma}{2\pi R}\right|,$$

因此临界点的辐角各是

$$\varphi_1=\arcsin\frac{\Gamma}{4\pi R},\quad \varphi_2=\pi-\arcsin\frac{\Gamma}{4\pi R}.$$

在点 $R\mathrm{e}^{\mathrm{i}\varphi_2}$ 处,流向它的流线分而为二:一条绕过圆周的上部,一条绕过圆周的下部.在点 $R\mathrm{e}^{\mathrm{i}\varphi_1}$ 处,分开的这两条线又结合起来.这样两个点中的第一个叫做分歧点,第二个叫做汇合点.

对于对称流，$\Gamma=0$，临界点是$\pm R$.当 Γ 增大时，临界点向上移，并相互接近，而当 $\Gamma=4\pi R$ 时，两点并成一个点.Γ 的继续增大则形成闭流线(图 11.10).

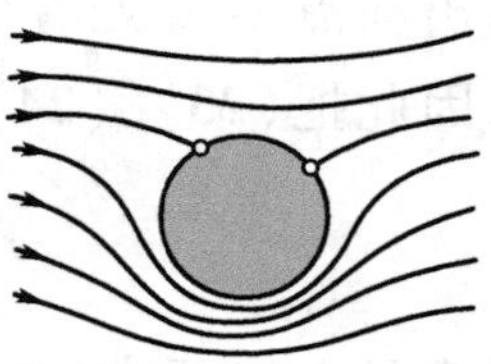
$\Gamma<4\pi R$

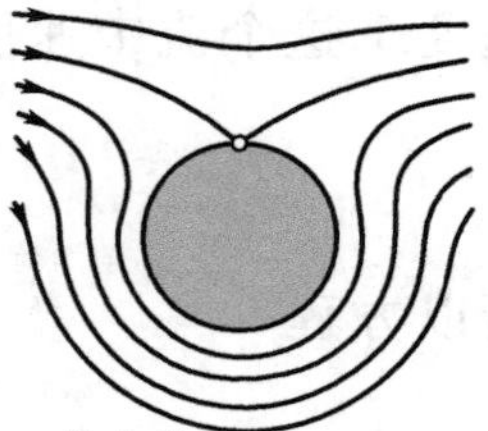
$\Gamma=4\pi R$

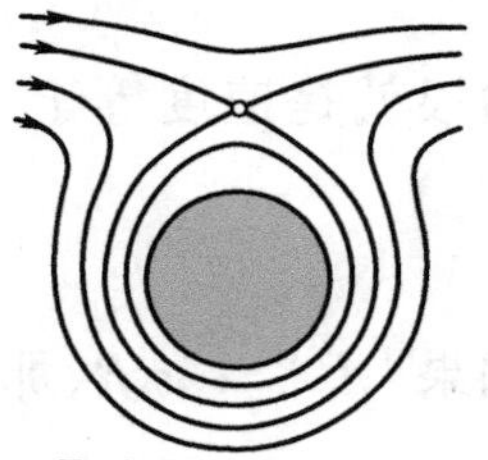
$\Gamma>4\pi R$

图 11.10

给定在无穷远点处的速度 v_∞ 以及涡流量 Γ，作出绕过某闭围道的流来，这问题叫做完全绕流问题.上面只解决了绕过圆周 $|z|=R$ 并且 $v_\infty=1$ 的完全绕流问题.如果考虑的是任意闭围道 C，而且 C 上的点都是有穷点，z_0 是 C 上一点(汇合点)，v_∞ 是给定复数，表示在∞处的速度.要解决这样的绕流问题，我们首先用一个保角映射

$$\zeta=f(z)$$

把 C 的外部映成圆外部 $|\zeta|>R$，并要求

$$f(\infty)=\infty,\quad f'(\infty)=\overline{v}_\infty .$$

设这时 z_0 映成点 $\zeta_0=R\mathrm{e}^{\mathrm{i}\varphi_0}$(圆周上一点).设 $|\varphi_0|\leqslant\dfrac{\pi}{2}$.然后依上述作出在$\infty$处有速度 1 并有汇合点 ζ_0 的流

$$w=\Phi_1(\zeta)=\zeta+\frac{R^2}{\zeta}+\frac{\Gamma}{2\pi\mathrm{i}}\mathrm{Ln}\,\zeta,$$

这里 $\Gamma=4\pi R\sin\varphi_0$.于是复合函数

$$w=\Phi_1[f(z)]=f(z)+\frac{R^2}{f(z)}+\frac{\Gamma}{2\pi\mathrm{i}}\mathrm{Ln}\,f(z)$$

就给出了所求的流的复势，因为在无穷远点处的速度等于$\left(\dfrac{\partial\varphi}{\partial x}+\mathrm{i}\dfrac{\partial\varphi}{\partial y}\right)\Bigg|_{z=\infty}=\left(\dfrac{\partial\varphi}{\partial x}-\mathrm{i}\dfrac{\partial\psi}{\partial x}\right)\Bigg|_{z=\infty}=\dfrac{\mathrm{d}\overline{w}}{\mathrm{d}z}\Bigg|_{z=\infty}$，也就等于

$$\overline{\frac{\mathrm{d}w}{\mathrm{d}z}}\Bigg|_{z=\infty}=\overline{\Phi_1'(\infty)\cdot f'(\infty)}=v_\infty .$$

如果用把 C 的外部映成圆外部 $|\zeta|>R$ 并满足 $g(\infty)=\infty, g'(\infty)=1$ 的映射 $\zeta=g(z)$，然后作出在 ∞ 处具有速度 v_∞ 的流，那么得出复势

$$(25)\qquad w=\overline{v}_\infty g(z)+\frac{v_\infty R^2}{g(z)}+\frac{\Gamma}{2\pi i}\mathrm{Ln}\, g(z).$$

证明是和上述相仿的.

(25)给出了完全绕流问题的一个解. 这是不是唯一的解呢？现在来研究这个问题.

首先设围道 C 就是 ζ 平面中的圆周 $|\zeta|=R$. 我们证明完全绕流问题的唯一解就是

$$w=\varphi(\zeta)=\overline{v}_\infty\zeta+\frac{v_\infty R^2}{\zeta}+\frac{\Gamma}{2\pi i}\mathrm{Ln}\,\zeta.$$

设函数 $w=\varphi_1(\zeta)$ 是问题的解. 那么仿前述，流的速度 $\boldsymbol{v}=\overline{\varphi_1'(\zeta)}$ 是单值的，并在区域 $R<|\zeta|<\infty$ 中正则. 当 $\zeta\to\infty$ 时，依条件 $\varphi_1'(\zeta)$ 应当趋于有穷量 $\overline{v}_\infty$，从而它在无穷远点处有可去奇异性. 于是它在 $\zeta=\infty$ 附近的双向展开具有下列形式：

$$(26)\qquad \varphi_1'(\zeta)=\overline{v}_\infty+\frac{c_{-1}}{\zeta}+\frac{c_{-2}}{\zeta^2}+\frac{c_{-3}}{\zeta^3}+\cdots.$$

这个展开对于满足 $|\zeta|>R$ 的一切 ζ 成立，因为 $\varphi_1'(\zeta)$ 对于这样的 ζ 都是正则的. 又依条件，环绕圆周 $|\zeta|=R$ 的环流量应当等于 Γ. 如果 C^* 是包容圆 $|\zeta|=R$ 的任意闭围道，那么不难看出

$$\int_{C^*}\frac{d\zeta}{\zeta^n}=0\quad(n>1),$$

从而

$$\Gamma=\int_{C^*}\varphi_1'(\zeta)\,d\zeta=2\pi i c_{-1}.$$

把(26)逐项积分，并去掉加的常数，得

$$(27)\qquad \varphi_1(\zeta)=\overline{v}_\infty\zeta+\frac{\Gamma}{2\pi i}\ln\zeta-\frac{c_{-2}}{\zeta}-\frac{c_{-3}}{2\zeta^2}-\cdots.$$

依条件，沿圆周 $|\zeta|=R$，应当有 $\mathscr{I}\varphi_1(\zeta)=$ 常数. 令 $\zeta=Re^{it}=R\cos t+iR\sin t$，$v_\infty=v_x+iv_y$，$c_k=\alpha_k+i\beta_k$，那么

$$Rv_x\sin t-Rv_y\cos t-\frac{\Gamma}{2\pi}\ln R-\frac{\beta_{-2}\cos t-\alpha_{-2}\sin t}{R}-$$

$$\frac{\beta_{-3}\cos 2t-\alpha_{-3}\sin 2t}{2R^2}+\cdots=c,$$

这里 c 是常数.这就是说

$$A-\left(\frac{\beta_{-2}}{R}+Rv_y\right)\cos t+\left(Rv_x+\frac{\alpha_{-2}}{R}\right)\sin t-$$

$$\frac{\beta_{-3}}{2R^2}\cos 2t+\frac{\alpha_{-3}}{2R^2}\sin 2t+\cdots=0,$$

A 是一适当的常数.既然上式对于一切 t 值成立,左边各项系数必然恒等于 0:

$$A=0,\quad \frac{\beta_{-2}}{R}+Rv_y=0,\quad Rv_x+\frac{\alpha_{-2}}{R}=0,$$

$$\beta_{-k}=\alpha_{-k}=0\quad(k\geqslant 3).$$

由此可知

$$c_{-2}=\alpha_{-2}+\mathrm{i}\beta_{-2}=-R^2v_x-\mathrm{i}R^2v_y=-R^2v_\infty,$$

$$c_{-k}=\alpha_{-k}+\mathrm{i}\beta_{-k}=0\quad(k\geqslant 3).$$

于是由(27)得出

$$\varphi_1(\zeta)=\overline{v}_\infty\zeta+\frac{\Gamma}{2\pi\mathrm{i}}\ln\zeta+\frac{R^2v_\infty}{\zeta},\tag{28}$$

这正是所要证的.

上面讨论了 C 为圆周 $|\zeta|=R$ 的情况.现在考察任意围道 C 的情形.设 $w=\Phi_1(z)$ 给出完全绕流问题的解.设 $z=h(\zeta)$ 表示 $\zeta=g(z)$ 的反函数,从而它把 $|\zeta|>R$ 映成 C 的外部.这时

$$h(\infty)=\infty,\quad h'(\infty)=\frac{1}{g'(\infty)}=1,$$

我们在以后将证明实现这样的保角映射的函数将是唯一决定的.今作

$$w=\Phi_1[h(\zeta)]=\varphi_1(\zeta),$$

那么它在 $R<|\zeta|<\infty$ 中是解析的.我们把它看作 ζ 平面中某流体运动的复势.在圆周 $|\zeta|=R$ 上,

$$\mathscr{I}\varphi_1(\zeta)=\mathscr{I}\Phi_1(z)=常数,$$

因为 $z=h(\zeta)$ 把圆周上的点映成 C 上的点，而依条件 $\Phi_1(z)$ 是绕 C 的流动.于是 $w=\varphi_1(\zeta)$ 给出了绕 $|\zeta|=R$ 的流.这个流的环流量是

$$\Gamma_1=\int_{C_1^*}\varphi_1'(\zeta)\,\mathrm{d}\zeta=\int_{C_1^*}\Phi_1'[h(\zeta)]h'(\zeta)\,\mathrm{d}\zeta=\int_{C^*}\Phi_1'(z)\,\mathrm{d}z,$$

这里 C_1^* 表示 ζ 平面中包含圆周 $|\zeta|=R$ 在它内部的一个闭围道，而 C^* 是它在映射 $z=h(\zeta)$ 之下的像，即是包容 C 的闭围道.但依假定，上式右边的积分正是环流量 Γ，从而 $\Gamma_1=\Gamma$.此外，在无穷远处的流速度等于

$$\overline{\varphi_1'(\infty)}=\overline{\Phi_1'(\infty)h'(\infty)}=v_\infty.$$

于是 $w=\varphi_1(\zeta)$ 给出了绕圆周 $|\zeta|=R$ 的绕流问题的解.但依上面已证得的部分，这函数应当与(28)中的函数 $\varphi_1(\zeta)$ 相同.这正是说，

$$\Phi_1(z)=\varphi_1(\zeta)=\varphi_1[g(z)]$$

与(25)中的函数相同，证完.

我们现在计算作用在绕流周界 C 上的体积力 $\boldsymbol{P}$.依前述(恰普雷金公式)：

$$\overline{P}=\frac{\mathrm{i}\rho}{2}\int_{C^*}[\Phi'(z)]^2\mathrm{d}z,$$

这里 C^* 是包容 C 的任意闭围道.为了算出这个积分，我们利用 $[\Phi'(z)]^2$ 的双向展开.仿前述(对圆周情形证明过的) $\Phi(z)$ 在无穷远点处是正则的，从而在 $z=\infty$ 附近的双向展开取得如下的形式：

$$\Phi'(z)=\overline{v}_\infty+\frac{c_{-1}}{z}+\frac{c_{-2}}{z^2}+\cdots.$$

由于

$$\Gamma=\int_{C^*}\Phi'(z)\,\mathrm{d}z=c_{-1}2\pi\mathrm{i},$$

从而

$$c_{-1}=\frac{\Gamma}{2\pi\mathrm{i}}.$$

于是

$$[\Phi'(z)]^2=\left(\overline{v}_\infty+\frac{\Gamma}{2\pi\mathrm{i}z}+\frac{c_{-2}}{z^2}+\cdots\right)^2$$

$$=\overline{v}_\infty^2+\frac{\overline{v}_\infty\Gamma}{\pi i z}+\frac{c'_{-2}}{z^2}+\cdots,$$

这里 c'_{-2}是常数.由此可知

$$\overline{P}=\frac{i\rho}{2}\int_{C^*}\left(\overline{v}_\infty^2+\frac{\overline{v}_\infty\Gamma}{\pi i z}+\frac{c'_{-2}}{z^2}+\cdots\right)dz$$

$$=\frac{i\rho}{2}2\pi i\,\frac{\overline{v}_\infty\Gamma}{\pi i}=i\rho\Gamma\overline{v}_\infty,$$

取共轭复数,得

$$P=-i\rho\Gamma v_\infty.$$

这就是说,作用在绕流周界上的体积力按大小等于环流量、密度与无穷远点处速度的大小相乘的积,而它的方向与无穷远点处速度的方向向环流量旋转 90°相同,这里当 $\Gamma>0$ 时是顺时针旋转,而当 $\Gamma<0$ 时是逆时针旋转.

计算机翼上升力 P 必须知道环流量 Γ.环流量的大小主要决定于机翼的切面形状和攻角(即运动方向与联结机翼截面头尾的直线(翼弦)之间的夹角).上面得出的公式并没有说明这个环流量的来由.环流的形成只有考虑了流体的摩擦阻力才能理解.这要涉及边界层理论,这里暂不讨论.

以前已经谈到过,在全平面上解析的函数叫做整函数.这是多项式——有理整函数的推广.同样,也有一般的有理函数的推广.注意有理函数在有穷处的奇点都是极点.我们定义:如果一函数在有穷处的奇点都是极点,那么它叫做亚纯函数.由此可知,在任何有界区域中,一个这种函数的奇点只有有穷多个,因为否则在有穷处就会出现非孤立的奇点,与亚纯函数的定义矛盾.可以证明,如果一个亚纯函数在整个封闭平面中全部的奇点都是极点,那么,它必是有理函数.还可以证明,任意亚纯函数是两个整函数之商.

前面已经谈到过一个重要公式——即留数定理:如果 $f(z)$ 在由曲线 C 围绕的区域 $\mathscr{D}$ 中除去有穷多个点外遍处都是正则的,那么

$$\int_C f(z)\,dz=2\pi i\sum_{k=1}^{n}\operatorname{res}f(a_k).$$

前面也已经谈到函数在孤立奇点处的留数的求法.这样 $f(z)$ 沿闭围道的积分值便不难求出.这种方法对于求实函数的积分值往往是有帮助的.下面只举几个例.

例 11　设 $f(z)$ 在上半平面 $\mathscr{I}z\geqslant 0$ 中是解析函数,但在 $\mathscr{I}z>0$ 中有有穷多个奇点 $z_1,z_2,\cdots,z_p$.设 $f(z)$ 在实轴上取实值,当 $|z|\geqslant r$ 时,$f(z)$ 满足下列条件:存在常数 $\alpha>1$ 与 $M>0$,使

$$|f(z)|\leqslant\frac{M}{|z|^{\alpha}}.$$

那么下列积分存在,并且下列等式成立:

$$\int_{-\infty}^{\infty}f(x)\,\mathrm{d}x=2\pi\mathrm{i}\sum_{k=1}^{p}\operatorname{res}f(z_k).$$

事实上,取围道 C 由实轴上线段 $[-R,R]$ 与半圆 Γ: $\{z=R\mathrm{e}^{\mathrm{i}t},0\leqslant t\leqslant\pi\}$ 组成(图 11.11),并取 R 足够大,使 C 所包围的区域包含 $z_1,z_2,\cdots,z_p$.于是依留数定理,得

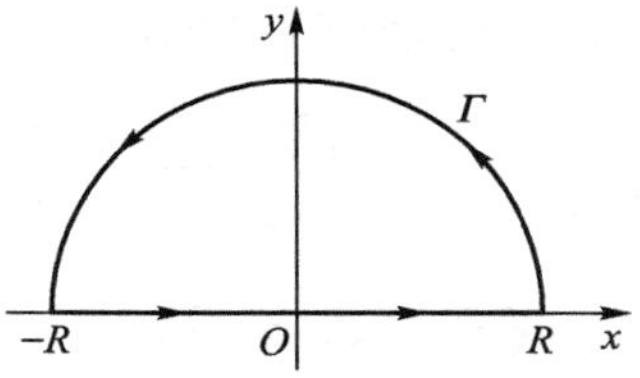

图 11.11

$$\int_{-R}^{R}f(x)\,\mathrm{d}x+\int_{\Gamma}f(z)\,\mathrm{d}z=\int_{C}f(z)\,\mathrm{d}z=2\pi\mathrm{i}\sum_{k=1}^{p}\operatorname{res}f(z_k).$$

令 $R\to\infty$,注意

$$\left|\int_{\Gamma}f(z)\,\mathrm{d}z\right|\leqslant\frac{M}{R^{\alpha}}\pi R=\frac{\pi M}{R^{\alpha-1}}\quad(\alpha>1),$$

可知

$$\lim_{R\to\infty}\int_{\Gamma}f(z)\,\mathrm{d}z=0,$$

从而证完.

特别设

$$f(x)=\frac{1}{ax^2+2bx+c},$$

这里 $ac-b^2>0$,a,c,b 都是实数,那么在上半平面 $\mathscr{I}z>0$ 中只有一个极点

$$z=\frac{-b+\mathrm{i}\sqrt{ac-b^2}}{a},$$

而$f(z)$在这点的留数等于

$$\operatorname{res} f\left(\frac{-b+\mathrm{i}\sqrt{ac-b^2}}{a}\right)=\frac{1}{2a\cdot\dfrac{-b+\mathrm{i}\sqrt{ac-b^2}}{a}+2b}=\frac{1}{2\mathrm{i}\sqrt{ac-b^2}}.$$

又因当$|z|\to\infty$时,

$$|z|^2|f(z)|\to\frac{1}{|a|},$$

从而当$|z|>r$足够大时,

$$|f(z)|\leqslant\left(\frac{1}{|a|}+1\right)\frac{1}{|z|^2}.$$

于是上述条件都满足,因而得

$$\int_{-\infty}^{\infty}\frac{\mathrm{d}x}{ax^2+2bx+c}=\frac{2\pi\mathrm{i}}{2\mathrm{i}\sqrt{ac-b^2}}=\frac{\pi}{\sqrt{ac-b^2}}.$$

同理可以证明:

$$\int_{-\infty}^{\infty}\frac{\mathrm{d}x}{(1+x^2)^{n+1}}=\frac{1\cdot3\cdot5\cdot\cdots\cdot(2n-1)}{2\cdot4\cdot6\cdot\cdots\cdot2n}\pi,$$

$$\int_{-\infty}^{\infty}\frac{x\sin x}{x^2+a^2}\mathrm{d}x=\pi\mathrm{e}^{-a},\quad\int_{-\infty}^{\infty}\frac{\cos nx}{1+x^2}\mathrm{d}x=\pi\mathrm{e}^{-n}.$$

这些公式的推导留给读者作练习.

例 12 下列公式常是有用的:

$$\int_0^{\infty}\frac{\sin x}{x}\mathrm{d}x=\frac{\pi}{2}.$$

为了证明它,考察解析函数

$$\frac{\mathrm{e}^{\mathrm{i}z}}{z}.\tag{29}$$

取围道C由上半平面中的半圆γ:$\{r\mathrm{e}^{\mathrm{i}\theta},0\leqslant\theta\leqslant\pi\}$,实轴上的线段$r\leqslant x\leqslant R$,半圆$\Gamma$:$\{R\mathrm{e}^{\mathrm{i}\theta},0\leqslant\theta\leqslant\pi\}$,实轴上的线段$-R\leqslant x\leqslant -r$组成(图 11.12).由于(29)中的函

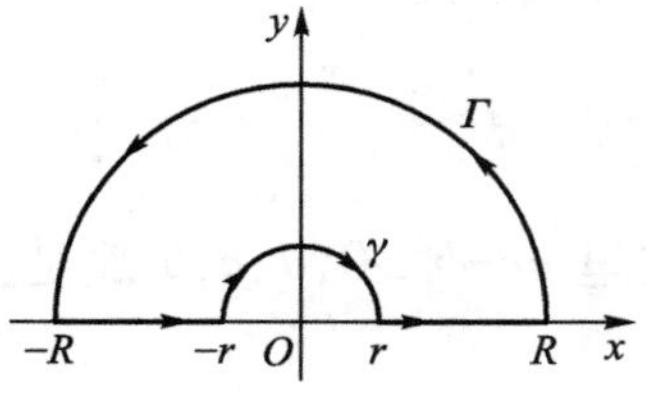

图 11.12

数在这围道所围成的区域中没有极点，可知 $\int_C \frac{e^{iz}}{z}dz = 0$，即

$$\int_r^R \frac{e^{ix}}{x}dx + \int_\Gamma \frac{e^{iz}}{z}dz + \int_{-R}^{-r} \frac{e^{ix}}{x}dx + \int_\gamma \frac{e^{iz}}{z}dz = 0.$$

现在考虑 $r\to 0, R\to\infty$ 时的极限值.注意

$$\int_r^R \frac{e^{ix}}{x}dx + \int_{-R}^{-r} \frac{e^{ix}}{x}dx = \int_r^R \frac{e^{ix} - e^{-ix}}{x}dx = 2i\int_r^R \frac{\sin x}{x}dx.$$

沿 Γ，令 $z=Re^{it}, 0\leqslant t\leqslant \pi$，从而

$$\left|\int_\Gamma \frac{e^{iz}}{z}dz\right| = \left|\int_0^\pi e^{iR(\cos t + i\sin t)}\,i dt\right| \leqslant \int_0^\pi e^{-R\sin t}dt.$$

取正数 $\varepsilon<\pi$，那么当 R 足够大使 $\pi e^{-R\sin\varepsilon}<\varepsilon$ 时，

$$\text{上式右边} = \int_0^\varepsilon e^{-R\sin t}dt + \int_\varepsilon^{\pi-\varepsilon} e^{-R\sin t}dt + \int_{\pi-\varepsilon}^{\pi} e^{-R\sin t}dt$$
$$<2\varepsilon + \pi e^{-R\sin\varepsilon} < 3\varepsilon,$$

因为在 0 与 π 之间 $\sin t\geqslant 0, e^{-R\sin t}\leqslant 1$，而在 $[\varepsilon, \pi-\varepsilon]$ 中，$\sin t\geqslant \sin\varepsilon$，从而

$$e^{-R\sin t}\leqslant e^{-R\sin\varepsilon}.$$

由此得知，当 $R\to\infty$ 时，$\int_\Gamma \frac{e^{iz}}{z}dz \to 0$. 又

$$\int_\gamma \frac{e^{iz}}{z}dz = \int_\gamma \frac{dz}{z} + \int_\gamma \frac{e^{iz}-1}{z}dz. \tag{30}$$

既然

$$\lim_{z\to 0}\frac{e^{iz}-1}{z} = i,$$

可知(30)中右边第二个积分中被积分函数在 r 足够小时有界.既然当 $r\to 0$ 时，γ 的周长$\to 0$，可知这个积分$\to 0$.但

$$\int_\gamma \frac{dz}{z} = \int_\pi^0 i d\theta = -\pi i,$$

从而最后得出

$$2i\int_0^\infty \frac{\sin x}{x}dx - \pi i = 0,$$

即

$$\int_0^{\infty}\frac{\sin x}{x}\mathrm{d}x=\frac{\pi}{2}.$$

用类似方法可证

$$\int_0^{\infty}\sin x^2\mathrm{d}x=\sqrt{\frac{\pi}{8}},\quad \int_0^{\infty}\cos x^2\mathrm{d}x=\sqrt{\frac{\pi}{8}}.$$

这两个积分叫做菲涅耳(Fresnel)积分,是由光学问题的研究提出来的.

下面几个定理都不难由留数公式导出.它们都是比较常用的.

定理 7 设函数$f(z)$在围道 C 上解析,且不等于 0;在 C 内除有限的 $q(\geqslant 0)$个极点之外,没有其他类型的奇点.现在又设$f(z)$在 C 内有 $p(\geqslant 0)$个零点 $a_1,a_2,\cdots,a_p$,其阶数各是 $\alpha_1,\alpha_2,\cdots,\alpha_p(\alpha_i\geqslant 1)$,而 q 个极点是 $b_1,b_2,\cdots,b_q$,其阶数各是 $\beta_1,\beta_2,\cdots,\beta_q(\beta_i\geqslant 1)$.那么,

$$\frac{1}{2\pi\mathrm{i}}\int_C\frac{f'(z)}{f(z)}\mathrm{d}z=\sum_{i=1}^{p}\alpha_i-\sum_{i=1}^{q}\beta_i=N-P,\tag{31}$$

这里

$$N=\sum_{i=1}^{p}\alpha_i,\quad P=\sum_{i=1}^{q}\beta_i.$$

证 令

$$F(z)=\frac{f'(z)}{f(z)}.$$

很显然,在 C 内除了 $a_1,a_2,\cdots,a_p,b_1,b_2,\cdots,b_q$ 是它的奇点之外,不可能有其他的奇点,因此,依留数公式,

$$\frac{1}{2\pi\mathrm{i}}\int_C\frac{f'(z)}{f(z)}\mathrm{d}z=\sum_{i=1}^{p}\operatorname{res}F(a_i)+\sum_{i=1}^{q}\operatorname{res}F(b_i).$$

由于 a_i 是$f(z)$的 α_i 阶零点,故

$$f(z)=(z-a_i)^{\alpha_i}\varphi_i(z),$$

这里 $\varphi_i(z)$在 $z=a_i$ 处解析,且 $\varphi_i(a_i)\neq 0$.于是

$$F(z)=\frac{f'(z)}{f(z)}=\frac{\alpha_i(z-a_i)^{\alpha_i-1}\varphi_i(z)+(z-a_i)^{\alpha_i}\varphi_i'(z)}{(z-a_i)^{\alpha_i}\varphi_i(z)}$$

$$= \frac{\alpha_i}{z-a_i} + \frac{\varphi_i'(z)}{\varphi_i(z)}.$$

这里，$\frac{\varphi_i'(z)}{\varphi_i(z)}$在 $z=a_i$ 处是解析的（因为 $\varphi_i(a_i)\neq 0$），从而看出，a_i 是 $F(z)$的1 阶极点.依公式(21′)，

$$\operatorname{res} F(a_i) = \lim_{z\to a_i}(z-a_i)F(z) = \alpha_i.$$

又由于 b_i 是$f(z)$的 β_i 阶极点，故

$$f(z) = (z-b_i)^{-\beta_i}\psi_i(z),$$

这里，$\psi_i(z)$在 $z=b_i$ 处解析，并且 $\psi_i(b_i)\neq 0$，于是

$$F(z) = \frac{f'(z)}{f(z)} = \frac{-\beta_i(z-b_i)^{-\beta_i-1}\psi_i(z)+(z-b_i)^{-\beta_i}\psi_i'(z)}{(z-b_i)^{-\beta_i}\psi_i(z)}$$

$$= -\frac{\beta_i}{z-b_i} + \frac{\psi_i'(z)}{\psi_i(z)}.$$

这里，$\frac{\psi_i'(z)}{\psi_i(z)}$在 $z=b_i$ 处是解析的，从而看出，b_i 是 $F(z)$的 1 阶极点，因而

$$\operatorname{res} F(b_i) = \lim_{z\to b_i}(z-b_i)F(z) = -\beta_i.$$

于是，式(31)

$$\frac{1}{2\pi \mathrm{i}}\int_C \frac{f'(z)}{f(z)}\mathrm{d}z = \sum_{i=1}^{p}\operatorname{res} F(a_i) + \sum_{i=1}^{q}\operatorname{res} F(b_i)$$

$$= \sum_{i=1}^{p}\alpha_i - \sum_{i=1}^{q}\beta_i = N - P$$

得证.

定理 8（鲁歇(Rouché)）　设$f(z)$与 $g(z)$在闭围道 C 上及 C 所围成的区域 $\mathscr{D}$ 内是解析函数，并设在 C 上满足下列不等式：

$$|g(z)| < |f(z)|.$$

那么$f(z)+g(z)$在 C 内部的零点数目与$f(z)$的一样多.

注　这个定理对于证明零点的存在性命题是有用的.例如可以借以证明：n 次多项式

$$a_0z^n+a_1z^{n-1}+\cdots+a_n,\quad a_0\neq 0$$

恰有 n 个零点(k 阶零点算作 k 个).事实上,令

$$f(z)=a_0z^n,\quad g(z)=a_1z^{n-1}+\cdots+a_n.$$

设 R 是足够大的正数,那么由于

$$\frac{f(z)}{g(z)}\to\infty,\quad |z|\to\infty,$$

可知在 $|z|=R$ 上及在这圆之外,有

$$|g(z)|<|f(z)|.$$

由此可知 $f(z)+g(z)$ 在圆 $|z|<R$ 内的零点数目与 $f(z)$ 的一样多,也就是说,有 n 个零点.在这圆之外,没有零点,因为

$$|f(z)+g(z)|\geqslant|f(z)|-|g(z)|>0.$$

证 取在$[0,1]$中变化的参数 λ,那么函数 $f+\lambda g$ 在 C 上满足下列不等式:

$$|f+\lambda g|\geqslant|f|-\lambda|g|\geqslant|f|-|g|>0.$$

令 N_λ 表示这个函数在 $\mathscr{D}$ 中零点的总数,那么由定理 7,

$$\frac{1}{2\pi\mathrm{i}}\int_C\frac{f'+\lambda g'}{f+\lambda g}\mathrm{d}z=N_\lambda.$$

上式左边是参数 λ 的连续函数($0\leqslant\lambda\leqslant1$),并且只取整数值.因此它必是常数.特别得知 $N_1=N_0$.但 N_0 与 N_1 各表示 f 与 $f+g$ 在 $\mathscr{D}$ 内的零点总数,证完.

系 1 设有一解析函数列$\{S_n(z)\}$在区域 $\mathscr{D}$ 中一致收敛于函数 $S(z)$,并设 $S(z)$ 不恒等于 0,那么为了 $S(z)$ 在 $z_0\in\mathscr{D}$ 处有 k 阶零点,必须且只需对于每个足够小的圆 $|z-z_0|<\varepsilon$,从某项起的一切 $S_n(z)$ 都恰有 k 个零点.

证 设正数 ε 足够小,使圆 $|z-z_0|\leqslant\varepsilon$ 完全包含在 $\mathscr{D}$ 中,并设 $S(z)$ 在它里面至多有一个零点 z_0——这是由于 $S(z)$ 不是常数,从而是可以这样取的.于是存在正数 η,使在圆周 $|z-z_0|=\varepsilon$ 上,$|S(z)|>\eta$.由一致收敛性可取 $N=N(\eta)$ 足够大,使当 $n>N(\eta)$ 时,

$$|S_n(z)-S(z)|<\eta.$$

于是当 $|z-z_0|=\varepsilon$ 且 $n>N(\eta)$ 时,有

$$|S_n(z)-S(z)|<|S(z)|.$$

依定理 8，$S_n(z)-S(z)+S(z)=S_n(z)$ 与 $S(z)$ 在圆 $|z-z_0|<\varepsilon$ 内有同样数目的零点，证完.

系 2（赫尔维茨（Hurwitz）） 设 $S(z)$ 是一在区域 $\mathscr{D}$ 中一致收敛的解析单叶（即对 z 的不同值只取不同值的）函数列 $\{S_n(z)\}$ 的极限，那么 $S(z)$ 或是常数，或是单叶的.

证 事实上，如果 $S(z)$ 不是常数，而 $S(z_1)=S(z_2)=w_0$，$z_1\neq z_2$，$z_1,z_2\in\mathscr{D}$，那么函数 $S_n(z)-w_0$ 在 $\mathscr{D}$ 中一致收敛于 $S(z)-w_0$，由于 z_1,z_2 都是 $S(z)-w_0$ 的零点，而依系 1，不难看出，对于足够大的 n，$S_n(z)-w_0$ 在 $\mathscr{D}$ 中也至少有两个不同的零点，但这与 $S_n(z)$ 的单叶性矛盾.证完.

多项式的复根的存在性问题表面上看来是个纯理论的问题，但它实际上是由电学、机械或电气机械的系统的动力学稳定性的研究中提出的.为简单起见，我们考虑汽车的运动.我们考察车身在纵截面（图 11.13）上的运动.忽略轮胎的弹性不计，我们假定汽车置放在两个弹簧上，这两弹簧的位置到车身质心 G 的距离各为 l_1,l_2.设前面弹簧的劲度系数是 K_1，后面弹簧的是 K_2.设弹簧所承受的总质量是 M，而这个质量当环绕通过质心的水平横向轴旋转时的惯性矩等于 $I=M\rho^2$，ρ 表示惯性半径.我们用参数 z,ψ 表达汽车的状态，这里 z 表示质心 G 的铅垂坐标（跳跃），ψ 表示车身的倾斜角（纵向摇摆）.车身在弹簧 K_1 处的铅垂轴上的点的纵坐标等于

$$z_1=z+l_1\psi.$$

车身在弹簧 K_2 处的铅垂轴上的点的纵坐标等于

$$z_2=z-l_2\psi.$$

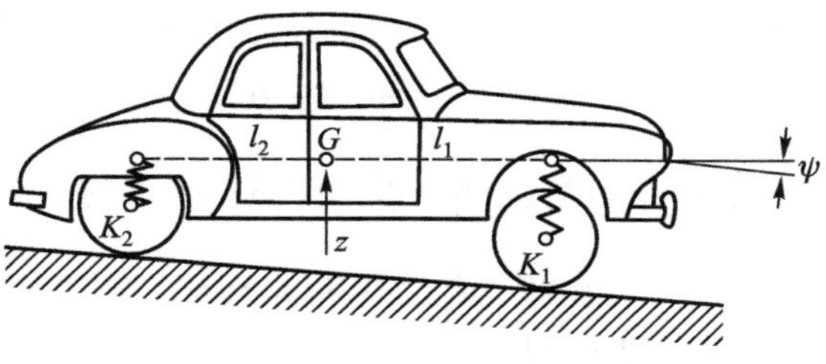

图 11.13

这里 l_1, l_2 都是正数.作用在车身上的恢复力等于

$$-K_1(z+l_1\psi)-K_2(z-l_2\psi)=-(K_1+K_2)z-(K_1l_1-K_2l_2)\psi.$$

恢复力矩等于

$$-K_1l_1(z+l_1\psi)+K_2l_2(z-l_2\psi).$$

由此可以写出运动方程:

$$M\ddot{z}+(K_1+K_2)z+(K_1l_1-K_2l_2)\psi=0,$$

$$(K_1l_1-K_2l_2)z+M\rho^2\ddot{\psi}+(K_1l_1^2+K_2l_2^2)\psi=0.$$

再考虑飞机的情形.我们只考察纵向不稳定的问题,即飞机绕一个通过质心并垂直于对称平面的轴的振动(图 11.14).今假定飞机的对称平面恒保持铅垂位置.风向是沿飞行方向(方向与飞行方向正相反)的.有一方向,风沿这方向来时对机翼不产生升力,叫做零升力线.零升力线与风向之间的夹角叫做攻角(表示成 α_0,α_0 的方向是从飞行方向到零升力方向的).如果飞行与上述的方向有一微小偏差,令 φ,θ 各表示飞机的纵轴以及飞行方向与水平方向之间的角度.新的攻角就成为

(32) $$\alpha=\alpha_0+\varphi-\theta.$$

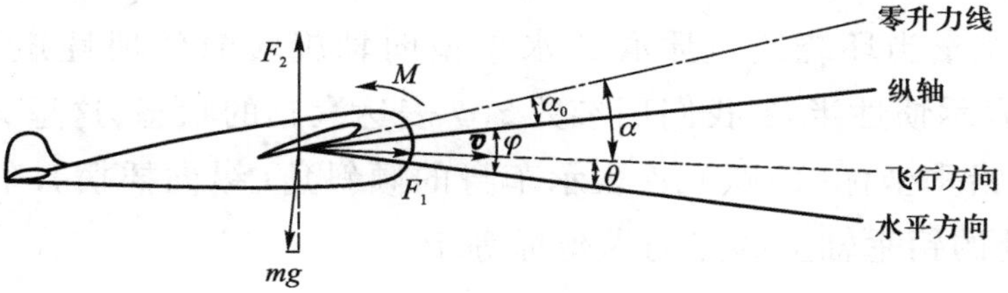

图 11.14

设 F_1 是力沿飞行路径方向的分量,这乃是螺旋桨的推进力与航空力学的曳力的合力.设 F_2 是升力,与飞行方向垂直.设 M 是环绕飞机的质心的转动惯量.考察沿飞行方向的力的平衡,可得

(33) $$m\dot{v}=F_1-mg\sin\theta.$$

又与飞行方向垂直的加速度是 $v\dot{\theta}_1$,从而沿这方向的力的平衡给出:

(34) $$mv\dot{\theta}=F_2-mg\cos\theta.$$

考察环绕质心的转动惯量,得

(35) $$I\ddot{\varphi}=M.$$

令 $v=v_0+u$,这里 u 表示与均匀速度 v_0 比较的小偏差.升力 F_2 与攻角和速度的平方成正比例,从而可以表示成

$$F_2=\frac{mgv^2\alpha}{v_0^2\alpha_0}.$$

利用(32),并注意 $v=v_0+u$,略去高阶的小项,可得

$$F_2=mg\left(1+\frac{2u}{v_0}+\frac{\varphi-\theta}{\alpha_0}\right). \tag{36}$$

由于假定 θ 很小,可令 $\sin\theta\approx\theta$, $\cos\theta\approx1$.假定 $F_1=0$,即螺旋桨的推进力与曳力相抵.于是利用(36),从(33)可得

$$\dot{u}=-g\theta,\quad v_0\dot{\theta}=g\left(\frac{2u}{v_0}+\frac{\varphi-\theta}{\alpha_0}\right).$$

把上式中的第二式按 t 求微商,并代入第一式,得

$$v_0\ddot{\theta}=g\left(-\frac{2g\theta}{v_0}+\frac{\dot{\varphi}-\dot{\theta}}{\alpha_0}\right). \tag{37}$$

转动惯量 M 由两部分组成,一部分与攻角的变化 $\varphi-\theta$ 成正比例,而另一部分与 $\dot{\varphi}$ 成正比例.于是可以写成

$$M=k_1(\varphi-\theta)+\frac{k_2\dot{\varphi}}{v_0}.$$

代入(35),得

$$I\ddot{\varphi}=k_1(\varphi-\theta)+\frac{k_2\dot{\varphi}}{v_0}. \tag{38}$$

(37),(38)构成飞机的动力学方程.我们要从这两个方程来研究 φ 与 θ 的变化,从而讨论稳定性的问题.

以上两个例都只谈到具有两个自由度的动力学系统.一般具有 m 个自由度的线性动力学系统的方程可以表示成:

$$\begin{cases}a_{11}\ddot{x}_1+b_{11}\dot{x}_1+c_{11}x_1+a_{12}\ddot{x}_2+b_{12}\dot{x}_2+c_{12}x_2+\cdots+a_{1m}\ddot{x}_m+b_{1m}\dot{x}_m+c_{1m}x_m=0,\\ a_{21}\ddot{x}_1+b_{21}\dot{x}_1+c_{21}x_1+a_{22}\ddot{x}_2+b_{22}\dot{x}_2+c_{22}x_2+\cdots+a_{2m}\ddot{x}_m+b_{2m}\dot{x}_m+c_{2m}x_m=0,\\ \cdots\cdots\cdots\cdots\\ a_{m1}\ddot{x}_1+b_{m1}\dot{x}_1+c_{m1}x_1+a_{m2}\ddot{x}_2+b_{m2}\dot{x}_2+c_{m2}x_2+\cdots+a_{mm}\ddot{x}_m+b_{mm}\dot{x}_m+c_{mm}x_m=0.\end{cases} \tag{39}$$

我们试求形如下列的解:

(40) $$x_1=X_1e^{pt},\quad x_2=X_2e^{pt},\quad \cdots,\quad x_m=X_me^{pt},$$

这里 $X_1,X_2,\cdots,X_m$ 是与 t 无关的.把(40)代入(39),并用 e^{pt} 除,得出一组代数方程:

$$(a_{11}p^2+b_{11}p+c_{11})X_1+(a_{12}p^2+b_{12}p+c_{12})X_2+\cdots+(a_{1m}p^2+b_{1m}p+c_{1m})X_m=0,$$

$$(a_{21}p^2+b_{21}p+c_{21})X_1+(a_{22}p^2+b_{22}p+c_{22})X_2+\cdots+(a_{2m}p^2+b_{2m}p+c_{2m})X_m=0,$$

$$\cdots\cdots\cdots\cdots$$

$$(a_{m1}p^2+b_{m1}p+c_{m1})+(a_{m2}p^2+b_{m2}p+c_{m2})X_2+\cdots+(a_{mm}p^2+b_{mm}p+c_{mm})X_m=0.$$

令

$$g_{rs}(p)=a_{rs}p^2+b_{rs}p+c_{rs},\quad r,s=1,2,\cdots,m.$$

那么上面代数方程组可以写成

(41) $$\sum_{k=1}^{m}g_{ik}(p)X_k=0,\quad 1\leqslant i\leqslant m.$$

为了这组方程有非零解,必须且只需系数的行列式等于 0:

(42) $$\mathscr{D}(p)=\det(g_{ik}(p))=0.$$

展开行列式,(42)化成 p 的一个代数方程:

$$\mathscr{D}(p)=p^n+a_1p^{n-1}+\cdots+a_n=0.$$

如果方程的一切根都在左半平面(即一切根的实部都是负的),那么方程组(39)的解(40)中诸 x_i 都含有因子 $e^{-\alpha_r t}$,$\alpha_r>0$,从而是随时间而减少的.因此系统是稳定的.如果方程(42)的一个根在右半平面,那么它的实部是正的,从而诸解 x_i 含有形如 $e^{\alpha_r t}$的因子,$\alpha_r>0$,而这因子随时间增加很快.这就是说,系统是不稳定的.

为了在这方面求得进一步的了解,可参看 Y. Rocard:《力学中的不稳定性》(原文是法文的,有俄译本),或 Bronwell:《物理与工程中的高等数学》(英文).

§5 级数的计算

无穷级数本是表达函数值的一种方式,从而借它可以求函数的值.这在本章开始已经谈到了.但如果级数收敛很慢,就要求很多项的和才

能接近所求的函数值.例如由 $\ln(1+x)$ 的展开式不难得出

$$\ln 2=1-\frac{1}{2}+\frac{1}{3}-\frac{1}{4}+\frac{1}{5}-\frac{1}{6}+\cdots.$$

但是如果用这个级数求 ln 2 的近似值,由交错级数的理论可知,为了达到 $\frac{1}{1000}$ 的精密程度,就要取 1000 项！这显然是很不实际的计算方法.因此,如何改善级数的收敛速度,实际上是很有意义的工作.真正制作对数表的方法,以及利用无穷级数求圆周率 π 的值的方法,普通数学分析的书中都有介绍①.这里就不去讨论了.这里只介绍一些常用的改进收敛速度的简单方法.

考察交错级数.设它的前 n 项之和是 S_n.令

$$T_n=\frac{1}{2}(S_n+S_{n-1}),$$

那么当 (S_n) 有极限时,(T_n) 也有极限,并且等于 (S_n) 的极限.但 T_n 比 S_n 更快地给出较好的近似值.事实上,令原级数表示成

$$a_1-a_2+a_3-a_4+\cdots,$$

这里 (a_n) 是一串递减正数列并且收敛于 0.那么

$$S_{2n}=a_1-a_2+a_3-a_4+\cdots-a_{2n},$$

$$S_{2n+1}=a_1-a_2+a_3-\cdots+a_{2n-1}-a_{2n}+a_{2n+1}.$$

因此,

$$T_{2n}=\frac{a_1}{2}+\frac{a_1-a_2}{2}-\frac{a_2-a_3}{2}+\frac{a_3-a_4}{2}-\frac{a_4-a_5}{2}+\cdots+\frac{a_{2n-1}-a_{2n}}{2}.$$

由此可见,

$$T_{2n+1}=T_{2n}-\frac{a_{2n}-a_{2n+1}}{2},\quad T_{2n+2}=T_{2n+1}+\frac{a_{2n+1}-a_{2n+2}}{2}.$$

因此,级数和的近似值 T_{2n} 与 T_{2n+1},T_{2n+1} 与 T_{2n+2},相差各为

$$-\frac{a_{2n}-a_{2n+1}}{2},\quad \frac{a_{2n+1}-a_{2n+2}}{2}.$$

---

① 例如见斯米尔诺夫,《高等数学教程》第一卷,132 节、133 节.

特别考虑级数

(1) $$1-\frac{1}{2}+\frac{1}{3}-\frac{1}{4}+\cdots+\frac{1}{2n}-\frac{1}{2n+1}+\cdots,$$

这时

$$T_{2n+1}-T_{2n}=-\frac{1}{2}\left(\frac{1}{2n}-\frac{1}{2n+1}\right)=-\frac{1}{2\cdot 2n(2n+1)},$$

$$T_{2n+2}-T_{2n+1}=\frac{1}{2}\left(\frac{1}{2n+1}-\frac{1}{2n+2}\right)=\frac{1}{2(2n+1)(2n+2)}.$$

于是级数(1)可以表达成

(2) $$\frac{1}{2}+\frac{1}{4}-\frac{1}{2\cdot 2\cdot 3}+\frac{1}{2\cdot 3\cdot 4}-\frac{1}{2\cdot 4\cdot 5}+\cdots.$$

这级数的收敛当然比(1)快得多,因为只取 10 项的和,误差就不超过

$$\frac{1}{2\cdot 10\cdot 11}<0.005$$

了.为了获得更快的收敛速度,我们把上述方法应用到新级数(2)上去,于是可以表达成

$$\frac{1}{4}+\frac{3}{8}+\frac{1}{12}-\frac{1}{2\cdot 2\cdot 3\cdot 4}+\frac{1}{2\cdot 3\cdot 4\cdot 5}-\frac{1}{2\cdot 4\cdot 5\cdot 6}+\cdots$$

$$=\frac{17}{24}-\frac{1}{2\cdot 2\cdot 3\cdot 4}+\frac{1}{2\cdot 3\cdot 4\cdot 5}-\frac{1}{2\cdot 4\cdot 5\cdot 6}+\cdots.$$

只要取 6 项,就得到近似值,误差不超过

$$\frac{1}{2\cdot 7\cdot 8\cdot 9}<0.001.$$

用这方法计算 ln 2,注意

$$\frac{17}{24}=0.708\ 33 \qquad -\frac{1}{2\cdot 2\cdot 3\cdot 4}=-0.020\ 83$$

$$\frac{1}{2\cdot 3\cdot 4\cdot 5}=0.008\ 33 \qquad -\frac{1}{2\cdot 4\cdot 5\cdot 6}=-0.004\ 17$$

$$\frac{1}{2\cdot 5\cdot 6\cdot 7}=0.002\ 38 \qquad -\frac{1}{2\cdot 6\cdot 7\cdot 8}=-0.001\ 49$$

前 6 项中正项和为 0.719 04　前 6 项中负项和为 −0.026 49

$$\ln 2=0.69255.$$

上述方法适用于交错级数.对于正项级数,这方法就不适用了.但如果$\sum a_n$是收敛很慢的级数,而已知一个收敛于b的级数$\sum b_n$,又设已知

$$\lim_{n\to\infty}\frac{a_n}{b_n}=\alpha.$$

那么

$$\sum_{i=1}^{\infty}a_i=\alpha\sum_{i=1}^{\infty}b_i+\sum_{i=1}^{\infty}(a_i-\alpha b_i),$$

从而求$\sum a_i$的和的问题化成求

$$\sum(a_i-\alpha b_i)$$

的和的问题,而这往往比$\sum a_i$收敛得快.

例如求$\sum n^{-2}$.但已知

$$\sum\frac{1}{n(n+1)}=\sum\left(\frac{1}{n}-\frac{1}{n+1}\right)=1.$$

又

$$\lim_{n\to\infty}\left[\frac{1}{n^2}\bigg/\frac{1}{n(n+1)}\right]=1.$$

从而

$$\sum\frac{1}{n^2}=\sum\frac{1}{n(n+1)}+\sum_{n=1}^{\infty}\left[\frac{1}{n^2}-\frac{1}{n(n+1)}\right]$$
$$=1+\sum\frac{1}{n^2(n+1)},$$

而上式最右边的级数显然收敛得比$\sum n^{-2}$快.

如果再引入级数

$$\sum\frac{1}{n(n+1)(n+2)}=\frac{1}{2}\sum\left[\frac{1}{n(n+1)}-\frac{1}{(n+1)(n+2)}\right]=\frac{1}{4},$$

并注意

$$\frac{1}{n^2(n+1)}\bigg/\frac{1}{n(n+1)(n+2)}\to 1,$$

可知

$$\sum\frac{1}{n^2}=1+\frac{1}{4}+\sum_{n=1}^{\infty}\left[\frac{1}{n^2(n+1)}-\frac{1}{n(n+1)(n+2)}\right]$$
$$=\frac{5}{4}+2\sum\frac{1}{n^2(n+1)(n+2)}.$$

上式最右边的级数收敛就更快了.

这方面本书不打算进一步深入,读者可参看这方面的专门书籍:沙列霍夫(Г. С. Салехов)的《级数的计算》(已有汉译本,书中还附有相关参考文献).

本节最后讨论一下 $n!$ 的估值.这在以后是经常用到的.这个数随 n 增大得十分快,早在第一章时已经讨论过了.现在求它的更精密的估值式.为此,我们利用公式

$$\ln\frac{1+x}{1-x}=\ln(1+x)-\ln(1-x)$$
$$=2\left(x+\frac{1}{3}x^3+\frac{1}{5}x^5+\cdots+\frac{1}{2m+1}x^{2m+1}+\cdots\right).$$

在这式中令 $x=\frac{1}{2n+1}$,n 是正整数,那么

$$\frac{1+x}{1-x}=\frac{1+\frac{1}{2n+1}}{1-\frac{1}{2n+1}}=\frac{n+1}{n},$$

从而得

$$\ln\frac{n+1}{n}=\frac{2}{2n+1}\left[1+\frac{1}{3}\cdot\frac{1}{(2n+1)^2}+\frac{1}{5}\cdot\frac{1}{(2n+1)^4}+\cdots\right].$$

这可以改写成

$$\left(n+\frac{1}{2}\right)\ln\left(1+\frac{1}{n}\right)=1+\frac{1}{3}\frac{1}{(2n+1)^2}+\frac{1}{5}\cdot\frac{1}{(2n+1)^4}+\cdots.$$

这式右边大于 1,但小于

$$1+\frac{1}{3}\left[\frac{1}{(2n+1)^2}+\frac{1}{(2n+1)^4}+\cdots\right]=1+\frac{1}{3}\frac{\frac{1}{(2n+1)^2}}{1-\frac{1}{(2n+1)^2}}$$

$$=1+\frac{1}{3}\frac{1}{4n^2+4n}$$

$$=1+\frac{1}{12n(n+1)}.$$

于是得出

$$1<\left(n+\frac{1}{2}\right)\ln\left(1+\frac{1}{n}\right)<1+\frac{1}{12n(n+1)}.$$

由此可得

$$e<\left(1+\frac{1}{n}\right)^{n+\frac{1}{2}}<e^{1+\frac{1}{12n(n+1)}}.$$

令

$$a_n=\frac{n!e^n}{n^{n+\frac{1}{2}}}$$

那么

$$\frac{a_n}{a_{n+1}}=\frac{\left(1+\frac{1}{n}\right)^{n+\frac{1}{2}}}{e},$$

从而依上述

$$1<\frac{a_n}{a_{n+1}}<e^{\frac{1}{12n(n+1)}}=\frac{e^{\frac{1}{12n}}}{e^{\frac{1}{12(n+1)}}}.$$

由此一方面，$a_n>a_{n+1}$，另一方面

$$a_n e^{-\frac{1}{12n}}<a_{n+1}\cdot e^{\frac{-1}{12(n+1)}}.$$

因此，a_n 是递减的，有下界，所以有一有穷极限 a，而另一方面，$a_n e^{-\frac{1}{12n}}$ 是递增的，且也以 a 为极限(因 $e^{-\frac{1}{12n}}\to 1, n\to\infty$).

于是对于任意正整数 n，

$$a_n e^{-\frac{1}{12n}}<a<a_n.$$

于是可找到一个数 θ，使 $0<\theta<1$，并且

$$a=a_n e^{-\frac{\theta}{12n}} \quad (\theta\text{ 一般依赖于 } n).$$

于是得

$$n!=a\sqrt{n}\left(\frac{n}{\mathrm{e}}\right)^{n}\mathrm{e}^{\frac{\theta}{12n}}\quad(0<\theta=\theta(n)<1).$$

我们还要决定出 a 的值来.利用沃利斯(Wallis)公式

$$\frac{\pi}{2}=\lim_{n\to\infty}\frac{1}{2n+1}\cdot\left[\frac{2^{2n}(n!)^{2}}{(2n)!}\right]^{2},$$

以及已得的 $n!$ 的估值,可知

$$(2n)!=a\sqrt{2n}\cdot\left(\frac{2n}{\mathrm{e}}\right)^{2n}\mathrm{e}^{\frac{\theta'}{24n}},\quad 0<\theta'<1.$$

于是

$$\frac{2^{2n}(n!)^{2}}{(2n)!}=a\sqrt{\frac{n}{2}}\,\mathrm{e}^{\frac{4\theta-\theta'}{24n}}.$$

由此

$$\frac{\pi}{2}=\lim_{n\to\infty}\frac{1}{2n+1}\cdot a^{2}\cdot\frac{n}{2}\mathrm{e}^{\frac{4\theta-\theta'}{12n}}=\frac{a^{2}}{4}.$$

这就是说,

$$a^{2}=2\pi,\quad a=\sqrt{2\pi}.$$

于是最后得出斯特林(Stirling)公式:

$$n!=\sqrt{2\pi n}\left(\frac{n}{\mathrm{e}}\right)^{n}\mathrm{e}^{\frac{\theta}{12n}},\quad 0<\theta=\theta(n)<1.$$